物理入門コース／演習［新装版］ 例解 電磁気学演習

物理入門コース／演習［新装版］

An Introductory Course of Physics
Problems and Solutions

例解 電磁気学演習

長岡洋介・丹慶勝市 著

ELECTRO-
MAGNETICS

岩波書店

物理を学ぶ人のために

この「物理入門コース／演習」シリーズは，演習によって基礎的計算力を養うとともに，それを通して，物理の基本概念を的確に把握し理解を深めることを主な目的としている．

各章は，各節ごとに次のように構成されている．

（i） 解説　各節で扱う内容を簡潔に要約する．法則，公式，重要な概念の導入や記号，単位などの説明をする．

（ii） 例題　解説に続き，原則として例題と問題がある．例題は，基礎的な事柄に対する理解を深めるための計算問題である．精選して詳しい解をつけてある．

（iii） 問題　これはあまり多くせず，難問や特殊な問題は避けて，基礎的，典型的なものに限られている．

（iv） 解答　各節の問題に対する解答は，巻末にまとめられている．解答はスマートさよりも，理解しやすさを第一としている．

（v） 肩をほぐすような話題を「コーヒーブレイク」に，解法のコツやヒントの一言を「ワンポイント」として加えてある．

各ページごとの読み切りにレイアウトして，勉強しやすいようにした．

本コースは「物理入門コース」(全10巻)の姉妹シリーズであり，これと共に用いるとよいが，本シリーズだけでも十分理解できるように配慮した.

物理学を学ぶには，物理的な考え方を感得することと，個々の問題を解く技術に習熟することが必要である．しかし，物理学はすわって考えていたり，ただ本を読むだけではわかるものではない．一般の原理はわかったつもりでも，いざ問題を解こうとするとなかなかむずかしく，手も足も出ないことがある．これは演習不足である．「理解するよりはまず慣れよ」ともいう．また「学問に王道はない」ともいわれる．理解することは慣れることであり，そのためにはコツコツと演習問題をアタックすることが必要である.

しかし，いたずらに多くの問題を解こうとしたり，程度の高すぎる問題に挑戦するのは無意味であり無駄である．そこでこのシリーズでは，内容をよりよく理解し，地道な実力をつけるのに役立つと思われる比較的容易な演習問題をそろえた．解答の部には，すべての問題のくわしい解答を載せたが，著しく困難な問題はないはずであるから，自力で解いたあとか，どうしても自力で解けないときにはじめて解答の部を見るようにしてほしい.

このシリーズが読者の勉学を助け，物理学をマスターするのに役立つことを念願してやまない．また，読者からの助言をいただいて，このシリーズにみがきをかけ，ますますよいものにすることができれば，それは著者と編者の大きな幸いである.

1990年8月3日

編者　　戸田盛和
　　　　中嶋貞雄

はじめに

初めて学ぶ人にとって，電磁気学はわかりにくいものです．それは，その対象とする電磁場が，目で見たり，手で触れたりすることのできないものであることによると思います．力学であれば，日常，物を押して動かすということを体験しています．その体験の上に立って，力と運動について学ぶことができるわけです．確かに，電磁波の運んでくるテレビの映像に毎日のように接しているのですが，多くの人にとっては，いくらテレビを見ても，電磁場の存在を実感することはまず不可能でしょう．

では，日常の体験の裏付けがなければ，実感をもってものを理解することは不可能なのでしょうか．私たちは，決してそうではないと思います．電磁場という考え方を初めて言い出したファラデー，その数学的な記述を完成させたマクスウェル，電磁波の存在を実験的に立証したヘルツといった人たちは，みな電磁場の存在を実感していたのではないでしょうか．このような昔の偉い物理学者たちを引き合いに出すまでもなく，物理の理論的，実験的な研究を行なっている現代の物理学者たちも，電磁場の存在を実感していることには変わりありません．その理解は，研究という行為で電磁場に関する「体験」を積むことによって得られたものといってよいでしょう．その体験は日常的なものではなく，もっと専門的なものではあるのですが．

物理を学びはじめたばかりの読者のみなさんは，まだ研究とはほど遠いところにいるわけですが，それでもこうした体験を積むことは不可能でありません．その方法のひとつが，紙と鉛筆を使って問題を解くことです(もうひとつは，実験をすることです)．それは講義を聴いたり，教科書を読んだりするのと違って，いわば電磁気学に参加する行動だといえば，少しいい過ぎでしょうか．それは体験というよりは一種の擬似体験というべきものであるかも知れませんが，しかしいずれにしても，問題を１題解くごとに電磁場が身近なものになっていくことは確かです．ぜひ，紙と鉛筆を使って１題１題解いてみて下さい．

本書では，まず各節の初めにまとめた解説の部分で，基礎になる考え方や公式が与えられます．公式の導出の一部は「問題」にしてありますが，全く扱っていないものもあります．そうした基礎の部分は「物理入門コース」など，ほかの本で学んでいただかなければなりません．「入門コース」に出ている問題のうち，基礎的，標準的なものは本書に重複して採用しました．「入門コース」と合わせて本書を使われる方は，そのような問題を２度解くことになりますが，大事な問題ですから，そうすることも悪いことではありません．

古今東西，演習問題はたくさん作られています．演習書を作るというのは，その中から適当なものを選び出して並べるだけのこと，と気軽に考えて本書の執筆を引き受けたのですが，始めてすぐ，考えの甘さに気づきました．どの問題が本書にとって，つまり読者にとって適当かを判断し，これだけの問題をそろえることは，同じ分量の解説書を１冊書く以上のたいへんな仕事でした．もちろん，苦労したことがそのまま，いいものが出来上がったことを保証しているわけではありません．読者の方々からのご叱正をお待ちしております．

執筆を始めてから予想以上の日にちがたってしまいました．その間辛抱強く待たれた上で，編集の労をとられた片山宏海氏に心より感謝いたします．

1990年11月18日

長岡洋介
丹慶勝市

目次

ワンポイント

1

電荷にはたらく力

電荷の間には，両電荷が同符号のときは斥力，異符号のときは引力がはたらく．1つの電荷が2つ以上の電荷から受ける力は，各電荷が単独にあったときに受ける力をベクトルとして加え合わせたものになる．このような「重ね合わせの原理」は電磁気学のいろいろな場面に登場し，重要な役割を果たす．

1-1 クーロンの法則

電気素量 物質はすべて多数の原子で構成されている．原子は，陽子と中性子からなる原子核のまわりに電子が結合した構造をなしている．陽子は正，電子は負の電荷をもち，中性子は電荷をもたない．陽子と電子の電荷は大きさが等しく，

$$e = 1.6021892 \times 10^{-19}\,\mathrm{C} \tag{1.1}$$

である．これを**電気素量**という．物体の帯電は陽子と電子の数の過不足によって生じるから，物体のもつ電荷はつねに e の整数倍でなければならない．しかし，e は巨視的なスケールからみると非常に小さいので，巨視的な電気現象では電荷は連続的に変わりうるものと見なしてよい．

電荷の単位 本書で用いる MKSA 単位系での電荷の単位は**クーロン**(C)で，1アンペア(A)の電流が1s間に運ぶ電気量として定義される．

$$1\,\mathrm{C} = 1\,\mathrm{A \cdot s} \tag{1.2}$$

点電荷 微小な物体が帯電しているとき，物体の大きさに比べて十分遠くからみると，電荷の広がりを無視することができる．このような電荷を**点電荷**という．

クーロンの法則 電荷の間には，電荷が同符号のとき斥力，異符号のとき引力がはたらく．静止した2個の点電荷の間にはたらく力は，両者を結ぶ直線の方向を向き，大きさ F は，電荷を q_1, q_2，電荷間の距離を R として，真空中で

$$F = \frac{1}{4\pi\varepsilon_0}\frac{q_1 q_2}{R^2} \tag{1.3}$$

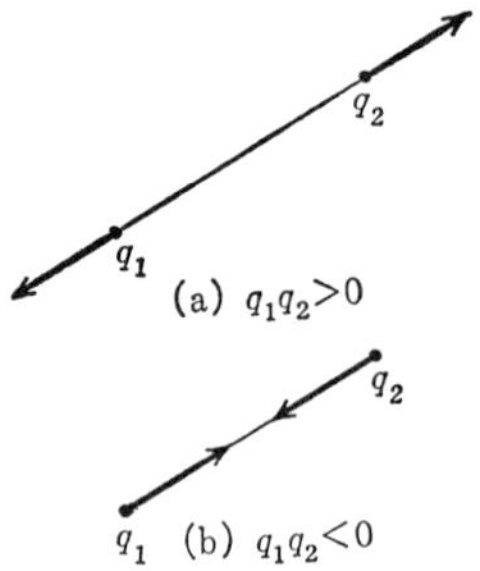

q_1 q_2 (a) $q_1q_2>0$

q_1 q_2 (b) $q_1q_2<0$

図 1-1 点電荷の間にはたらく力

$F>0$ は斥力，$F<0$ は引力を表わす．ここで

$$\varepsilon_0 = 8.854187818 \times 10^{-12}\,\mathrm{C^2 \cdot N^{-1} \cdot m^{-2}} \tag{1.4}$$

を**真空の誘電率**という．

例題 1.1　大きさの等しい質量 m の 2 個の小球にそれぞれ長さ l の糸をつけて同じ点からつり下げ，おのおのの小球に正電荷 q_1, q_2 を与えたところ，2 本の糸は角度 2θ ひらいてつり合った．このとき，q_1, q_2 と θ の間に成り立つ関係を求めよ．つぎに，2 個の小球をいったん接触させてから再び離したら，糸のひらきの角度が $2\theta'$ になった．$q_1 \neq q_2$ ならば，$\theta' > \theta$ となることを示せ．

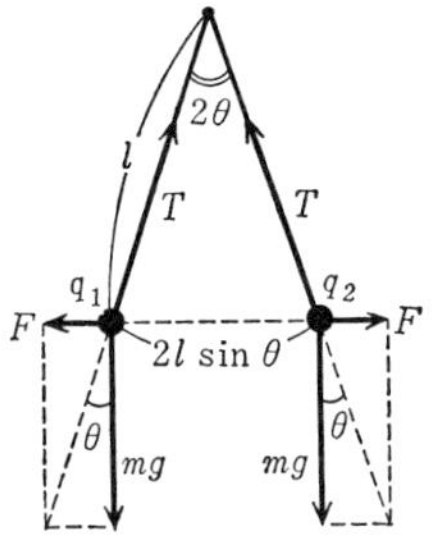

［解］　右図のように，小球間の距離が $2l\sin\theta$ であるから，小球間にはたらくクーロン力の大きさ F は

$$F = \frac{q_1 q_2}{4\pi\varepsilon_0}\frac{1}{(2l\sin\theta)^2} = \frac{q_1 q_2}{16\pi\varepsilon_0 l^2 \sin^2\theta} \tag{1}$$

と表わされる．このクーロン力 F は重力 mg (g は重力の加速度) および糸の張力 T と互いにつり合っている．そこで，つり合いの式を書くと，

水平方向　$F = T\sin\theta$

鉛直方向　$mg = T\cos\theta$

となり，これらの式から T を消去して

$$F = mg\tan\theta \tag{2}$$

を得る．したがって，(1), (2)式により，

$$q_1 q_2 = 16\pi\varepsilon_0 mgl^2 \sin^2\theta\tan\theta = 16\pi\varepsilon_0 mgl^2 \frac{\sin^3\theta}{\cos\theta} \tag{3}$$

2 個の同じ大きさの小球を接触させると，一方から他方へ電荷が移動し，両球とも同量の電荷 $(q_1+q_2)/2$ をもつようになる．このとき，小球間のクーロン力の大きさ F' は，(1)式の右辺において q_1 と q_2 を $(q_1+q_2)/2$ に，θ を θ' にそれぞれおき換えたものに等しい．また，(2)式と同様に，つり合いの式から $F' = mg\tan\theta'$．よって，

$$\frac{1}{4}(q_1+q_2)^2 = 16\pi\varepsilon_0 mgl^2 \frac{\sin^3\theta'}{\cos\theta'} \tag{4}$$

となる．$q_1 \neq q_2$ のとき $(q_1+q_2)^2/4 > q_1 q_2$ の不等式が成り立つので，(3)式と (4)式から

$$\frac{\sin^3\theta'}{\cos\theta'} > \frac{\sin^3\theta}{\cos\theta} \tag{5}$$

となる．$\theta < \pi/2$ のとき $\sin^3\theta/\cos\theta$ は θ の単調増加関数である．ゆえに，(5)の不等式の関係から $\theta' > \theta$ を得る．

問 題 1-1

[1] 地球がもつ電荷は全体として -4.6×10^5 C 程度と考えられているが，この電荷の量はどれほどの電子数に相当するか．また，その電子数は何 ml の水に含まれている電子数と同じか．ただし，水の分子量は 18，アボガドロ定数は $N_A=6.0\times10^{23}\ \mathrm{mol}^{-1}$ である．また，1 個の水の分子に含まれる電子数は 10 個である．

[2] 真空中で 1.0×10^{-15} m の距離はなれた 2 つの陽子の間にはたらくクーロン力および万有引力の大きさをそれぞれ求め，比較せよ．ただし，陽子の質量は $m_p=1.7\times10^{-27}$ kg，万有引力定数は $G=6.7\times10^{-11}\ \mathrm{N\cdot m^2\cdot kg^{-2}}$ である．

[3] 長さ 8 cm のバネの一端に質量 10 g のおもりをつり下げたら，バネは 2 cm 伸びた．つぎに，そのバネの両端にそれぞれ小球をつけて水平な台の上におき，両方の小球に同量の電荷を与えたところ，バネの伸びは同じく 2 cm になった．小球に与えた電荷の大きさを求めよ．ただし，バネと台は電気を伝えない物質(絶縁体)でつくられており，台の表面はなめらかであるとする．

［注意］ 上で求めた電荷が実際どれほどの大きさか理解するために，この電荷量の 2 つの点電荷が 1 cm 離れているとき及ぼし合うクーロン力を計算すると，質量 1 kg の物体にはたらく地球の重力と同じ大きさであることがわかる(各自，確かめよ)．

One Point ——電荷の単位クーロン(C)

物体を摩擦したときに生じる電荷は 10^{-8} C の程度，落雷のとき放電する電荷は数 C の程度である．このように，1 C の電荷は静電気の現象を取り扱うときの単位としては大きすぎるので，マイクロクーロン($\mu\mathrm{C}=10^{-6}$ C)という単位を使って電荷の量を表わすことが多い．

1-2 ベクトル

ベクトルとスカラー 力や運動量などのように，大きさと向きをもつ量を**ベクトル**という．これに対し，質量やエネルギーのように，大きさだけをもつ量を**スカラー**という．本書ではベクトルを $\boldsymbol{A}, \boldsymbol{B}$ などのように太文字で表わす．

ベクトルの成分 ベクトルは，図 1-2 のように座標軸を選び，成分で表わすこともできる．

$$\boldsymbol{A} = (A_x,\ A_y,\ A_z) \tag{1.5}$$

このとき，ベクトルの大きさ $A=|\boldsymbol{A}|$ は

$$|\boldsymbol{A}| = (A_x{}^2+A_y{}^2+A_z{}^2)^{1/2} \tag{1.6}$$

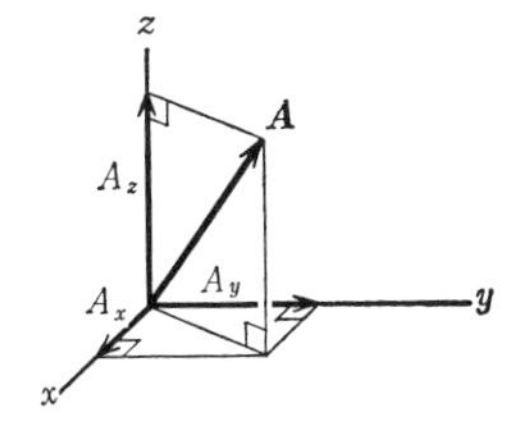

図 1-2 ベクトルとその成分

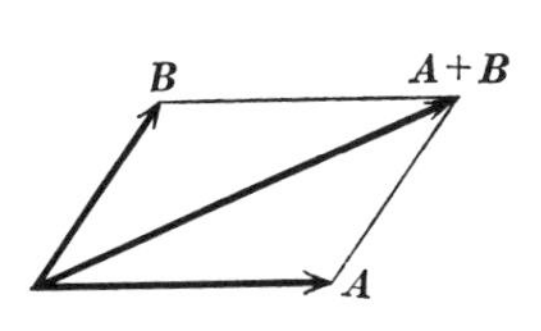

図 1-3 ベクトルの和

ベクトルの和 2 つのベクトル $\boldsymbol{A}, \boldsymbol{B}$ の和 $\boldsymbol{A}+\boldsymbol{B}$ は，図 1-3 のように「平行 4 辺形の規則」により定義される．$\boldsymbol{A}=(A_x, A_y, A_z)$，$\boldsymbol{B}=(B_x, B_y, B_z)$ のように，それぞれ成分で表わすと，

$$\boldsymbol{A}+\boldsymbol{B} = (A_x+B_x,\ A_y+B_y,\ A_z+B_z) \tag{1.7}$$

スカラー積 2 つのベクトル $\boldsymbol{A}, \boldsymbol{B}$ のスカラー積 $\boldsymbol{A}\cdot\boldsymbol{B}$ はつぎのように定義される．2 つのベクトルのなす角を θ とすれば，

$$\boldsymbol{A}\cdot\boldsymbol{B} = AB\cos\theta \tag{1.8}$$

成分で表わすと

$$\boldsymbol{A}\cdot\boldsymbol{B} = A_xB_x+A_yB_y+A_zB_z \tag{1.9}$$

スカラー積は積の順序を変えても値は変わらない．また分配法則が成り立つ．

$$\boldsymbol{A}\cdot\boldsymbol{B} = \boldsymbol{B}\cdot\boldsymbol{A} \tag{1.10}$$

$$\boldsymbol{A}\cdot(\boldsymbol{B}+\boldsymbol{C}) = \boldsymbol{A}\cdot\boldsymbol{B}+\boldsymbol{A}\cdot\boldsymbol{C} \tag{1.11}$$

ベクトル積　2つのベクトル $\boldsymbol{A}, \boldsymbol{B}$ のベクトル積 $\boldsymbol{A}\times\boldsymbol{B}$ は次のように定義される．大きさが

$$|\boldsymbol{A}\times\boldsymbol{B}| = AB\sin\theta \tag{1.12}$$

のベクトルで，向きは $\boldsymbol{A}, \boldsymbol{B}$ の両方に垂直で，$\boldsymbol{A}$ から $\boldsymbol{B}$ に向けて回転する右ネジが進む方向を向く(図1-4)．成分で表わすと

$$\begin{aligned}(\boldsymbol{A}\times\boldsymbol{B})_x &= A_yB_z-A_zB_y\\(\boldsymbol{A}\times\boldsymbol{B})_y &= A_zB_x-A_xB_z\\(\boldsymbol{A}\times\boldsymbol{B})_z &= A_xB_y-A_yB_x\end{aligned} \tag{1.13}$$

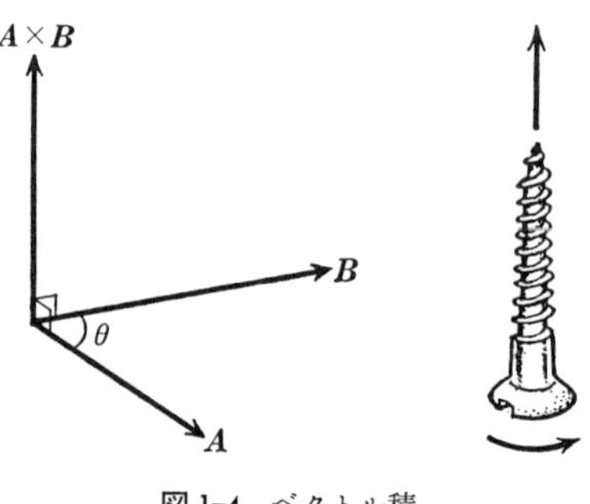

図1-4　ベクトル積

ベクトル積は積の順序を変えると符号が変わる．また分配法則が成り立つ．

$$\boldsymbol{A}\times\boldsymbol{B} = -\boldsymbol{B}\times\boldsymbol{A} \tag{1.14}$$

$$\boldsymbol{A}\times(\boldsymbol{B}+\boldsymbol{C}) = \boldsymbol{A}\times\boldsymbol{B}+\boldsymbol{A}\times\boldsymbol{C} \tag{1.15}$$

基本ベクトル　x, y, z 軸の方向を向いた大きさ1のベクトル(単位ベクトル) $\boldsymbol{i}, \boldsymbol{j}, \boldsymbol{k}$ を**基本ベクトル**という．基本ベクトルには次の性質がある．

$$\boldsymbol{i}\cdot\boldsymbol{i} = \boldsymbol{j}\cdot\boldsymbol{j} = \boldsymbol{k}\cdot\boldsymbol{k} = 1, \quad \boldsymbol{i}\cdot\boldsymbol{j} = \boldsymbol{j}\cdot\boldsymbol{k} = \boldsymbol{k}\cdot\boldsymbol{i} = 0 \tag{1.16}$$

$$\begin{gathered}\boldsymbol{i}\times\boldsymbol{i} = \boldsymbol{j}\times\boldsymbol{j} = \boldsymbol{k}\times\boldsymbol{k} = 0\\ \boldsymbol{i}\times\boldsymbol{j} = \boldsymbol{k}, \quad \boldsymbol{j}\times\boldsymbol{k} = \boldsymbol{i}, \quad \boldsymbol{k}\times\boldsymbol{i} = \boldsymbol{j}\end{gathered} \tag{1.17}$$

一般のベクトル $\boldsymbol{A}$ の成分は基本ベクトルを用いて次のように表わされる．

$$A_x = \boldsymbol{A}\cdot\boldsymbol{i}, \quad A_y = \boldsymbol{A}\cdot\boldsymbol{j}, \quad A_z = \boldsymbol{A}\cdot\boldsymbol{k} \tag{1.18}$$

また，$\boldsymbol{A}$ は基本ベクトルと成分によって次のように表わされる．

$$\boldsymbol{A} = A_x\boldsymbol{i}+A_y\boldsymbol{j}+A_z\boldsymbol{k} \tag{1.19}$$

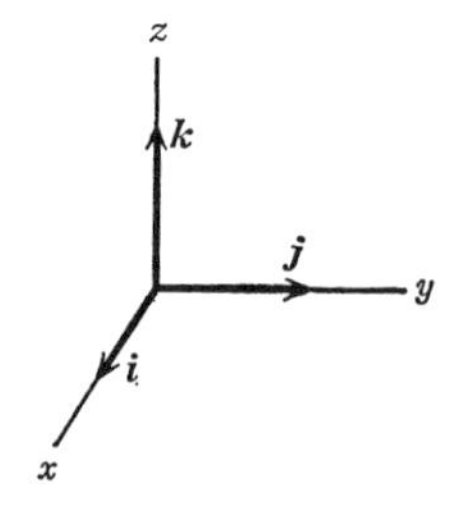

図1-5　基本ベクトル

例題 1.2　ベクトル $\boldsymbol{A}$, $\boldsymbol{B}$ のスカラー積およびベクトル積を，各ベクトルの成分によってそれぞれ表わせ.

［解］　ベクトル $\boldsymbol{A}=(A_x, A_y, A_z)$, $\boldsymbol{B}=(B_x, B_y, B_z)$ は，基本ベクトル $\boldsymbol{i}, \boldsymbol{j}, \boldsymbol{k}$ を使うと，

$$\boldsymbol{A} = A_x\boldsymbol{i}+A_y\boldsymbol{j}+A_z\boldsymbol{k}, \qquad \boldsymbol{B} = B_x\boldsymbol{i}+B_y\boldsymbol{j}+B_z\boldsymbol{k}$$

と表わすことができる. まず，$\boldsymbol{A}, \boldsymbol{B}$ のスカラー積は

$$\boldsymbol{A}\cdot\boldsymbol{B} = (A_x\boldsymbol{i}+A_y\boldsymbol{j}+A_z\boldsymbol{k})\cdot(B_x\boldsymbol{i}+B_y\boldsymbol{j}+B_z\boldsymbol{k})$$

となり，分配法則((1. 11)式)を用いて上式のカッコをほどき，変形すれば，

$$\begin{aligned}\boldsymbol{A}\cdot\boldsymbol{B} &= A_xB_x\boldsymbol{i}\cdot\boldsymbol{i}+A_yB_y\boldsymbol{j}\cdot\boldsymbol{j}+A_zB_z\boldsymbol{k}\cdot\boldsymbol{k} \\ &\quad +(A_xB_y+A_yB_x)\boldsymbol{i}\cdot\boldsymbol{j}+(A_yB_z+A_zB_y)\boldsymbol{j}\cdot\boldsymbol{k}+(A_zB_x+A_xB_z)\boldsymbol{k}\cdot\boldsymbol{i}\end{aligned}$$

よって，$\boldsymbol{i}, \boldsymbol{j}, \boldsymbol{k}$ どうしのスカラー積は(1. 16)式のように与えられるので，右辺の 2 列目の各項は 0 になり，(1. 9)式のように，

$$\boldsymbol{A}\cdot\boldsymbol{B} = A_xB_x+A_yB_y+A_zB_z$$

となる. つぎに，$\boldsymbol{A}, \boldsymbol{B}$ のベクトル積は

$$\boldsymbol{A}\times\boldsymbol{B} = (A_x\boldsymbol{i}+A_y\boldsymbol{j}+A_z\boldsymbol{k})\times(B_x\boldsymbol{i}+B_y\boldsymbol{j}+B_z\boldsymbol{k})$$

となり，分配法則((1. 15)式)を使うと，

$$\begin{aligned}\boldsymbol{A}\times\boldsymbol{B} &= A_xB_x(\boldsymbol{i}\times\boldsymbol{i})+A_yB_y(\boldsymbol{j}\times\boldsymbol{j})+A_zB_z(\boldsymbol{k}\times\boldsymbol{k})+A_xB_y(\boldsymbol{i}\times\boldsymbol{j}) \\ &\quad +A_yB_x(\boldsymbol{j}\times\boldsymbol{i})+A_yB_z(\boldsymbol{j}\times\boldsymbol{k})+A_zB_y(\boldsymbol{k}\times\boldsymbol{j})+A_zB_x(\boldsymbol{k}\times\boldsymbol{i})+A_xB_z(\boldsymbol{i}\times\boldsymbol{k})\end{aligned}$$

しかるに，(1. 17)式のように，

$$\boldsymbol{i}\times\boldsymbol{i} = \boldsymbol{j}\times\boldsymbol{j} = \boldsymbol{k}\times\boldsymbol{k} = 0$$

$$\boldsymbol{i}\times\boldsymbol{j} = \boldsymbol{k}, \qquad \boldsymbol{j}\times\boldsymbol{k} = \boldsymbol{i}, \qquad \boldsymbol{k}\times\boldsymbol{i} = \boldsymbol{j}$$

であり，また，$\boldsymbol{i}\times\boldsymbol{j}=-\boldsymbol{j}\times\boldsymbol{i}$ などの関係があるから，

$$\boldsymbol{A}\times\boldsymbol{B} = (A_yB_z-A_zB_y)\boldsymbol{i}+(A_zB_x-A_xB_z)\boldsymbol{j}+(A_xB_y-A_yB_x)\boldsymbol{k}$$

となる. これを各成分に分けて書くと，(1. 13)式のようになる.

問　題 1-2

[1]　ベクトル $\boldsymbol{A}=(2, 3, 4)$, $\boldsymbol{B}=(-5, 6, -2)$ について

$$\boldsymbol{A}+2\boldsymbol{B},\quad \boldsymbol{A}\cdot\boldsymbol{B},\quad \boldsymbol{A}\times\boldsymbol{B}$$

をそれぞれ計算せよ．また，$\boldsymbol{A}$ と $\boldsymbol{B}$ のなす角度はいくらか．

[2]　下図の立方体において，対角線 AG が辺 AB となす角度，AG が AC となす角度はいくらか．

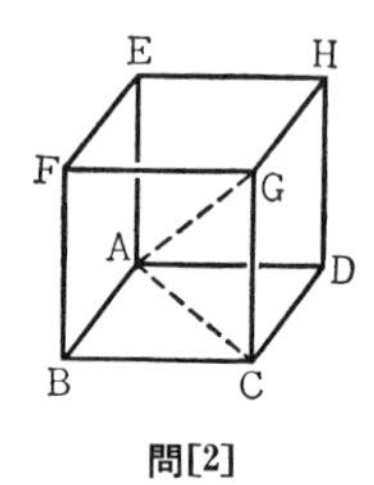

問[2]

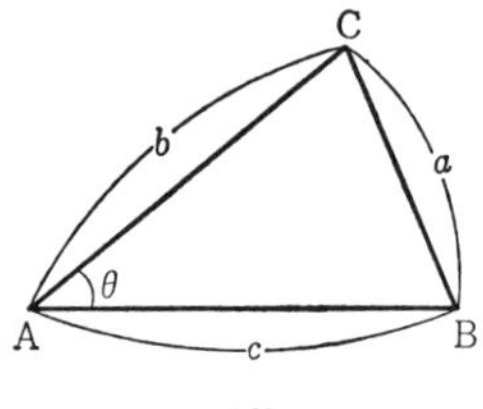

問[3]

[3]　△ABC において，∠A$=\theta$，BC$=a$，CA$=b$，AB$=c$ とすると，余弦定理

$$a^2 = b^2+c^2-2bc\cos\theta$$

が成り立つ．ベクトルのスカラー積を用いて，上式を証明せよ．

[4]　2 つのベクトル $\boldsymbol{A}, \boldsymbol{B}$ について，つぎの問いに答えよ．

(1)　ベクトル $\boldsymbol{B}$ を，$\boldsymbol{A}$ に平行なベクトルと垂直なベクトルの和で表わせ．

(2)　$(\boldsymbol{A}-\boldsymbol{B})\times(\boldsymbol{A}+\boldsymbol{B})=2(\boldsymbol{A}\times\boldsymbol{B})$ が成り立つことを示せ．

(3)　不等式 $|\boldsymbol{A}+\boldsymbol{B}|\leqq|\boldsymbol{A}|+|\boldsymbol{B}|$ を証明せよ．等号が成り立つのはどのような場合か．

[5]　3 つのベクトル $\boldsymbol{A}, \boldsymbol{B}, \boldsymbol{C}$ について，次のおのおのの式が成り立つことを示せ．

(1)　$(\boldsymbol{A}\times\boldsymbol{B})\cdot\boldsymbol{C}=(\boldsymbol{B}\times\boldsymbol{C})\cdot\boldsymbol{A}=(\boldsymbol{C}\times\boldsymbol{A})\cdot\boldsymbol{B}$

(2)　$\boldsymbol{A}\times(\boldsymbol{B}\times\boldsymbol{C})=(\boldsymbol{A}\cdot\boldsymbol{C})\boldsymbol{B}-(\boldsymbol{A}\cdot\boldsymbol{B})\boldsymbol{C}$

(3)　$\boldsymbol{A}\times(\boldsymbol{B}\times\boldsymbol{C})+\boldsymbol{B}\times(\boldsymbol{C}\times\boldsymbol{A})+\boldsymbol{C}\times(\boldsymbol{A}\times\boldsymbol{B})=0$

1-3　重ね合わせの原理

位置ベクトル　空間のある点Pの位置を表わすのに，原点Oを選び，OからPに向けて引いたベクトル$\boldsymbol{r}$を用いることができる(図1-6)．$\boldsymbol{r}$を位置ベクトルという．座標軸を選び，$\boldsymbol{r}$をその成分(x, y, z)で表わしたものが座標である．

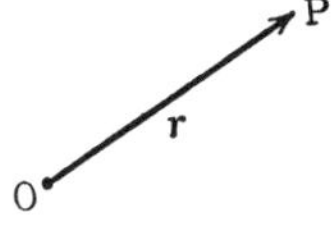

図1-6　位置ベクトル

空間の2点$\boldsymbol{r}_1=(x_1, y_1, z_1)$と$\boldsymbol{r}_2=(x_2, y_2, z_2)$の間の距離は

$$|\boldsymbol{r}_1-\boldsymbol{r}_2| = [(x_1-x_2)^2+(y_1-y_2)^2+(z_1-z_2)^2]^{1/2} \tag{1.20}$$

ベクトルで表わしたクーロンの法則　点電荷q_1, q_2がそれぞれ$\boldsymbol{r}_1, \boldsymbol{r}_2$にあるとき，$q_2$から$q_1$にはたらく力$\boldsymbol{F}_{12}$は

$$\boldsymbol{F}_{12} = \frac{q_1q_2}{4\pi\varepsilon_0}\frac{\boldsymbol{r}_1-\boldsymbol{r}_2}{|\boldsymbol{r}_1-\boldsymbol{r}_2|^3} \tag{1.21}$$

この力について作用反作用の法則が成り立つ．

$$\boldsymbol{F}_{12} = -\boldsymbol{F}_{21} \tag{1.22}$$

力の重ね合わせの原理　2個の点電荷q_1, q_2があるとき，もうひとつの点電荷q_0にはたらく力$\boldsymbol{F}_0$は，q_1だけがあるときの力$\boldsymbol{F}_{01}$と，q_2だけがあるときの力$\boldsymbol{F}_{02}$の和に等しい(図1-7)．

$$\boldsymbol{F}_0 = \boldsymbol{F}_{01}+\boldsymbol{F}_{02} \tag{1.23}$$

点電荷が多数ある場合も，同様に力の重ね合わせの原理が成り立つ．

$$\boldsymbol{F}_0 = \sum_i \boldsymbol{F}_{0i}, \qquad \boldsymbol{F}_{0i} = \frac{q_0q_i}{4\pi\varepsilon_0}\frac{\boldsymbol{r}_0-\boldsymbol{r}_i}{|\boldsymbol{r}_0-\boldsymbol{r}_i|^3} \tag{1.24}$$

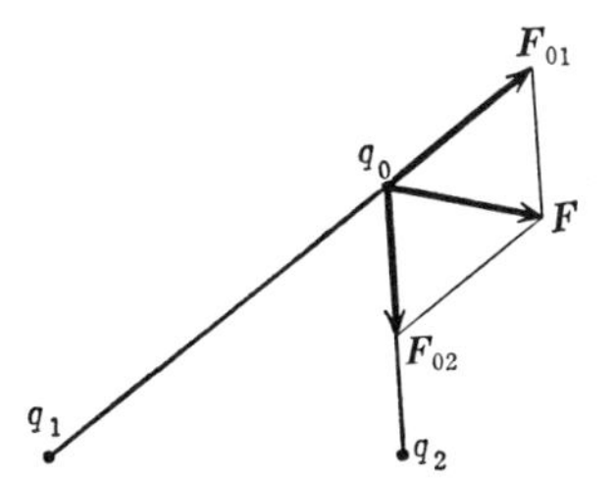

図1-7　力の重ね合わせの原理

例題 1.3 点 $A(-a, 0, 0)$ および点 $B(a, 0, 0)$ にそれぞれ等量の点電荷 q をおいたとき，点 $P(0, y, 0)$ に位置する点電荷 Q が受ける力 $\boldsymbol{F}$ を求めよ．ただし，q と Q は同符号とする．

［解］ 点 A から点 P へ引いたベクトル $\boldsymbol{r}_{\mathrm{PA}}$ は

$$\boldsymbol{r}_{\mathrm{PA}} = (a, y, 0)$$

と表わされ，その大きさは

$$|\boldsymbol{r}_{\mathrm{PA}}| = \sqrt{a^2+y^2}$$

と与えられる．したがって，点電荷 Q が点 A の点電荷 q から受ける力 $\boldsymbol{F}_{\mathrm{A}}$ は

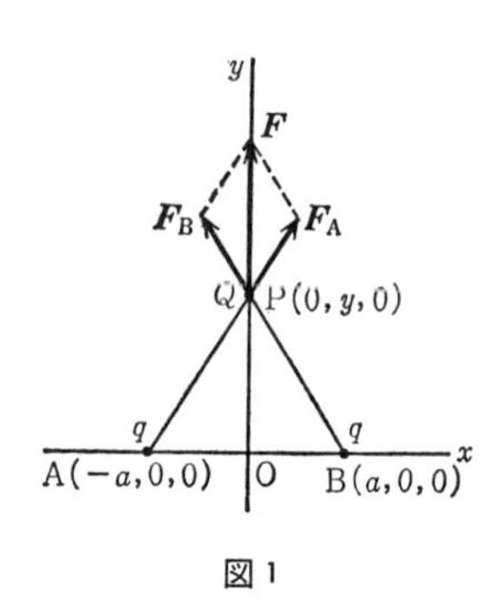

図 1

$$\boldsymbol{F}_{\mathrm{A}} = \frac{qQ}{4\pi\varepsilon_0}\frac{\boldsymbol{r}_{\mathrm{PA}}}{|\boldsymbol{r}_{\mathrm{PA}}|^3} = \frac{qQ}{4\pi\varepsilon_0}\frac{1}{(a^2+y^2)^{3/2}}(a, y, 0)$$

となる．同様に，点 B から点 P へ引いたベクトル $\boldsymbol{r}_{\mathrm{PB}}$ は

$$\boldsymbol{r}_{\mathrm{PB}} = (-a, y, 0)$$

と表わされるので，Q が点 B の q から受ける力 $\boldsymbol{F}_{\mathrm{B}}$ は

$$\boldsymbol{F}_{\mathrm{B}} = \frac{qQ}{4\pi\varepsilon_0}\frac{\boldsymbol{r}_{\mathrm{PB}}}{|\boldsymbol{r}_{\mathrm{PB}}|^3} = \frac{qQ}{4\pi\varepsilon_0}\frac{1}{(a^2+y^2)^{3/2}}(-a, y, 0)$$

となる．よって，$\boldsymbol{F}_{\mathrm{A}}$ と $\boldsymbol{F}_{\mathrm{B}}$ を重ね合わせると，

$$\boldsymbol{F} = \boldsymbol{F}_{\mathrm{A}}+\boldsymbol{F}_{\mathrm{B}} = \frac{qQ}{4\pi\varepsilon_0}\frac{2}{(a^2+y^2)^{3/2}}(0, y, 0)$$

を得る．$\boldsymbol{F}$ は $y>0$ のとき y 軸の正の向き，$y<0$ のとき負の向きを向いている．また，$\boldsymbol{F}$ の大きさ

$$F = \frac{qQ}{4\pi\varepsilon_0}\frac{2y}{(a^2+y^2)^{3/2}}$$

を y の関数としてグラフに表わすと図 2 のようになる．F が最大になるのは，

$$\frac{dF}{dy} = \frac{2qQ}{4\pi\varepsilon_0}\left\{\frac{1}{(a^2+y^2)^{3/2}} - \frac{3y^2}{(a^2+y^2)^{5/2}}\right\} = \frac{2qQ}{4\pi\varepsilon_0}\frac{a^2-2y^2}{(a^2+y^2)^{5/2}}$$

により，$y=\pm a/\sqrt{2}$ のときである．

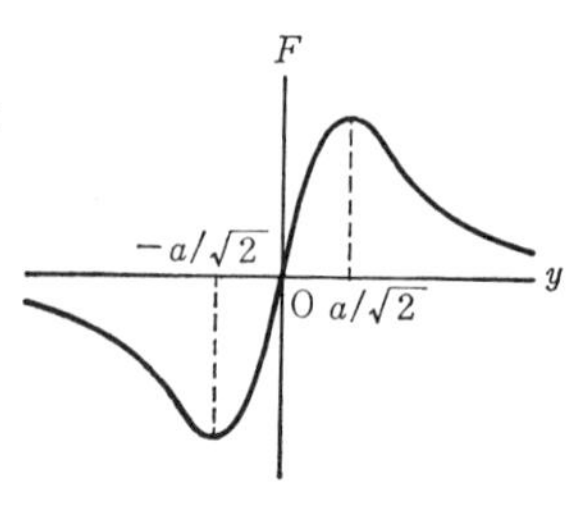

図 2

問 題 1-3

[1] 1辺の長さが 10 cm の正3角形の各頂点にそれぞれ 2×10^{-7} C, 3×10^{-7} C, -6×10^{-7} C の点電荷がおかれている．2×10^{-7} C の点電荷が受ける力の大きさを求めよ．

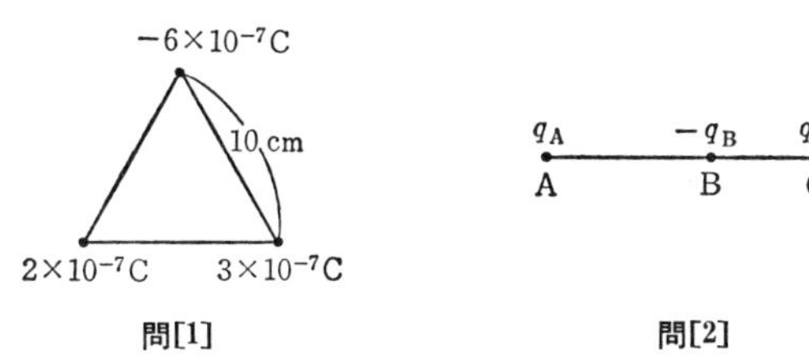

問[1]　　問[2]

[2] 一直線上の3点 A, B, C にそれぞれ $q_A(>0)$, $-q_B(<0)$, $q_C(>0)$ の点電荷がおかれている．これらの点電荷の間にはたらく力が互いにつり合うとき，q_A, q_B, q_C の間に

$$\frac{1}{\sqrt{q_A}}-\frac{1}{\sqrt{q_B}}+\frac{1}{\sqrt{q_C}}=0$$

の関係式が成り立つことを示せ．

［注意］ この関係式は，3個の点電荷の間にはたらく力が互いにつり合うための必要条件であって十分条件ではない．

[3] 1辺 a の正方形の各頂点にそれぞれ正の点電荷 $+q$ が，中心に負の点電荷 $-Q$ がおかれている．

(1) 1個の点電荷 $+q$ にはたらく力を求めよ．

(2) 点電荷 $-Q$ がまわりの点電荷 $+q$ から受ける力は互いにつり合っている．$-Q$ の位置を中心から1つの頂点の方へわずか d だけずらしたとき，$-Q$ にはどのような力がはたらくか．このことから，正方形の中心は安定なつり合いの位置といえるかどうかを考えよ．

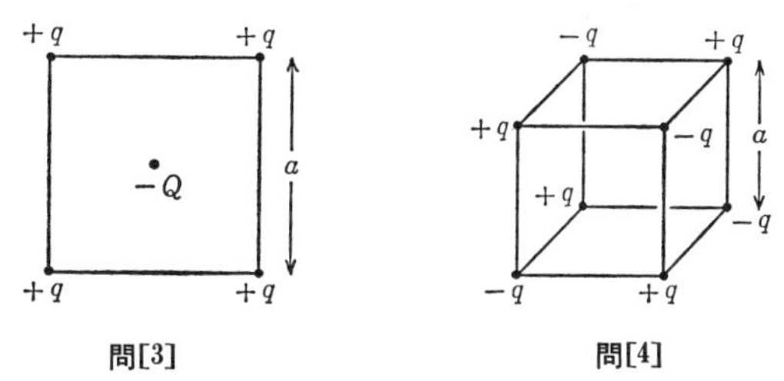

問[3]　　問[4]

[4] 上図のように，1辺 a の立方体の頂点に $\pm q$ の8個の点電荷がおかれている．1個の点電荷にはたらく力を求めよ．

逆 2 乗則

電荷の間にはたらく力が電荷間の距離の 2 乗に反比例する，という法則を導くとき，クーロンは実際に 2 つの小球に電荷を与え，その間にはたらく力をねじり秤で測定した(1785 年)．この方法は直接的ではあるが，誤差が大きく，精度のよい結論を導くことはできない．

じつは，逆 2 乗則はこれより先(1773 年)，間接的にではあるがキャベンディッシュによって確かめられている．キャベンディッシュの実験はつぎのようなものであった．導体球と，それより半径の大きい，2 つに割れるようにした導体球殻をつくり，導体球をよく絶縁して支え，そのまわりを中心を一致させるようにして導体球殻でおおう．両者の間は一時的に接触させることができるようにしてある．まず，外の球殻に電荷を与え，つぎに内外の球をいったん接触させてから離し，外の球殻をとり去る．そして，内の導体球に検電器をつないで，そこに電荷が残っているかどうかを調べる．実験の結果は，電荷は残っていないと見てよい，というものであった．電荷の間にはたらく力が，距離 R に対して $1/R^{2+\alpha}$ に比例するものとすれば，キャベンディッシュの実験は，その精度からして $|\alpha|<1/50$ を示していた．

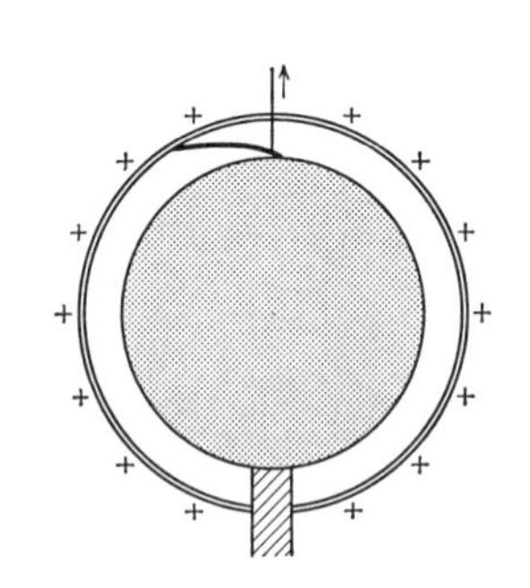

マクスウェルは後に同様な実験を行い，$|\alpha|<1/20000$ を確かめている．

ところで，この実験はどうして逆 2 乗則の証明になるのだろうか．そのことは本書の第 2 章以降で学んでほしい．

2

静電場の性質

近接作用の立場では，電荷の間にはたらく力は，まわりの空間の変化を媒介にして生じると考える．この空間の変化を電場という．時間的に変化しない静電場は2つの基本法則，ガウスの法則と保存力の条件にしたがう．これらの法則は面積分や線積分を使って表わされる．

2-1 点電荷のつくる電場

電場 近接作用の立場では，電荷の間にはたらく力はまわりの空間に生じた変化によって伝わるものと見なされる．電荷をおいたとき，そのまわりに生じる空間の変化を**電場**という．

クーロンの法則(1.24)によると，電荷 q にはたらく力 $\boldsymbol{F}$ は q に比例する．したがって

$$\boldsymbol{F} = q\boldsymbol{E} \tag{2.1}$$

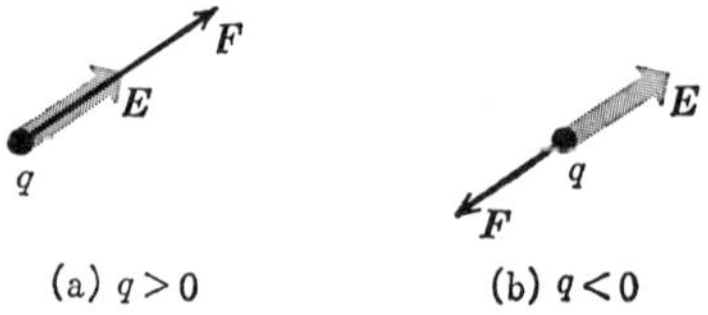

$\boldsymbol{E}$ は電荷 q をおいた点の電場の強さを表わすベクトルで，これを電場ベクトル，または単に電場と呼ぶ．

(a) $q>0$　(b) $q<0$

図 2-1 電場の中に置かれた電荷にはたらく力

点電荷のつくる電場 (1.21), (2.1)により，点 $\boldsymbol{r}_1$ にある点電荷 q_1 が点 $\boldsymbol{r}$ につくる電場は

$$\boldsymbol{E}(\boldsymbol{r}) = \frac{q_1}{4\pi\varepsilon_0}\frac{\boldsymbol{r}-\boldsymbol{r}_1}{|\boldsymbol{r}-\boldsymbol{r}_1|^3} \tag{2.2}$$

成分に分けて表わすと，$\boldsymbol{r}=(x, y, z)$, $\boldsymbol{r}_1=(x_1, y_1, z_1)$ として x 成分は

$$E_x(x, y, z) = \frac{q_1}{4\pi\varepsilon_0}\frac{x-x_1}{[(x-x_1)^2+(y-y_1)^2+(z-z_1)^2]^{3/2}} \tag{2.3}$$

y, z 成分も同様に表わされる．

電場の重ね合わせの原理 点電荷が2個以上あるときに生じる電場は，力の重ね合わせの原理(1.24)により，各電荷がつくる電場の和になる．点電荷 $q_1, q_2, \cdots, q_n$ がそれぞれ $\boldsymbol{r}_1, \boldsymbol{r}_2, \cdots, \boldsymbol{r}_n$ にあるとき $\boldsymbol{r}$ に生じる電場は，q_i がつくる電場を $\boldsymbol{E}_i(\boldsymbol{r})$ とすれば

$$\boldsymbol{E}(\boldsymbol{r}) = \sum_{i=1}^{n}\boldsymbol{E}_i(\boldsymbol{r}), \qquad \boldsymbol{E}_i(\boldsymbol{r}) = \frac{q_i}{4\pi\varepsilon_0}\frac{\boldsymbol{r}-\boldsymbol{r}_i}{|\boldsymbol{r}-\boldsymbol{r}_i|^3} \tag{2.4}$$

例題 2.1　点 A$(0, 0, d)$ および点 B$(0, 0, -d)$ にそれぞれ $+q$, $-q$ の点電荷がおかれているとき，点 P(x, y, z) に生じる電場 $\boldsymbol{E}(x, y, z)$ を求めよ．とくに，点 P が原点 O から十分離れている場合，点 P における電場はどのように表わされるか．

［解］　点電荷 $+q$ が点 P につくる電場 $\boldsymbol{E}_+(x, y, z)$ は，(2.2)式により成分に分けて書くと，

$$E_{+x}(x, y, z) = \frac{q}{4\pi\varepsilon_0}\frac{x}{[x^2+y^2+(z-d)^2]^{3/2}}$$

$$E_{+y}(x, y, z) = \frac{q}{4\pi\varepsilon_0}\frac{y}{[x^2+y^2+(z-d)^2]^{3/2}}$$

$$E_{+z}(x, y, z) = \frac{q}{4\pi\varepsilon_0}\frac{z-d}{[x^2+y^2+(z-d)^2]^{3/2}}$$

となる．また，点電荷 $-q$ が点 P につくる電場 $\boldsymbol{E}_-(x, y, z)$ に対する表式は，上式で q を $-q$ に，d を $-d$ におき換えたものになる．よって，2 つの点電荷が点 P につくる電場 $\boldsymbol{E}=\boldsymbol{E}_++\boldsymbol{E}_-$ の各成分は

$$E_x(x, y, z) = \frac{q}{4\pi\varepsilon_0}\left\{\frac{x}{[x^2+y^2+(z-d)^2]^{3/2}}-\frac{x}{[x^2+y^2+(z+d)^2]^{3/2}}\right\}$$

$$E_y(x, y, z) = \frac{q}{4\pi\varepsilon_0}\left\{\frac{y}{[x^2+y^2+(z-d)^2]^{3/2}}-\frac{y}{[x^2+y^2+(z+d)^2]^{3/2}}\right\}$$

$$E_z(x, y, z) = \frac{q}{4\pi\varepsilon_0}\left\{\frac{z-d}{[x^2+y^2+(z-d)^2]^{3/2}}-\frac{z+d}{[x^2+y^2+(z+d)^2]^{3/2}}\right\}$$

と表わされる．

原点 O から点 P までの距離は $r=\sqrt{x^2+y^2+z^2}$ であるが，とくに，点 P が原点 O から十分離れている場合，$r\gg d$ となる．そこで，上の電場 $\boldsymbol{E}$ の表式において，$|t|\ll 1$ のとき成り立つ近似式 $(1+t)^{-3/2}\cong 1-3t/2$ を用いると，

$$[x^2+y^2+(z\mp d)^2]^{-3/2} \cong (x^2+y^2+z^2\mp 2zd)^{-3/2}$$

$$= r^{-3}\left(1\mp\frac{2zd}{r^2}\right)^{-3/2} \cong r^{-3}\left(1\pm\frac{3zd}{r^2}\right)$$

となる．ゆえに，原点 O から十分離れた点 P での電場は

$$E_x(x, y, z) = \frac{2qd}{4\pi\varepsilon_0}\frac{3xz}{r^5}, \quad E_y(x, y, z) = \frac{2qd}{4\pi\varepsilon_0}\frac{3yz}{r^5}, \quad E_z(x, y, z) = \frac{2qd}{4\pi\varepsilon_0}\frac{3z^2-r^2}{r^5}$$

［注意］　$+q$ と $-q$ の間隔 $2d$ が十分小さいと見なせる場合，この正負の電荷対を**電気双極子**といい，大きさが $2qd$ で，$-q$ から $+q$ への向きをもつベクトルを**電気双極子モーメント**と呼ぶ(2-7 節参照)．

問 題 2-1

[1] ミリカンの油滴実験において，電場をかけないとき，一定の速さで落下する質量 5.7×10^{-15} kg の油滴がある．その油滴に鉛直下向きに 1.4×10^{5} N/C の電場をかけたところ，油滴は上昇し始め，最終的には電場をかける前と同じ速さで上昇したという．油滴のもつ電荷を求めよ．また，その電荷の大きさは電気素量の何倍か．ただし，油滴がまわりの空気から受ける抵抗力の大きさは速さに比例するものとする．

[2] 水素原子では電子が陽子のまわりを回転しているという．電子の運動を半径 5.3×10^{-11} m の円運動とするとき，陽子がその軌道上につくる電場の強さを求めよ．

[3] 1辺の長さが 10 cm の正3角形の各頂点にそれぞれ 1×10^{-7} C, 2×10^{-7} C, -2×10^{-7} C の点電荷がおかれている．正3角形の中心に生じる電場を求めよ．

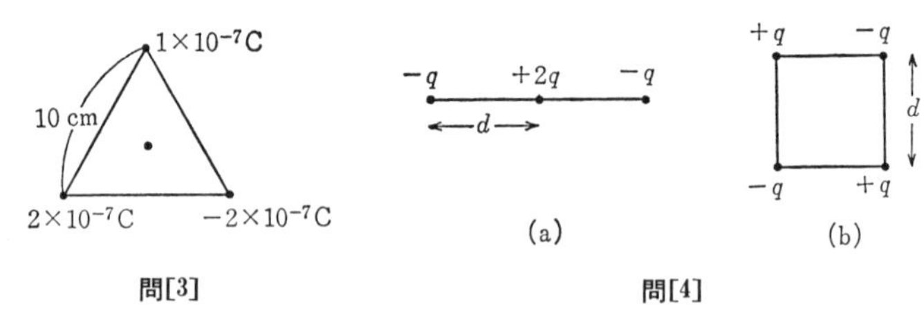

問[3]　　問[4]

[4] 次のおのおのの場合について，生じる電場を求めよ．とくに，電荷分布の中心から十分離れた点において電場はどのようになるか，d の2次までの正しさで調べよ．

(1) 3個の点電荷 $-q$, $+2q$, $-q$ が間隔 d をおいて一直線上におかれているとき，点電荷を通る直線上の点における電場(上図(a))．

(2) 1辺 d の正方形の頂点に $\pm q$ の4個の点電荷がおかれているとき，$+q$ の点電荷を通る対角線上の点における電場(上図(b))．

One Point ——よく使われる近似式

$|x|$ が1に比べて十分小さいとき($|x|\ll1$),

$$(1+x)^{\alpha}\cong 1+\alpha x+\frac{1}{2}\alpha(\alpha-1)x^{2}$$

2-2 連続分布する電荷のつくる電場

電荷密度 電荷が空間に連続的に分布しているとき，点 $\boldsymbol{r}$ のまわりの微小な体積 ΔV に Δq の電荷があるとする．これを

$$\Delta q = \rho(\boldsymbol{r})\Delta V \tag{2.5}$$

と書くとき，$\rho(\boldsymbol{r})$ を**電荷密度**という(図 2-2).

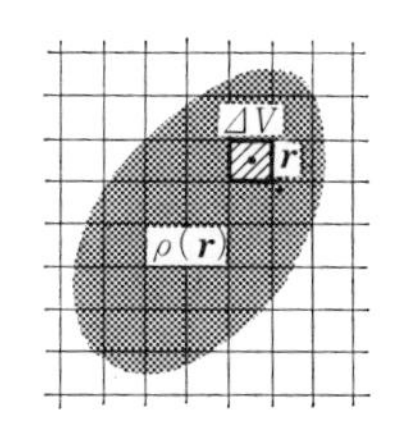

図 2-2 電荷の連続的な分布

連続分布する電荷のつくる電場 ΔV を十分小さくとれば，各微小体積にある電荷を点電荷と見なし，重ね合わせの原理(2.4)を使うことができる．$\Delta V\to 0$ の極限で，和は積分になる．したがって，空間に密度 $\rho(\boldsymbol{r})$ で連続的に分布する電荷が点 $\boldsymbol{r}$ につくる電場は

$$\boldsymbol{E}(\boldsymbol{r}) = \frac{1}{4\pi\varepsilon_0}\int\frac{\boldsymbol{r}-\boldsymbol{r}'}{|\boldsymbol{r}-\boldsymbol{r}'|^3}\rho(\boldsymbol{r}')dV' \tag{2.6}$$

積分は 3 次元の体積積分を表わす．直交座標をとり，$\boldsymbol{r}'=(x', y', z')$ とすれば，$dV'=dx'dy'dz'$ で，x', y', z' についての 3 重積分になる．

電荷が線上に線密度 $\lambda(\boldsymbol{r}')$ で分布しているとき(例題 2.2)，面上に面密度 $\sigma(\boldsymbol{r}')$ で分布しているとき(例題 2.3(2))に生じる電場は，それぞれ

$$\boldsymbol{E}(\boldsymbol{r}) = \frac{1}{4\pi\varepsilon_0}\int\frac{\boldsymbol{r}-\boldsymbol{r}'}{|\boldsymbol{r}-\boldsymbol{r}'|^3}\lambda(\boldsymbol{r}')ds \tag{2.7}$$

$$\boldsymbol{E}(\boldsymbol{r}) = \frac{1}{4\pi\varepsilon_0}\int\frac{\boldsymbol{r}-\boldsymbol{r}'}{|\boldsymbol{r}-\boldsymbol{r}'|^3}\sigma(\boldsymbol{r}')dS \tag{2.8}$$

のように表わされる．(2.7)は電荷が分布する線に沿った線積分，(2.8)は電荷が分布する面に沿った面積分である．

例題 2.2 2点A, B間の直線上に電荷が一様な線密度λで分布しているとき，直線からrの距離にある点Pに生じる電場$\boldsymbol{E}$を求めよ.

［解］ 線分ABを長さΔsの微小部分に分割し，おのおのの微小部分に分布する電荷$\lambda\Delta s$が点Pにつくる電場を重ね合わせることにより，$\boldsymbol{E}$を求める.

右図のように，点Pから直線ABへおろした垂線の足をOとする．点Oからsだけ離れた微小部分Qの電荷が点Pにつくる電場$\Delta\boldsymbol{E}$の大きさは，(2.2)式により，

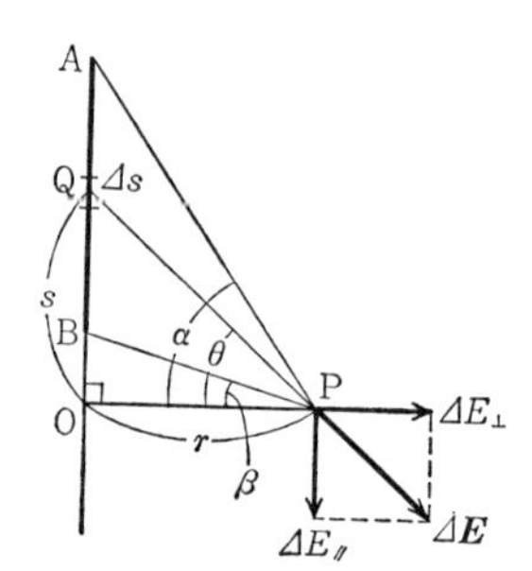

$$\Delta E = \frac{\lambda\Delta s}{4\pi\varepsilon_0}\frac{1}{r^2+s^2}$$

$\angle\mathrm{OPQ}=\theta$とおくと$\cos\theta=r/\sqrt{r^2+s^2}$,　$\sin\theta=s/\sqrt{r^2+s^2}$だから，$\Delta\boldsymbol{E}$の直線に垂直な成分$\Delta E_\perp$および平行な成分$\Delta E_{//}$はそれぞれ

$$\Delta E_\perp = \Delta E\cos\theta = \frac{\lambda\Delta s}{4\pi\varepsilon_0}\frac{r}{(r^2+s^2)^{3/2}},\qquad \Delta E_{//} = \Delta E\sin\theta = \frac{\lambda\Delta s}{4\pi\varepsilon_0}\frac{s}{(r^2+s^2)^{3/2}}$$

となる．上式をすべての微小部分からの寄与について加えあわせればよい．ここで$\Delta s\to 0$の極限をとると，微小部分についての和はsについての積分になる．すなわち，点Pに生じる電場$\boldsymbol{E}$の直線に垂直な成分$E_\perp$は

$$E_\perp = \frac{\lambda}{4\pi\varepsilon_0}\int_{\mathrm{B}}^{\mathrm{A}}\frac{r}{(r^2+s^2)^{3/2}}ds$$

この積分を計算するために，$s=r\tan\theta$とおいて積分変数をsからθに変える.

$$r^2+s^2 = r^2(1+\tan^2\theta) = r^2\sec^2\theta,\qquad ds = r\sec^2\theta d\theta$$

であり，上図のように$\angle\mathrm{APO}=\alpha$, $\angle\mathrm{BPO}=\beta$とおけば$\mathrm{OA}=r\tan\alpha$, $\mathrm{OB}=r\tan\beta$であるから，

$$E_\perp = \frac{\lambda}{4\pi\varepsilon_0}\int_\beta^\alpha\frac{r^2\sec^2\theta}{r^3\sec^3\theta}d\theta = \frac{\lambda}{4\pi\varepsilon_0}\frac{1}{r}\int_\beta^\alpha\cos\theta d\theta$$
$$= \frac{\lambda}{4\pi\varepsilon_0}\frac{1}{r}(\sin\alpha-\sin\beta) \qquad (1)$$

と計算される．同様に，$\boldsymbol{E}$の直線に平行な成分$E_{//}$は

$$E_{//} = \frac{\lambda}{4\pi\varepsilon_0}\int_{\mathrm{B}}^{\mathrm{A}}\frac{s}{(r^2+s^2)^{3/2}}ds = \frac{\lambda}{4\pi\varepsilon_0}\int_\beta^\alpha\frac{r^2\tan\theta\sec^2\theta}{r^3\sec^3\theta}d\theta$$
$$= \frac{\lambda}{4\pi\varepsilon_0}\frac{1}{r}\int_\beta^\alpha\sin\theta d\theta = \frac{\lambda}{4\pi\varepsilon_0}\frac{1}{r}(\cos\beta-\cos\alpha) \qquad (2)$$

例題 2.3　つぎのおのおのの場合について，生じる電場を求めよ．

(1)　半径 R の輪の上に電荷が一様に分布しているとき，輪の中心軸上の点における電場．

(2)　半径 R の円板上に電荷が一様に分布しているとき，円板の中心軸上の点における電場．

［解］ (1)　輪の上の電荷の線密度を λ とすると，長さ Δs の微小部分 Q に分布する電荷 $\lambda\Delta s$ が，輪の中心 O から r の距離にある点 P につくる電場 $\Delta\boldsymbol{E}$ の強さは

$$\Delta E = \frac{\lambda\Delta s}{4\pi\varepsilon_0}\frac{1}{r^2+R^2}$$

で与えられる(右図)．$\Delta\boldsymbol{E}$ を輪の上のすべての微小部分からの寄与について加えあわせると，中心軸に垂直な成分は各部分からの寄与が互いに打ち消しあって，その和は 0 となる．

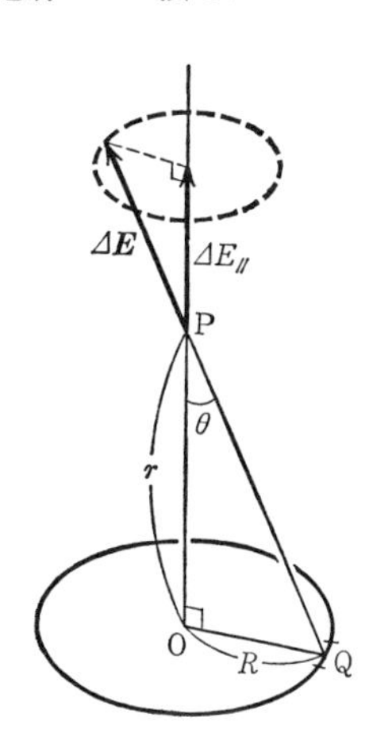

$\Delta\boldsymbol{E}$ の中心軸に平行な成分は，$\angle\mathrm{QPO}=\theta$ とおくと $\cos\theta = r/\sqrt{r^2+R^2}$ であるから，

$$\Delta E_{//} = \Delta E\cos\theta = \frac{\lambda\Delta s}{4\pi\varepsilon_0}\frac{r}{(r^2+R^2)^{3/2}}$$

となる．これを輪全体に加えあわせると($\Delta s \to 2\pi R$ のおき換えをするだけでよい)，その和が点 P における電場の強さ E に等しくなり，

$$E = \frac{\lambda}{2\varepsilon_0}\frac{rR}{(r^2+R^2)^{3/2}} \tag{1}$$

(2)　円板上の電荷の面密度を σ とする．円板を幅 $\Delta R'$ の細い同心の輪で分割し，おのおのの輪の上に線密度 $\lambda=\sigma\Delta R'$ で分布する電荷が中心軸上の点 P につくる電場に対して上で得た結果を用いる．すなわち，半径 R' の輪による電場は円板に垂直であり，その強さは(1)式により

$$\Delta E' = \frac{\sigma\Delta R'}{2\varepsilon_0}\frac{rR'}{(r^2+R'^2)^{3/2}}$$

である．これをすべての微細な輪からの寄与について加えあわせると，求める点 P での電場の強さ E となり，

$$E = \frac{\sigma r}{2\varepsilon_0}\int_0^R \frac{R'}{(r^2+R'^2)^{3/2}}dR' = \frac{\sigma r}{2\varepsilon_0}\left[-\frac{1}{\sqrt{r^2+R'^2}}\right]_{R'=0}^{R'=R} = \frac{\sigma}{2\varepsilon_0}\left(1-\frac{r}{\sqrt{r^2+R^2}}\right) \tag{2}$$

問　題 2-2

[1]　例題 2.2 において，点 P での電場 $\boldsymbol{E}$ が $\angle$APB を 2 等分する方向にあることを示せ．

［ヒント］　$\boldsymbol{E}$ が垂線 PO となす角 φ は $\tan\varphi = E_{/\!/}/E_{\perp}$ で与えられる．右辺の比を計算して，$\varphi = (\alpha+\beta)/2$ となることを示せばよい．

[2]　無限に長い直線上に電荷が一様に分布しているとき，生じる電場を求めよ．

[3]　無限に広い平面上に電荷が一様に分布しているとき，生じる電場を求めよ．

[4]　上の問[2]で得た結果を用いて，半径 R の無限に長い円筒の側面上に電荷が一様に分布しているとき，円筒の内外の点に生じる電場を求めよ．また，側面上の点ではどうか．

［ヒント］　側面を中心軸の方向に細くせん切り状に分割し，おのおのの分割された部分を無限に長い直線電荷と考え，それらがつくる電場を重ね合わせよ．

[5]　例題 2.3 の(1)で得た結果を用いて，半径 R の球面上に電荷が一様に分布しているとき，球の内外の点に生じる電場を求めよ．また，球面上の点ではどうか．

［ヒント］　電場を求めたい点と中心を結ぶ直線に対し垂直な方向に，球面を細く輪切りにして分割せよ．

[6]　前問で得た結果を用いて，半径 R の球全体にわたって電荷が一様に分布しているとき，生じる電場を求めよ．

［ヒント］　球をうすい同心の球殻で分割せよ．

［**注意**］　2-4 節で学ぶように，上の問[4]～[6]の円筒や球の内外の点に生じる電場は，ガウスの法則を使えば，計算らしい計算をするまでもなく簡単に求めることができる．しかし，ここでは，クーロンの法則を理解し計算力を身につけるため，例題の解やヒントにしたがって考えてもらいたい．

One Point ——線積分・面積分・体積積分

関数

$$w = f(u)$$

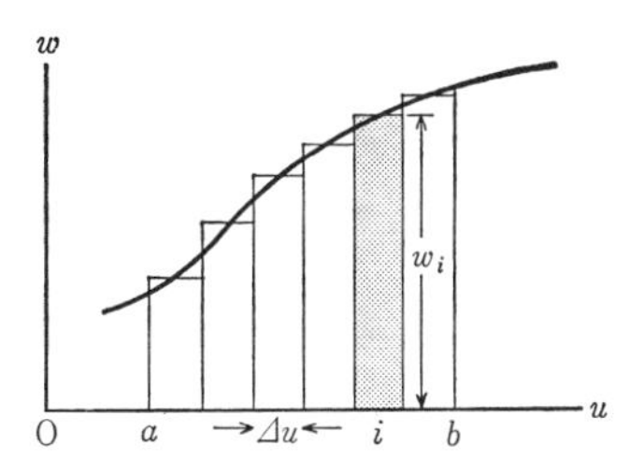

の a から b までの積分はつぎのように定義される．変数 u の a から b までの領域を長さ Δu の微小な領域に分け，微小領域に端から番号をつける．i 番目の領域における w の値(たとえば領域の中心における値)を w_i とする．このとき，和

$$S = \sum_{i=1}^{N} w_i \Delta u \qquad (N=(b-a)/\Delta u)$$

をつくり，$\Delta u \to 0$ の極限をとったものが積分である．すなわち，

$$I = \int_a^b f(u)du = \lim_{\Delta u \to 0} \sum_{i=1}^{N} w_i \Delta u$$

空間に曲線が描かれていたとする．u は曲線の端から曲線上の点まで，曲線に沿って測った長さにとってもよい．このとき，曲線に沿った積分を上のように定義できる．このような積分を**線積分**という．

空間に曲面 S が描かれており，曲面上の各点で値が定まっている関数

$$w = g(u, v)$$

があるとしよう．(u, v) は曲面上の点を決める適当な座標である．w の曲面上の積分も線積分と同じようにして定義できる．まず，曲面を面積 ΔS の微小な領域に分け，i 番目の領域における w の値を w_i とする．このとき，和

$$\sum_i w_i \Delta S$$

をつくり，$\Delta S \to 0$ の極限をとったものが積分である．すなわち，

$$I = \int_S g(u, v)dS = \lim_{\Delta S \to 0} \sum_i w_i \Delta S$$

このような積分を**面積分**という．

空間の各点で定義されている関数

$$w = h(x, y, z)$$

についても，空間のある領域にわたる積分を同じように定義できる．このような積分を**体積積分**という．

2-3　電気力線

電気力線　電場の中で点を，つねにその位置の電場の向きに動かす，という約束で動かすとき，その点の描く向きのついた曲線を**電気力線**という．電気力線は，接線がその点の電場の向きを表わす．

電気力線は正の電荷(または無限遠)から出て，負の電荷(または無限遠)で終わる．途中で切れたり，2つに分れたり，また交叉することはない．

電気力線の密度　電気力線に垂直な微小面積 ΔS を考え，そこを貫く電気力線の数を ΔN とするとき，比 $\Delta N/\Delta S$ を電気力線の密度という．

電荷，電場と電気力線　電気力線はつぎの約束にしたがって引くものとする．

(1)　正の電荷から出る数，負の電荷に入る数は，電荷の大きさに比例する．

(2)　密度はその点の電場の強さに比例する．

電気力線の例　1個の正の点電荷による電気力線は，電荷を出て無限遠までまっすぐ一様に広がる(図 2-3(a))．電荷を出る電気力線の数を N とすれば，電荷から距離 R の点における密度は $N/4\pi R^2$ で，電場の強さに比例する．

同じ大きさの正負の点電荷の対による電気力線は，正の電荷から出て負の電荷に入る(図 2-3(b))．

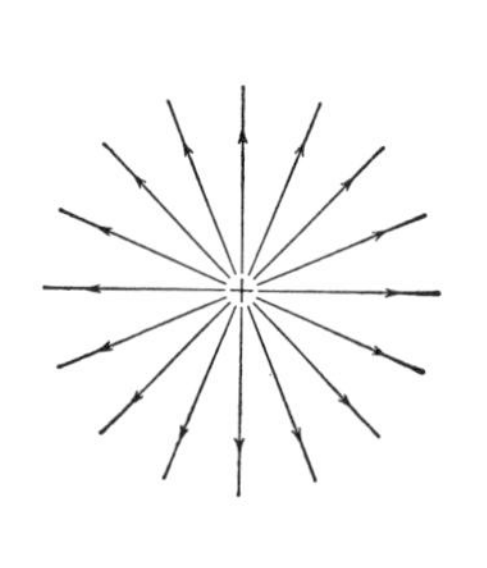

(a) 1個の正の点電荷

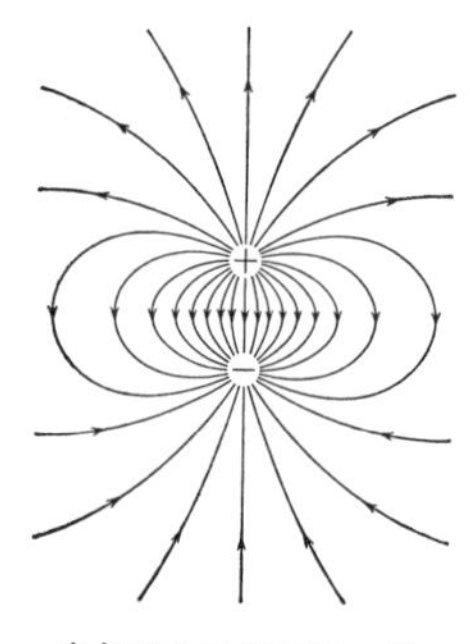

(b) 正負の点電荷の対

図 2-3　電気力線の例

例題 2.4 点Pにおかれた点電荷 q による電気力線のうち，点Pを頂点とする頂角 θ_0 の直円錐の底面Aを貫く電気力線の数はどれだけか，総数 N に対する割合を求めよ．

［解］ 右図のように，点Pを中心とする半径 r の球面を考え，そのうち直円錐によって切りとられる面をSとする．点電荷 q による電気力線は q を中心とした放射状の直線であるので，面Sを貫く電気力線はかならず底面Aも貫く．球面上では，q による電場の強さがいたるところ同じだから，電気力線の密度は一定となり $N/4\pi r^2$ で与えられる．したがって，底面Aを貫く電気力線の数 n は $N/4\pi r^2$ に面Sの面積 S_0 を掛けたものに等しく，$n=(N/4\pi r^2)S_0$.

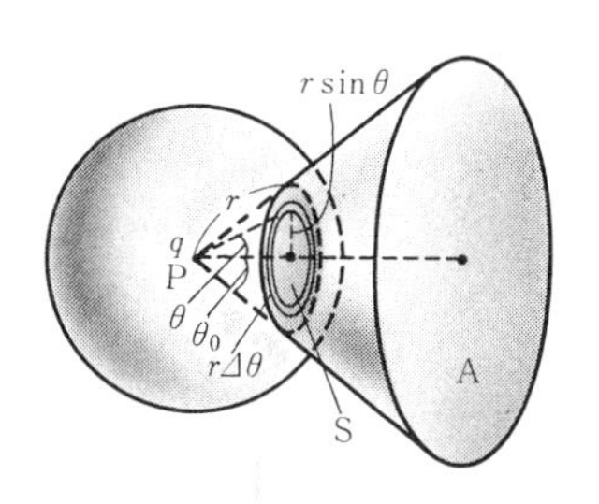

この面積 S_0 を求めるため，面Sを幅 $r\Delta\theta$ で細く輪切りにして分割する．上図からも明らかなように $\theta\sim\theta+\Delta\theta$ の領域にある微細な輪の半径は $r\sin\theta$ である．よって，その面積は $\Delta S=2\pi r\sin\theta\cdot r\Delta\theta=2\pi r^2\sin\theta\Delta\theta$ となる．面Sの面積 S_0 はこの ΔS を加えあわせたものに等しく，$\Delta\theta\to 0$ の極限をとることにより和を積分に直して，

$$S_0 = \int_0^{\theta_0} 2\pi r^2\sin\theta d\theta = 2\pi r^2(1-\cos\theta_0)$$

と与えられる．したがって，

$$\frac{n}{N} = \frac{2\pi r^2(1-\cos\theta_0)}{4\pi r^2} = \frac{1}{2}(1-\cos\theta_0)$$

One Point ——立体角と電気力線の数

右図のような頂点P，底面Aの錐体が，中心P，半径 r の球面から切りとる面 A′ の面積 S' は r^2 に比例する．r によらない比 $\omega=S'/r^2$ は点Pから見た面Aの大きさを表わす．この ω を点Pに対して張る面Aの**立体角**という．点Pに点電荷 q があるとき，面Aを貫く q による電気力線の数は立体角 ω に比例する．上の例題で考えた直円錐の場合，点Pに対する面Aの立体角は $\omega=2\pi(1-\cos\theta_0)$ である．

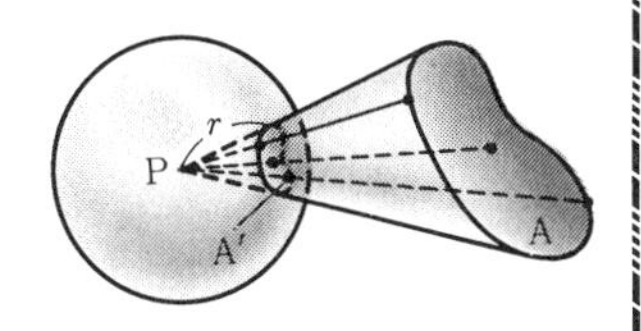

問 題 2-3

[1] 空間内いたるところで強さと向きが一定な電場を**一様な電場**という．電気力線で一様な電場を表わすと，どのようになるか．さらに，一様な電場の中に正の点電荷 q をおいたとき，q のまわりに生じる電場の大体の様子を電気力線で示せ．

[2] 正負の点電荷 $+2q$ および $-q$ が a だけ離れた2点 A, B にそれぞれおかれている．

(1) これらの点電荷による電場の強さが0になる点Pの位置を求めよ．

(2) $+2q$ の点電荷から出た電気力線のうち，$-q$ の点電荷に入る電気力線はどれだけか，その割合を求めよ．

(3) 右図のように，直線 AB と角 α をなして $+2q$ の点電荷から出た電気力線が，一方の点電荷 $-q$ に入るとき AB と角 β をなすとき，α と β の間にはどのような関係が成り立つか．さらに，$\alpha<\pi/2$ ならば，電気力線はかならず $-q$ の点電荷に入ることを示せ．

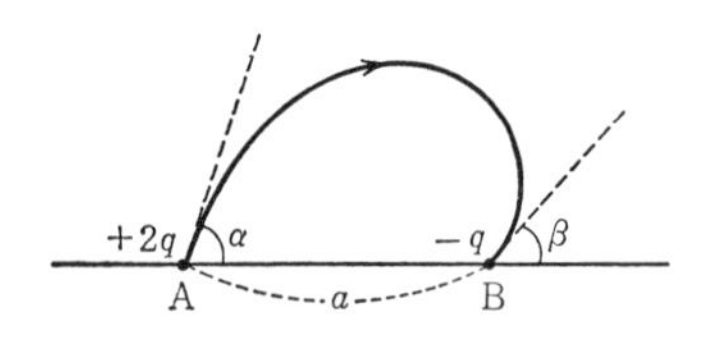

(4) 以上のことを参考にして，生じる電場の大体の様子を電気力線で示せ．

[3] つぎのおのおのの場合について，点電荷を含む平面内における電場の大体の様子を電気力線で示せ．

(1) 3個の点電荷 $-q$, $+2q$, $-q$ $(q>0)$ が直線上に等間隔におかれているとき(下図(a))．

(2) 正3角形の各頂点にそれぞれ正の点電荷 $+q$ がおかれているとき(下図(b))．

(3) 正方形の頂点に $\pm q$ の4個の点電荷がおかれているとき(下図(c))．

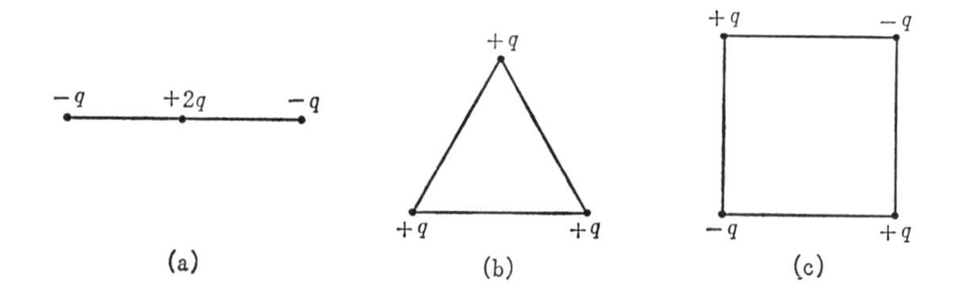

(a)　(b)　(c)

2-4　ガウスの法則

電気力線の保存　空間に閉じた曲面を考え，曲面を貫く電気力線を，内から外へ出るものを正，外から内へ入るものを負に数えることに約束する．また，電荷を出る電気力線は正に，電荷に入る電気力線は負に数える．このとき，曲面を貫く電気力線の総数(代数和)は，曲面の内部にある電荷を出る電気力線の総数(代数和)に等しい．曲面の形によらない．

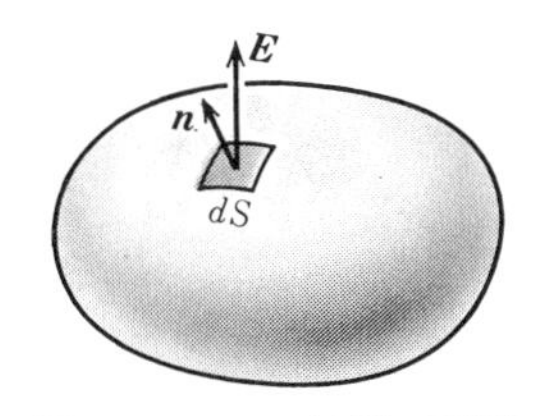

図 2-4　ガウスの法則の面積分

ガウスの法則　上の性質を，電気力線の代わりに，電場と電荷を用いて表わせばつぎのようになる．任意の閉じた曲面 S について

$$\int_S \{\boldsymbol{E}(\boldsymbol{r})\cdot\boldsymbol{n}(\boldsymbol{r})\}\,dS = \frac{1}{\varepsilon_0}\sum_i q_i \tag{2.9}$$

$\boldsymbol{n}(\boldsymbol{r})$ は曲面上の点 $\boldsymbol{r}$ で面に垂直な，外向きの単位ベクトル(法線ベクトル)で，積分は電場に垂直な，外向きの成分 $E_n(\boldsymbol{r})=\boldsymbol{E}(\boldsymbol{r})\cdot\boldsymbol{n}(\boldsymbol{r})$ を曲面 S 全体にわたって積分することを示す(21 ページのワンポイント参照)．$\sum_i$ は曲面の内部にある電荷についての和である．これを(積分形の)**ガウスの法則**という．

電荷が密度 $\rho(\boldsymbol{r})$ で連続的に分布しているときのガウスの法則は

$$\int_S \{\boldsymbol{E}(\boldsymbol{r})\cdot\boldsymbol{n}(\boldsymbol{r})\}\,dS = \frac{1}{\varepsilon_0}\int_V \rho(\boldsymbol{r})dV \tag{2.10}$$

右辺の積分は閉曲面 S で囲まれた領域 V の全体にわたって積分することを示す．

ガウスの法則の応用　ガウスの法則だけでは静電場の性質をつくしていない．したがって，一般的にいえば，ガウスの法則だけで静電場を決めることはできない．しかし，電荷分布の対称性から電場の様子がわかるときには，ガウスの法則を使うことによって，電場を簡単に求めることができる場合がある．

例題 2.5　無限に長い直線上に一様な線密度 λ で電荷が分布しているとき，ガウスの法則を用いて，生じる電場を求めよ．

［**解**］　電荷分布の対称性から，電場は電荷の分布する直線に垂直に放射状に生じ，その強さは直線からの距離 r だけに依存することがわかる．そこで，ガウスの法則を適用する閉曲面 S として，右図のように直線を軸とする半径 r，長さ l の円筒面をとる．この円筒面は側面 S_1，上底面 S_2，下底面 S_3 からなるので，閉曲面 S についての電場 $\boldsymbol{E}$ の面積分は

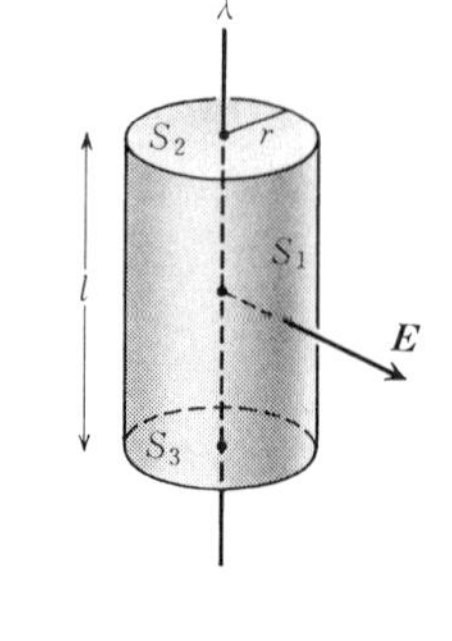

$$\int_S \{\boldsymbol{E}(\boldsymbol{r})\cdot\boldsymbol{n}(\boldsymbol{r})\}\,dS = \int_{S_1} \{\boldsymbol{E}(\boldsymbol{r})\cdot\boldsymbol{n}(\boldsymbol{r})\}\,dS + \int_{S_2} \{\boldsymbol{E}(\boldsymbol{r})\cdot\boldsymbol{n}(\boldsymbol{r})\}\,dS + \int_{S_3} \{\boldsymbol{E}(\boldsymbol{r})\cdot\boldsymbol{n}(\boldsymbol{r})\}\,dS$$

と分けられる．しかし，S_2, S_3 の上下の底面では電場は面に平行で，面に垂直な成分が 0 だから，S_2, S_3 についての面積分は 0 になる．一方，側面 S_1 上では，どの点においても電場は面に垂直であり，その強さ $E(r)$ が同じだから，$\boldsymbol{E}(\boldsymbol{r})\cdot\boldsymbol{n}(\boldsymbol{r})$ は $E(r)$ に等しく一定の値をとる．したがって，S_1 についての面積分は $E(r)$ に S_1 の面積 $2\pi rl$ を掛けたものになる．ゆえに，

$$\begin{aligned}\int_S \{\boldsymbol{E}(\boldsymbol{r})\cdot\boldsymbol{n}(\boldsymbol{r})\}\,dS &= \int_{S_1} \{\boldsymbol{E}(\boldsymbol{r})\cdot\boldsymbol{n}(\boldsymbol{r})\}\,dS \\ &= E(r)\cdot 2\pi rl\end{aligned}$$

ガウスの法則によれば，上式は閉曲面 S の内部に含まれる全電荷 Q を ε_0 で割ったものに等しい．Q は長さ l の直線上に分布する電荷だから $Q=\lambda l$．よって，

$$E(r)\cdot 2\pi rl = \frac{\lambda l}{\varepsilon_0}$$

となり，電場の強さ $E(r)$ として

$$E(r) = \frac{\lambda}{2\pi\varepsilon_0 r}$$

を得る．これは問題 2-2 問[2]でクーロンの法則を用いて導いた結果と一致している．

例題 2.6　半径 R の球内に一様な密度 ρ で分布する電荷がつくる電場を求めよ.

［**解**］ 電荷が球の中心のまわりに球対称に分布しているので，電場の向きは中心から放射状であり，その強さは中心からの距離だけの関数となる．そこで，ガウスの法則を適用するため，電荷の分布する球と同じ中心をもつ半径 r の球面 S を考えることにしよう．図1のように，電場はこの球面上のどの点でも面に垂直である．したがって，中心から r の距離にある点での電場の強さを $E(r)$ とすると，球面 S 上で $\boldsymbol{E}(\boldsymbol{r})\cdot\boldsymbol{n}(\boldsymbol{r})=E(r)$ であり，

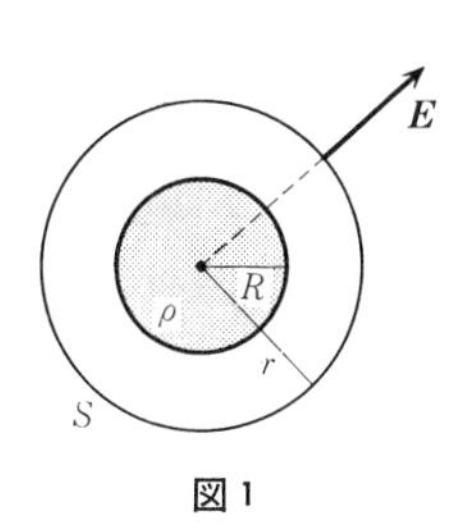

図 1

$$\int_S \{\boldsymbol{E}(\boldsymbol{r})\cdot\boldsymbol{n}(\boldsymbol{r})\}\,dS = E(r)\int_S dS = E(r)\cdot 4\pi r^2$$

となる．ガウスの法則により，この面積分の値は球面 S の内部に含まれる全電荷 Q を ε_0 で割ったものに等しく，

$$E(r)\cdot 4\pi r^2 = Q/\varepsilon_0$$

となる．よって，電場の強さ $E(r)$ は

$$E(r) = \frac{Q}{4\pi\varepsilon_0 r^2}$$

と与えられる．球面 S が内部に含む全電荷 Q は r の大きさにより変化する．まず $r>R$ のとき，Q は半径 R の球全体の電荷 $(4\pi R^3/3)\rho$ に等しい．したがって，

$$E(r) = \frac{1}{4\pi\varepsilon_0 r^2}\frac{4}{3}\pi R^3\rho = \frac{\rho R^3}{3\varepsilon_0 r^2} \qquad (r>R)$$

となる．また $r\leqq R$ のとき，$Q=(4\pi r^3/3)\rho$ だから，

$$E(r) = \frac{1}{4\pi\varepsilon_0 r^2}\frac{4}{3}\pi r^3\rho = \frac{\rho}{3\varepsilon_0}r \qquad (r\leqq R)$$

このように，問題 2-2 問[6]と同じ結果が得られた．

電場の強さ $E(r)$ を r の関数としてグラフに表わすと，図2のようになり，$r=R$ で $E(r)$ は連続であるが，その微分係数が連続でないことがわかる．また，$r>R$ のときは，半径 R の球の全電荷 $(4\pi R^3/3)\rho$ が中心に点電荷として集まった場合と同じ電場である．

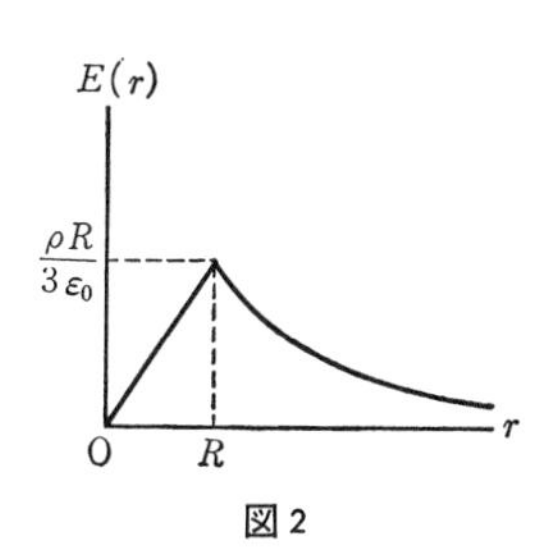

図 2

問　題 2-4

[1]　つぎのおのおのの場合について，ガウスの法則を用いて，生じる電場を求めよ．

(1)　無限に広い平面上に電荷が一様な面密度 σ で分布しているとき．

(2)　半径 R の無限に長い円筒の側面上に電荷が一様な面密度 σ で分布しているとき．

(3)　半径 R の無限に長い円筒の内部に電荷が一様な密度 ρ で分布しているとき．

[2]　正電荷 $+Q$ が一様に分布した半径 R の球の中に，質量 m，負電荷 $-q$ の質点を静かにおくと，質点は単振動の運動を開始することを示し，その周期を求めよ．

[3]　量子力学によると，水素原子が**基底状態**(最も低いエネルギー状態)にあるとき，電子の負電荷 $-e$ は水素原子の中心から r の距離にある点Pにおいて $\exp(-2r/a_0)$ に比例する密度で分布している．ここで，a_0 は**ボーア半径**と呼ばれるもので，水素原子の大きさにほぼ等しい．

(1)　点Pにおける電荷密度 $\rho(r)$ はどのように表わされるか．空間全体にわたって $\rho(r)$ を積分したとき，その結果が $-e$ に等しいという条件を使って考えよ．

(2)　密度 $\rho(r)$ で分布する負電荷ならびに点電荷として中心に位置する陽子の正電荷 $+e$ によって，電場はつくられる．点Pにおける電場を求めよ．

(3)　r が a_0 に比べて大きくなるにつれて，電場の強さはどのように変わるか．

[4]　半径 R の球面 S がある．中心から r の距離にある点Aにおかれた点電荷 q が球面 S 上の点につくる電場 $\boldsymbol{E}(\boldsymbol{r})$ について，面積分 $\int_S \{\boldsymbol{E}(\boldsymbol{r})\cdot\boldsymbol{n}(\boldsymbol{r})\}dS$ を計算し，$r\neq R$ のときガウスの法則が成り立つことを確かめよ．また，$r=R$ のときはどうか．

One Point ——偏微分

次節で習う電位 $\phi(\boldsymbol{r})$ は一般に空間座標 $\boldsymbol{r}=(x, y, z)$ によって決まるから，3変数 x, y, z の関数である．このような2個以上の変数の関数(多変数関数)を，変数のひとつについて(他の変数は一定に保ったまま)微分することを**偏微分**という．$w=f(u, v)$ のとき，u についての偏微分係数は $\dfrac{\partial w}{\partial u}$ と表わされ，

$$\frac{\partial w}{\partial u}=\lim_{\Delta u\to 0}\frac{f(u+\Delta u, v)-f(u, v)}{\Delta u}$$

である．たとえば，$w=au^2+buv+cv^2$ (a, b, c は定数) のとき，

$$\partial w/\partial u = 2au+bv,\qquad \partial w/\partial v = bu+2cv$$

2-5 電位

保存力の条件 質点が力を受けながら任意の閉じた経路をひとまわりしてもとの位置に戻るとき，力が質点になす仕事が0であれば，力学的エネルギーが保存される．このような力を**保存力**という．電荷の間にはたらくクーロン力も保存力である．このことから，電場$\boldsymbol{E}$についてつぎの性質が証明される．

$$\int_C \{\boldsymbol{E}(\boldsymbol{r})\cdot\boldsymbol{t}(\boldsymbol{r})\}\,ds = 0 \qquad (2.11)$$

$\boldsymbol{t}(\boldsymbol{r})$は経路$C$の上の点$\boldsymbol{r}$で経路に接する単位ベクトル(接線ベクトル)で，積分は電場の接線成分$E_t(\boldsymbol{r})=\boldsymbol{E}(\boldsymbol{r})\cdot\boldsymbol{t}(\boldsymbol{r})$を閉じた経路$C$に沿ってひとまわり積分することを示す．

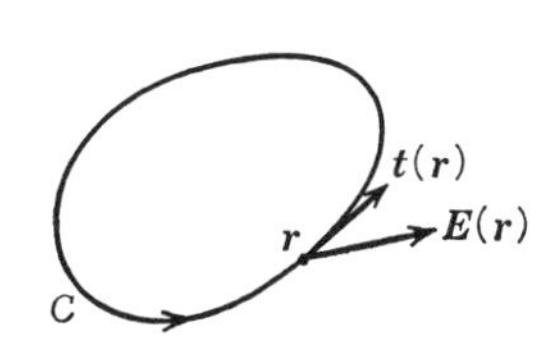

図 2-5 (2.11)式の積分

電位 (2.11)からつぎのことがわかる．空間に基準点Oを選ぶと，Oから点Pに至る経路に沿う積分

$$\phi_{\mathrm{P}} = -\int_{\mathrm{O}}^{\mathrm{P}} \{\boldsymbol{E}(\boldsymbol{r}')\cdot\boldsymbol{t}(\boldsymbol{r}')\}\,ds \qquad (2.12)$$

はPの位置$\boldsymbol{r}$にのみ依存し，OからPに至る経路のとり方によらない．ϕ_{P}を$\boldsymbol{r}$の関数として$\phi(\boldsymbol{r})$と書き，これを**電位**または**静電ポテンシャル**という．

電位と仕事 $q\phi(\boldsymbol{r})$は電荷qをOからPまで移動させるときに要する仕事である．また，$q[\phi(\boldsymbol{r})-\phi(\boldsymbol{r}')]$は$q$を$\boldsymbol{r}'$から$\boldsymbol{r}$まで移動させるときに要する仕事である．

等電位面 電位が一定の面を等電位面という．等電位面は，隣りあう面間の電位差が一定になるように描くものとする(図2-6)．電場は等電位面に垂直で(図2-7)，等電位面が密なところほど強い．

電位と電場の関係 x方向に微小な距離$\varDelta x$をへだてた2点間の電位差を$\varDelta\phi$とすれば，電位差と電場の関係は(2.12)により$\varDelta\phi=-E_x\varDelta x$となる．したがって，$\varDelta x\to 0$の極限をとると，前ページのワンポイントにより$E_x=-\partial\phi/\partial x$を得る．一般に電場$\boldsymbol{E}(\boldsymbol{r})$は電位$\phi(\boldsymbol{r})$からつぎの関係によって得られる．

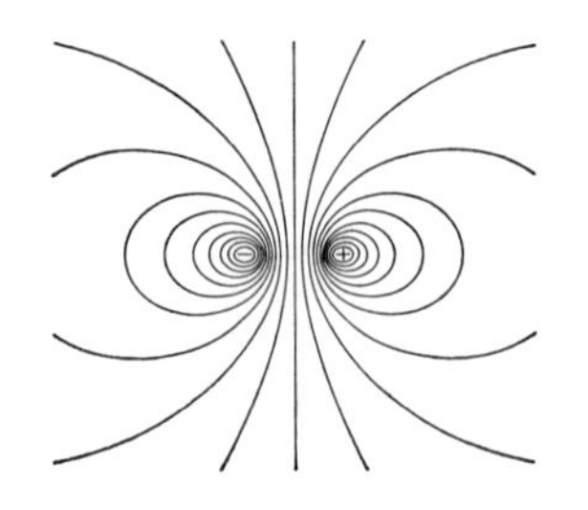

図 2-6　正負の点電荷の対による電場の等電位面

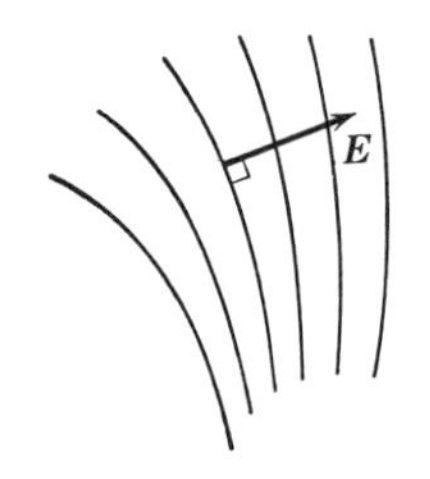

図 2-7　等電位面と電場

$$\boldsymbol{E}(\boldsymbol{r}) = -\left(\frac{\partial\phi(\boldsymbol{r})}{\partial x},\ \frac{\partial\phi(\boldsymbol{r})}{\partial y},\ \frac{\partial\phi(\boldsymbol{r})}{\partial z}\right) \equiv -\nabla\phi(\boldsymbol{r}) \tag{2.13}$$

∇ はナブラと読み，ベクトルの偏微分演算子

$$\nabla = \left(\frac{\partial}{\partial x},\ \frac{\partial}{\partial y},\ \frac{\partial}{\partial z}\right) \tag{2.14}$$

である．$\nabla\phi(\boldsymbol{r})$ を $\phi(\boldsymbol{r})$ の**勾配**(gradient)という．

電荷分布と電位　1個の点電荷 q_1 が点 $\boldsymbol{r}_1$ にあるとき，無限遠を基準とする点 $\boldsymbol{r}$ の電位は

$$\phi(\boldsymbol{r}) = \frac{q_1}{4\pi\varepsilon_0|\boldsymbol{r}-\boldsymbol{r}_1|} \tag{2.15}$$

電位についても重ね合わせの原理が成り立つ．よって，n 個の点電荷 $q_1, q_2, \cdots, q_n$ がそれぞれ $\boldsymbol{r}_1, \boldsymbol{r}_2, \cdots, \boldsymbol{r}_n$ にあるとき，無限遠を基準とする点 $\boldsymbol{r}$ の電位は

$$\phi(\boldsymbol{r}) = \frac{1}{4\pi\varepsilon_0}\sum_{i=1}^{n}\frac{q_i}{|\boldsymbol{r}-\boldsymbol{r}_i|} \tag{2.16}$$

電荷が密度 $\rho(\boldsymbol{r})$ で連続的に分布している場合は

$$\phi(\boldsymbol{r}) = \frac{1}{4\pi\varepsilon_0}\int\frac{\rho(\boldsymbol{r}')}{|\boldsymbol{r}-\boldsymbol{r}'|}dV' \tag{2.17}$$

電位と電場の単位　1 C の電荷を移動させるときに要する仕事が 1 J であるような 2 点間の電位差を 1 ボルト(V)という．1 m へだてた 2 点間の電位差が 1 V であるような電場の強さを 1 V·m^{-1} という．

例題 2.7 電位 $\phi(\boldsymbol{r})$ と電場 $\boldsymbol{E}(\boldsymbol{r})$ の間の関係式 $\boldsymbol{E}(\boldsymbol{r})=-\nabla\phi(\boldsymbol{r})$ を用いて，つぎの問いに答えよ．

(1) 電場は等電位面に対し垂直であることを示せ．

(2) 点電荷 q が原点におかれているとき，点 $\boldsymbol{r}=(x, y, z)$ における電位は(2.15)式のように，

$$\phi(\boldsymbol{r}) = \frac{q}{4\pi\varepsilon_0}\frac{1}{(x^2+y^2+z^2)^{1/2}}$$

と与えられる．この $\phi(\boldsymbol{r})$ について，$\boldsymbol{E}(\boldsymbol{r})=-\nabla\phi(\boldsymbol{r})$ を計算せよ．

［解］ (1) ある等電位面上に，任意の2点 $\boldsymbol{r}=(x, y, z)$ と $\boldsymbol{r}+\varDelta\boldsymbol{r}=(x+\varDelta x,\ y+\varDelta y,\ z+\varDelta z)$ を選ぶと，

$$\phi(x, y, z) = \phi(x+\varDelta x,\ y+\varDelta y,\ z+\varDelta z)$$

となる．この式は $\varDelta\boldsymbol{r}$ の各成分 $\varDelta x, \varDelta y, \varDelta z$ を十分小さくしても成り立つ．そこで，右辺をそれらについて1次の項まで展開することにより，

$$\begin{aligned}&\phi(x+\varDelta x,\ y+\varDelta y,\ z+\varDelta z)-\phi(x, y, z)\\&\quad\cong \frac{\partial\phi}{\partial x}\varDelta x+\frac{\partial\phi}{\partial y}\varDelta y+\frac{\partial\phi}{\partial z}\varDelta z = \nabla\phi\cdot\varDelta\boldsymbol{r} = -\boldsymbol{E}\cdot\varDelta\boldsymbol{r} = 0\end{aligned}$$

を得る．よって，電場ベクトル $\boldsymbol{E}(\boldsymbol{r})$ と等電位面上にある任意のベクトル $\varDelta\boldsymbol{r}$ とのスカラー積が0だから，電場は等電位面に対してかならず垂直である．

(2) $r=(x^2+y^2+z^2)^{1/2}$ とおき，r の x についての偏微分を計算すると，y, z を定数と見なして

$$\frac{\partial r}{\partial x} = \frac{1}{2}(x^2+y^2+z^2)^{-1/2}\cdot 2x = \frac{x}{r}$$

となる．したがって，$\boldsymbol{E}(\boldsymbol{r})=-\nabla\phi(\boldsymbol{r})$ の x 成分は

$$\begin{aligned}E_x(\boldsymbol{r}) &= -\frac{\partial}{\partial x}\phi(\boldsymbol{r}) = -\frac{q}{4\pi\varepsilon_0}\frac{\partial}{\partial x}\left(\frac{1}{r}\right)\\&= -\frac{q}{4\pi\varepsilon_0}\frac{d}{dr}\left(\frac{1}{r}\right)\frac{\partial r}{\partial x} = \frac{q}{4\pi\varepsilon_0}\frac{x}{r^3}\end{aligned}$$

これはクーロンの法則で与えられる電場の x 成分の表式((2.3)式)にほかならない．y, z 成分についても同様である．

例題 2.8 無限に長い直線上に線密度 λ で一様に分布した電荷による電位を求めよ．ただし，直線から a の距離にある点での電位を 0 とする．

［**解**］ 右図のように，まず電荷が長さ $2l$ の線分 AB 上に線密度 λ で一様に分布する場合について考え，AB の垂直 2 等分線上，AB の中点 O から r の距離にある点 P での電位 $\phi(r)$ を求める．そして，最後に $l\to\infty$ の極限をとることにする．

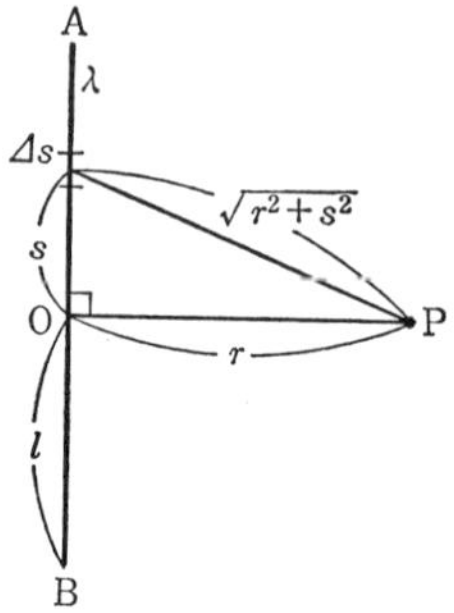

線分 AB を長さ Δs の微小部分に分割すると，点 O から s だけ離れた微小部分の電荷 $\lambda\Delta s$ による点 P での電位は，(2.15)式により，

$$\Delta\phi = \frac{\lambda\Delta s}{4\pi\varepsilon_0}\left(\frac{1}{\sqrt{r^2+s^2}}-\frac{1}{\sqrt{a^2+s^2}}\right)$$

となる．ここで，$r=a$ のときの電位が 0 となるように $1/\sqrt{a^2+s^2}$ の項を引いておいた．$\phi(r)$ を求めるには，この $\Delta\phi$ をすべての微小部分からの寄与について加えあわせればよい．$\Delta s\to 0$ の極限をとると，和は s についての積分におき換えられ，

$$\begin{aligned}\phi(r) &= \frac{\lambda}{4\pi\varepsilon_0}\left(\int_{-l}^{l}\frac{1}{\sqrt{r^2+s^2}}ds-\int_{-l}^{l}\frac{1}{\sqrt{a^2+s^2}}ds\right)\\ &= \frac{\lambda}{2\pi\varepsilon_0}\left(\int_{0}^{l}\frac{1}{\sqrt{r^2+s^2}}ds-\int_{0}^{l}\frac{1}{\sqrt{a^2+s^2}}ds\right)\end{aligned}$$

となる．（ ）内の第 1 項の積分に対し，$x=s+\sqrt{r^2+s^2}$ とおいて積分変数を s から x に変えると，

$$dx = \left(1+\frac{s}{\sqrt{r^2+s^2}}\right)ds = \frac{x}{\sqrt{r^2+s^2}}ds$$

であるので，

$$\int_0^l \frac{1}{\sqrt{r^2+s^2}}ds = \int_r^{l+\sqrt{r^2+l^2}}\frac{1}{x}dx = \log\frac{l+\sqrt{r^2+l^2}}{r}$$

と計算される．第 2 項の積分についても同様に計算でき，上式で r の代わりに a とおけばよい．したがって，

$$\phi(r) = \frac{\lambda}{2\pi\varepsilon_0}\log\left(\frac{a}{r}\,\frac{l+\sqrt{r^2+l^2}}{l+\sqrt{a^2+l^2}}\right)$$

となる．$l\to\infty$ の極限をとると，この $\phi(r)$ は直線が無限に長い場合の電位になり，

$$\phi(r) = \frac{\lambda}{2\pi\varepsilon_0}\log\frac{a}{r}$$

問 題 2-5

[1] 右図のように，xy 面内に，点 $\mathrm{A}(a, 0, 0)$ から点 $\mathrm{P}(x, y, 0)$ に至る 3 つの経路 C_1, C_2, C_3 がある．原点 O を中心とする半径 a の円と直線 OP との交点を Q とすると，C_1 は円弧 AQ と直線 QP とからなる経路であり，C_2 は点 $\mathrm{R}(x, 0, 0)$ を経て A から P に至る直線の経路である．また，C_3 は A から P に直接至る経路である．原点 O におかれた点電荷 q のつくる電場 $\boldsymbol{E}(\boldsymbol{r})$ について，線積分 $\int\{\boldsymbol{E}(\boldsymbol{r})\cdot\boldsymbol{t}(\boldsymbol{r})\}\,ds$ が経路によらないことを C_1, C_2, C_3 の経路に対し確かめよ．さらに，このことから，点 P における電位が(2.15)式のように与えられることを示せ．

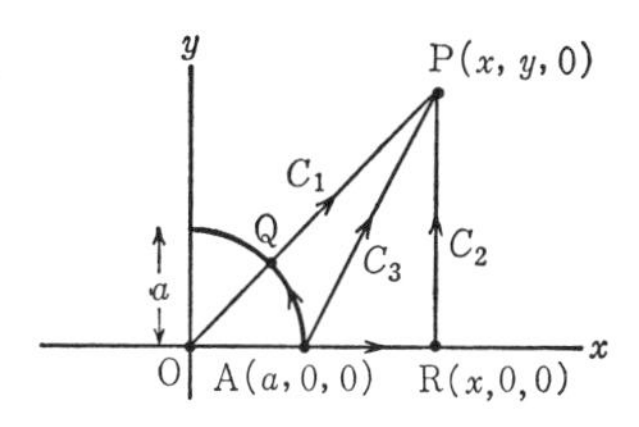

[2] 点 $\mathrm{A}(0, 0, d)$ と点 $\mathrm{B}(0, 0, -d)$ にそれぞれ正負の点電荷 $+mq$, $-q$ がおかれている．無限遠を電位の基準とするとき，$m \neq 1$ ならば，電位が 0 の等電位面は球面になることを示せ．

[3] 問題2-3 問[3]で考えた点電荷の分布について，点電荷を含む平面による等電位面の切り口を示せ．

[4] 例題 2.8 で求めた電位 $\phi(\boldsymbol{r})$ ならびに $\boldsymbol{E}(\boldsymbol{r}) = -\nabla\phi(\boldsymbol{r})$ の関係式を用いて，無限に長い直線上に一様に分布した電荷のつくる電場 $\boldsymbol{E}(\boldsymbol{r})$ を求めよ．

[5] 半径 R の球面上に一様な面密度 σ で分布した電荷による電位を求めよ．また，球全体にわたって電荷が一様な密度 ρ で分布するときはどうか．

[6] 半径 R の無限に長い円筒の内部に一様な密度 ρ で分布した電荷による電位を求めよ．ただし，円筒の側面上の点における電位を 0 とする．

One Point ——r^n の x, y, z についての偏微分

$r = (x^2 + y^2 + z^2)^{1/2}$ に対し，r^n の x についての偏微分は

$$\frac{\partial}{\partial x}(r^n) = \frac{d}{dr}(r^n)\frac{\partial r}{\partial x} = nr^{n-1}\frac{x}{r} = nxr^{n-2}$$

と計算される．同様に，y, z についても

$$\frac{\partial}{\partial y}(r^n) = nyr^{n-2}, \qquad \frac{\partial}{\partial z}(r^n) = nzr^{n-2}$$

2-6　静電エネルギー

2個の点電荷の静電エネルギー　2個の点電荷 q_1, q_2 を無限遠からそれぞれ $\boldsymbol{r}_1, \boldsymbol{r}_2$ の点まで移動させるのに要する仕事は

$$U = \frac{1}{4\pi\varepsilon_0}\frac{q_1 q_2}{|\boldsymbol{r}_1 - \boldsymbol{r}_2|} \tag{2.18}$$

電荷を逆に $\boldsymbol{r}_1, \boldsymbol{r}_2$ から無限遠まで移動させるときには，これだけの仕事をとり出すことができる．上式の U を電荷 q_1, q_2 の**静電エネルギー**という．

点電荷の静電エネルギー　点電荷が3個以上あるときの静電エネルギーは，2個ずつの対の静電エネルギーの和に等しい．

$$U = \sum_{(i,j)} \frac{q_i q_j}{4\pi\varepsilon_0 |\boldsymbol{r}_i - \boldsymbol{r}_j|} \tag{2.19}$$

和の記号は電荷の対についての和を表わす．和を i, j について独立にとることにすれば

$$U = \frac{1}{2}\sum_{i \neq j}\sum \frac{q_i q_j}{4\pi\varepsilon_0 |\boldsymbol{r}_i - \boldsymbol{r}_j|} \tag{2.20}$$

(2.20)はつぎのように書き直すことができる．

$$U = \frac{1}{2}\sum_i q_i \phi_i' \tag{2.21}$$

$$\phi_i' = \sum_{j(\neq i)} \frac{q_j}{4\pi\varepsilon_0 |\boldsymbol{r}_i - \boldsymbol{r}_j|} \tag{2.22}$$

ϕ_i' は q_i 以外の電荷が q_i の位置につくる，無限遠を基準にした電位である．

連続的な電荷分布の静電エネルギー　電荷が密度 $\rho(\boldsymbol{r})$ で連続的に分布しているとき，(2.20)～(2.22)はそれぞれつぎのようになる．

$$U = \frac{1}{2}\iint \frac{\rho(\boldsymbol{r})\rho(\boldsymbol{r}')}{4\pi\varepsilon_0 |\boldsymbol{r} - \boldsymbol{r}'|} dV dV' \tag{2.23}$$

$$= \frac{1}{2}\int \rho(\boldsymbol{r})\phi(\boldsymbol{r}) dV \tag{2.24}$$

$$\phi(\boldsymbol{r}) = \frac{1}{4\pi\varepsilon_0}\int \frac{\rho(\boldsymbol{r}')}{|\boldsymbol{r} - \boldsymbol{r}'|} dV' \tag{2.25}$$

例題 2.9 電荷 Q が半径 R の球の内部に一様に分布しているときの静電エネルギー U を求めよ.

［**解**］ 無限遠から球の中心のまわりに少しずつ電荷を運び, $\rho=Q/(4\pi R^3/3)$ の密度で一様に分布させながら球をしだいに大きくしていくことを考える.

まず, 半径 $r(<R)$ の球ができたところで, さらに電荷を運んで半径を Δr だけ大きくするために必要な仕事 ΔW を求める. Δr が十分小さければ, 半径 r の球と半径 $r+\Delta r$ の球にはさまれた球殻の体積は $4\pi r^2\Delta r$ であるので, 無限遠からあらたに運ばれる電荷の量は $4\pi r^2\Delta r\cdot\rho$ である.

前節の問題 2-5 問[5]で得た結果によると, 半径 r の球内に電荷が一様な密度 ρ で分布しているとき, 球の表面における電位は $\rho r^2/3\varepsilon_0$ である. したがって, ΔW はこの電位に運ばれる電荷量を掛けたものに等しいから,

$$\Delta W = \frac{\rho r^2}{3\varepsilon_0}\times 4\pi r^2\Delta r\cdot\rho = \frac{4\pi\rho^2}{3\varepsilon_0}r^4\Delta r$$

と得られる.

半径 R の球をつくり上げるために必要な全体の仕事は, 厚さ Δr の球殻をつぎつぎに積み上げるものとして, そのたびに必要な仕事 ΔW を加えあわせればよい. その全仕事が求める静電エネルギー U になる. $\Delta r\to 0$ の極限をとることにより, ΔW の総和を r についての積分におき換えると,

$$U = \frac{4\pi\rho^2}{3\varepsilon_0}\int_0^R r^4 dr = \frac{4\pi\rho^2}{3\varepsilon_0}\left[\frac{1}{5}r^5\right]_0^R = \frac{4\pi\rho^2}{15\varepsilon_0}R^5$$

となる. または, ρ を全電荷 Q で表わすと,

$$U = \frac{4\pi}{15\varepsilon_0}\left(\frac{Q}{4\pi R^3/3}\right)^2 R^5 = \frac{3Q^2}{20\pi\varepsilon_0 R}$$

One Point ——点電荷の静電エネルギー

例題 2.9 の結果の式で球の半径 R を 0 にすると, 静電エネルギーは無限大になる. これは理想的な点電荷の静電エネルギーが無限大であることを意味する. (2.18)～(2.22)の表式では, このぶんの静電エネルギーは除外されている.

問 題 2-6

[1] 1 V の電位差のある 2 点間で電子が加速されるとき，電子の得るエネルギーを 1 **電子ボルト**(eV)という．1 eV は何 J に相当するか．また，2 個の電子を無限遠から運んで互いに近づけさせるのに要した仕事が 1 eV であるとき，電子間の距離はいくらか．

[2] 1 辺 a の正 3 角形の各頂点にそれぞれ負の点電荷 $-q$ が，中心に正の点電荷 $+Q$ がおかれていて，点電荷の間にはたらく力は互いにつり合っている．

(1) q と Q の間に成り立つ関係を求めよ．

(2) このような電荷分布の静電エネルギーは 0 に等しいことを示し，その理由を考えよ．

(3) 点電荷 $+Q$ の位置が正 3 角形の中心から 1 つの頂点の方へわずか d だけずれたとき，$+Q$ をもとの位置にもどすために必要な仕事を求めよ．

[3] 例題 2.9 において求めた静電エネルギー U を，(2.24)式を用いて計算し，同じ結果が得られることを示せ．

[4] 質量 m_e の電子を，$-e$ の電荷が一様に分布した半径 r_0 の球と見なし，その静電エネルギーが相対論の静止エネルギー $m_e c^2$ に等しいとしたときの r_0 を**古典電子半径**という(c は光速度)．半径 r_0 がどれほどになるか計算せよ．ただし，$m_e = 9.1\times10^{-31}$ kg, $c = 3.0\times10^{8}\ \mathrm{m\cdot s^{-1}}$ である．

[5] 半径 R の無限に長い円筒の内部に電荷が一様な密度 ρ で分布しているとき，中心軸方向の単位長さ当り蓄えられる静電エネルギーを求めよ．

[ヒント] 例題 2.9 のように，無限遠から中心軸のまわりに少しずつ電荷を運んで一様な密度 ρ で分布させながら円筒の半径をしだいに大きくしていく方法，および(2.24)式を用いる方法の 2 通りでそれぞれ考えよ．

2-7 電気双極子

電気双極子 正負の点電荷の対 $\pm q$ が小さな距離 d をへだてておかれたものを**電気双極子**という．負の電荷から正の電荷へむかう向きの，大きさ qd のベクトル $\boldsymbol{p}$ を**電気双極子モーメント**という．

電気双極子による電場 原点におかれた電気双極子モーメント $\boldsymbol{p}$ が点 $\boldsymbol{r}$ につくる電場の電位は

$$\phi(\boldsymbol{r}) = \frac{1}{4\pi\varepsilon_0}\frac{\boldsymbol{p}\cdot\boldsymbol{r}}{r^3} \tag{2.26}$$

電場は

$$\boldsymbol{E}(\boldsymbol{r}) = -\frac{1}{4\pi\varepsilon_0 r^3}\left\{\boldsymbol{p}-\frac{3(\boldsymbol{p}\cdot\boldsymbol{r})\boldsymbol{r}}{r^2}\right\} \tag{2.27}$$

一般の電荷分布が遠方につくる電場 点電荷 $q_1, q_2, \cdots$ がそれぞれ原点のまわりの点 $\boldsymbol{r}_1, \boldsymbol{r}_2, \cdots$ におかれている．これらの電荷が，電荷のおかれている領域の広がりに比べて十分遠方の点につくる電場は，全電荷

$$Q = \sum_i q_i$$

が0でないときは，近似的に原点におかれた点電荷 Q のつくる電場に等しい．$Q=0$ のときは，近似的に電気双極子モーメント

$$\boldsymbol{p} = \sum_i q_i\boldsymbol{r}_i \tag{2.28}$$

のつくる電場に等しい．

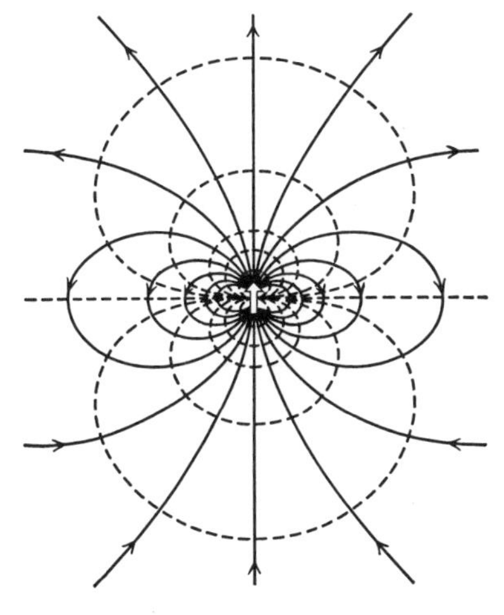

図 2-8 電気双極子による電場の電気力線(実線)と等電位面(破線)

例題 2.10　電気双極子モーメント $\boldsymbol{p}$ が z 軸の正の向きを向いて原点 O におかれているとき，点 $\mathrm{P}(x, y, z)$ における電位 $\phi(x, y, z)$ ならびに電場 $\boldsymbol{E}(x, y, z)$ を求めよ．

［解］　原点 O の電気双極子 $\boldsymbol{p}$ は，点 $(0, 0, d)$ および $(0, 0, -d)$ に位置する 1 対の点電荷 $\pm q$ によってつくられると見なすことができ，モーメントの大きさは $p=2qd$ で与えられる．

$\pm q$ の点電荷の対による点 $\mathrm{P}(x, y, z)$ での電位は

$$\phi(x, y, z) = \frac{q}{4\pi\varepsilon_0}\left\{\frac{1}{[x^2+y^2+(z-d)^2]^{1/2}} - \frac{1}{[x^2+y^2+(z+d)^2]^{1/2}}\right\}$$

と表わされるが，原点 O から点 P までの距離 $r=\sqrt{x^2+y^2+z^2}$ に比べ $+q$ と $-q$ の間隔 $2d$ が十分小さいとして，この式を近似したものが電気双極子 $\boldsymbol{p}$ による電位になる．すなわち，$|t|\ll 1$ のとき成り立つ近似式 $(1+t)^{-1/2}\cong 1-t/2$ により，(d/r) について 1 次までの正しさで

$$[x^2+y^2+(z\mp d)^2]^{-1/2} \cong (x^2+y^2+z^2\mp 2zd)^{-1/2}$$
$$= r^{-1}\left(1\mp\frac{2zd}{r^2}\right)^{-1/2} \cong r^{-1}\left(1\pm\frac{zd}{r^2}\right)$$

となる．これを上の電位 $\phi(x, y, z)$ の表式に代入して，

$$\phi(x, y, z) \cong \frac{2qzd}{4\pi\varepsilon_0 r^3} = \frac{p}{4\pi\varepsilon_0}\frac{z}{r^3}$$

つぎに，$\boldsymbol{E}(x, y, z) = -\nabla\phi(x, y, z)$ の関係式を用いて $\boldsymbol{p}$ による電場 $\boldsymbol{E}(x, y, z)$ を求める．r^{-3} の x, y, z についての偏微分はそれぞれ

$$\frac{\partial}{\partial x}\left(\frac{1}{r^3}\right) = -\frac{3x}{r^5}, \qquad \frac{\partial}{\partial y}\left(\frac{1}{r^3}\right) = -\frac{3y}{r^5}, \qquad \frac{\partial}{\partial z}\left(\frac{1}{r^3}\right) = -\frac{3z}{r^5}$$

と与えられる(33 ページのワンポイント参照)．よって，電場 $\boldsymbol{E}(x, y, z)$ の各成分は

$$E_x = -\frac{\partial\phi}{\partial x} = -\frac{p}{4\pi\varepsilon_0}\frac{\partial}{\partial x}\left(\frac{z}{r^3}\right) = \frac{p}{4\pi\varepsilon_0}\frac{3xz}{r^5}$$

$$E_y = -\frac{\partial\phi}{\partial y} = -\frac{p}{4\pi\varepsilon_0}\frac{\partial}{\partial y}\left(\frac{z}{r^3}\right) = \frac{p}{4\pi\varepsilon_0}\frac{3yz}{r^5}$$

$$E_z = -\frac{\partial\phi}{\partial z} = -\frac{p}{4\pi\varepsilon_0}\frac{\partial}{\partial z}\left(\frac{z}{r^3}\right)$$
$$= -\frac{p}{4\pi\varepsilon_0}\left\{\frac{1}{r^3}+z\frac{\partial}{\partial z}\left(\frac{1}{r^3}\right)\right\} = \frac{p}{4\pi\varepsilon_0}\frac{3z^2-r^2}{r^5}$$

となる．当然のことながら，これらは例題 2.1 で得た結果と同じである．

問 題 2-7

[1] 例題 2.10 で，z 軸方向を向いた電気双極子モーメント $\boldsymbol{p}$ による電位 $\phi(x, y, z)$ を求めたが，位置ベクトル $\boldsymbol{r}=(x, y, z)$ を使うと $\boldsymbol{p}\cdot\boldsymbol{r}=pz$ であるから，電位は(2.26)式のように

$$\phi(x, y, z) = \frac{1}{4\pi\varepsilon_0}\frac{\boldsymbol{p}\cdot\boldsymbol{r}}{r^3}$$

と表わすこともできる．この電位の表式は，モーメント $\boldsymbol{p}$ が z 軸方向だけでなく一般の方向を向いている場合にも成り立つ．上式を $\boldsymbol{E}(x, y, z)=-\nabla\phi(x, y, z)$ に代入して，電気双極子 $\boldsymbol{p}$ による電場が，(2.27)式のように，

$$\boldsymbol{E}(x, y, z) = -\frac{1}{4\pi\varepsilon_0 r^3}\left\{\boldsymbol{p}-\frac{3(\boldsymbol{p}\cdot\boldsymbol{r})\boldsymbol{r}}{r^2}\right\}$$

となることを示せ．

[2] つぎのおのおのの場合について，電荷分布の中心から十分離れた点における電位ならびに電場を，d について 2 次までの正しさで求めよ．

(1) 3 個の点電荷 $+q$, $-2q$, $+q$ が間隔 d で直線上におかれているとき(右図(a))．

(2) 1 辺 d の正方形の頂点に $\pm q$ の 4 個の点電荷がおかれているとき(右図(b))．

$+q$　$-2q$　$+q$　d

(a)

$-q$　$+q$　d　$+q$　$-q$

(b)

[3] 点 A$(0, 0, d)$ および点 B$(0, 0, -d)$ にそれぞれ q_1, q_2 の点電荷がおかれている．このとき，原点から十分離れた点における電位を，d について 2 次までの正しさで求めよ．また，d について 0 次，1 次ならびに 2 次の項がおのおの何を意味するか，考えよ．

[4] 電気双極子モーメント $\boldsymbol{p}$ を電場 $\boldsymbol{E}(\boldsymbol{r})$ の中においたとき，$\boldsymbol{p}$ はどのような力を受けるか．また，$\boldsymbol{p}$ の静電エネルギーを求めよ．

[5] 原点 O に位置する点電荷 q が，x 軸上の点 A $(x, 0, 0)$ におかれた電気双極子モーメント $\boldsymbol{p}$ におよぼす力を求めよ．ただし，モーメント $\boldsymbol{p}$ は x 軸と θ の角をなして xy 面内にあるものとする．

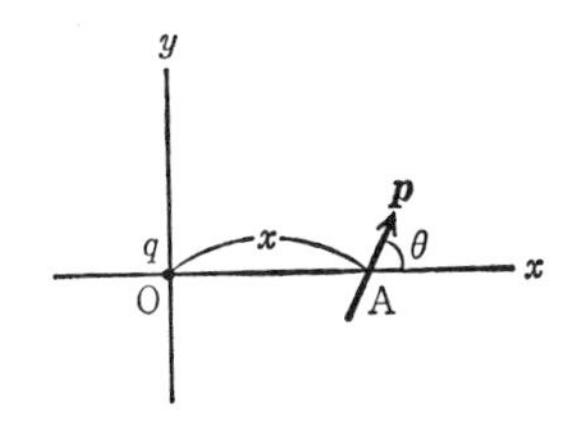

4つの力

私たちは物体にはたらく力として，万有引力(重力)と，物体が帯電している場合の電磁気的な力とを知っている．これらの力は，電子や陽子などのミクロな粒子にもはたらいている．バネの弾性力やまさつ力は一見別種の力に見えるが，そのもとは原子や分子の間にはたらく力であり，原子・分子間の力は電磁気的な力に電子の量子力学的な性質がからんで生じるものとして理解できる．

しかし，自然界に存在する力はこの2種だけではない．原子核は何個かの陽子と中性子(まとめて核子という)が固く結合してできている．重力は核子を結びつけている力としては弱すぎるし，陽子間にはクーロンの斥力もはたらいている．それよりもずっと強い引力が，核子の間にはたらいているはずだ．この力は強い相互作用と呼ばれ，その性質は湯川秀樹の中間子論によって明らかにされた．

中性子を余分に含む同位体の原子核は不安定で，中性子が電子とニュートリノを出して陽子に変わる，β崩壊と呼ばれる変化を起こす．この変化のもとになる力も別種のもので，強い相互作用や電磁気的な力に比べてずっと弱いことから，弱い相互作用と呼ばれている．

強い相互作用，弱い相互作用，電磁気的な力，重力の4つが，自然界に存在する最も基本的な力である．

これらの力は，一見したところ，強さや力の及ぶ範囲など，その性質がまちまちで，互いになんの関係もないように見える．しかし，よく調べてみると，共通した点も少なくない．最近では，これら4つの力はひとまとめにして考えるべきだという「統一理論」が提唱されている．宇宙は初め小さくて高温，高密度だった状態から膨張して現在に至ったと考えられるが，初期の高温の状態では4つの力も融合して区別がなく，宇宙が膨張して冷却していく過程で，空間の性質が変わり，力もしだいに分離してきたというのである．

3

静電場の微分法則

積分形で表わされた静電場の基本法則は，空間の各点で成り立つ微分形の法則に書き直すことができる．微分形の基本法則から導かれるポアソンの方程式は，電位に対する偏微分方程式である．この方程式は，与えられた電荷の分布と境界条件に対してひと通りの解しかもたず，静電場はユニークに定められる．

3-1　微分形の静電場の法則

微分形のガウスの法則　積分形のガウスの法則(2.10)は，微小な領域に適用することにより，つぎのような微分形の法則に書き直すことができる．

$$\nabla\cdot\boldsymbol{E}(\boldsymbol{r}) = \frac{1}{\varepsilon_0}\rho(\boldsymbol{r}) \tag{3.1}$$

ただし，この式の左辺は

$$\nabla\cdot\boldsymbol{E} = \frac{\partial E_x}{\partial x}+\frac{\partial E_y}{\partial y}+\frac{\partial E_z}{\partial z} \tag{3.2}$$

を表わし，これを $\boldsymbol{E}$ の**発散**(divergence)という．これはベクトルの微分演算子 ∇ ((2.14)式)と $\boldsymbol{E}$ のスカラー積とみることもできる．

ガウスの定理　(3.1)を任意の閉曲面 S で囲まれた領域 V にわたって積分することにより，積分形の法則(2.10)を導くことができる．このとき，つぎの関係式を用いる．これを**ガウスの定理**という．

$$\int_V \nabla\cdot\boldsymbol{E}(\boldsymbol{r})dV = \int_S \{\boldsymbol{E}(\boldsymbol{r})\cdot\boldsymbol{n}(\boldsymbol{r})\}\,dS \tag{3.3}$$

微分形の保存力の条件　積分形の保存力の条件(2.11)は，微小な閉じた経路に適用することにより，つぎのような微分形の法則に書き直すことができる．

$$\nabla\times\boldsymbol{E}(\boldsymbol{r}) = 0 \tag{3.4}$$

この式の左辺は成分に分けて書くと

$$\nabla\times\boldsymbol{E} = \left(\frac{\partial E_z}{\partial y}-\frac{\partial E_y}{\partial z},\ \frac{\partial E_x}{\partial z}-\frac{\partial E_z}{\partial x},\ \frac{\partial E_y}{\partial x}-\frac{\partial E_x}{\partial y}\right) \tag{3.5}$$

であり，これを $\boldsymbol{E}$ の**回転**(rotation)という．

ストークスの定理　(3.4)を任意の閉じた経路 C で囲まれた曲面 S の上で積分することにより，積分形の法則(2.11)を導くことができる．このとき，つぎの関係式を用いる．これを**ストークスの定理**という．

$$\int_S \{(\nabla\times\boldsymbol{E}(\boldsymbol{r}))\cdot\boldsymbol{n}(\boldsymbol{r})\}\,dS = \int_C \{\boldsymbol{E}(\boldsymbol{r})\cdot\boldsymbol{t}(\boldsymbol{r})\}\,ds \tag{3.6}$$

例題 3.1 厚さ $2d$ の無限に広い平らな板の内部に，電荷が一様な密度 ρ で分布している．微分形のガウスの法則を用いて，このとき，板の内外の点に生じる電場を求めよ．

［**解**］ 下図のように，板の面に垂直に x 軸を，板の中心に原点 O をとる．電荷分布の対称性により，電場 $\boldsymbol{E}$ は x 軸方向を向き，その強さは y, z 座標に依存しない．そこで，電場の強さを $E(x)$ とおくと，$\nabla\cdot\boldsymbol{E}=dE(x)/dx$ であるから，微分形のガウスの法則((3.1)式)は

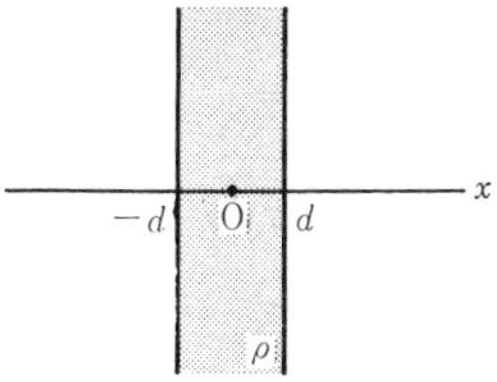

$$|x|>d \text{ のとき} \quad \frac{dE(x)}{dx}=0 \tag{1}$$

$$|x|\leqq d \text{ のとき} \quad \frac{dE(x)}{dx}=\frac{\rho}{\varepsilon_0} \tag{2}$$

x
$-d$
O
d
ρ

と表わされる．

まず，(1)式により，電場は $x>d$ および $x<-d$ の領域でそれぞれ一定である．それらの領域における電場は互いに逆向きだから，$x>d$ のとき $E(x)=E$ とおけば，$x<-d$ のとき $E(x)=-E$ となる．

つぎに，(2)式を積分すると，$-d\leqq x\leqq d$ の領域では

$$E(x)=\rho x/\varepsilon_0+C$$

となる．ここで，C は積分定数である．

電場 $E(x)$ は $x=\pm d$ において連続であるので，

$$\rho d/\varepsilon_0+C=E$$
$$-\rho d/\varepsilon_0+C=-E$$

となり，これらの式から直ちに $E=\rho d/\varepsilon_0$，$C=0$ を得る．したがって，電場 $E(x)$ は

$$E(x)=\begin{cases}-\rho d/\varepsilon_0 & (x<-d \text{ のとき})\\ \rho x/\varepsilon_0 & (-d\leqq x\leqq d \text{ のとき})\\ \rho d/\varepsilon_0 & (x>d \text{ のとき})\end{cases}$$

となる

問　題 3-1

[1]　つぎのおのおののように与えられたベクトル場 $\boldsymbol{F}=(F_x, F_y, F_z)$ が電荷のない真空中の静電場と見なしうることを示せ．また，電位を求めよ．ただし，A は定数とする．

(1)　$F_x=Ayz,\ \ F_y=Azx,\ \ F_z=Axy$

(2)　$F_x=2Ax(y+z),\ \ F_y=A(x^2-y^2),\ \ F_z=A(x^2-z^2)$

(3)　$F_x=A(2x^2-3y^2-3z^2)x,\ \ F_y=A(2y^2-3z^2-3x^2)y,\ \ F_z=A(2z^2-3x^2-3y^2)z$

[2]　原点に点電荷 q をおいたとき，生じる電場 $\boldsymbol{E}(\boldsymbol{r})$ が原点以外の点で $\nabla\cdot\boldsymbol{E}(\boldsymbol{r})=0$ および $\nabla\times\boldsymbol{E}(\boldsymbol{r})=0$ を満たすことを示せ．また，点電荷 q の代わりに，電気双極子モーメント $\boldsymbol{p}$ をおいたときはどうか．

[3]　つぎのおのおのの場合について，生じる電場 $\boldsymbol{E}(\boldsymbol{r})$ が微分形のガウスの法則 $\nabla\cdot\boldsymbol{E}(\boldsymbol{r})=\rho/\varepsilon_0$ および保存力の条件 $\nabla\times\boldsymbol{E}(\boldsymbol{r})=0$ を満たすことを示せ．

(1)　半径 R の無限に長い円筒の内部に電荷が一様な密度 ρ で分布しているとき．

(2)　半径 R の球の内部に電荷が一様な密度 ρ で分布しているとき．

［ヒント］　(1)　問題2-4 問[1]の(3)で得たように，生じる電場 $\boldsymbol{E}(\boldsymbol{r})$ は，中心軸を z 軸とすると，

$\sqrt{x^2+y^2}\leqq R$ のとき

$$\boldsymbol{E}(\boldsymbol{r})=\left(\frac{\rho}{2\varepsilon_0}x,\ \ \frac{\rho}{2\varepsilon_0}y,\ \ 0\right)$$

$\sqrt{x^2+y^2}>R$ のとき

$$\boldsymbol{E}(\boldsymbol{r})=\left(\frac{\rho}{2\varepsilon_0}\frac{R^2x}{x^2+y^2},\ \ \frac{\rho}{2\varepsilon_0}\frac{R^2y}{x^2+y^2},\ \ 0\right)$$

と表わされる．

(2)　例題2.6で得たように，生じる電場 $\boldsymbol{E}(\boldsymbol{r})$ は，$r=\sqrt{x^2+y^2+z^2}$ として，

$$r\leqq R\ のとき\qquad \boldsymbol{E}(\boldsymbol{r})=\frac{\rho}{3\varepsilon_0}\boldsymbol{r}$$

$$r>R\ のとき\qquad \boldsymbol{E}(\boldsymbol{r})=\frac{\rho R^3}{3\varepsilon_0 r^3}\boldsymbol{r}$$

3-2 ポアソンの方程式

静電場の基本法則 微分形で書いた静電場の基本法則はつぎの 2 式である.

$$\nabla\cdot\boldsymbol{E}(\boldsymbol{r}) = \frac{1}{\varepsilon_0}\rho(\boldsymbol{r}) \tag{3.7}$$

$$\nabla\times\boldsymbol{E}(\boldsymbol{r}) = 0 \tag{3.8}$$

ポアソンの方程式 (3.8)より，電場 $\boldsymbol{E}(\boldsymbol{r})$ は電位 $\phi(\boldsymbol{r})$ を用いて

$$\boldsymbol{E}(\boldsymbol{r}) = -\nabla\phi(\boldsymbol{r}) \tag{3.9}$$

と表わすことができる. (3.9)が(3.8)を満たすことは，代入して確かめることができる.

(3.9)を(3.7)に代入することにより，電位 $\phi(\boldsymbol{r})$ に対する方程式がつぎのように得られる.

$$\nabla^2\phi(\boldsymbol{r}) = -\frac{1}{\varepsilon_0}\rho(\boldsymbol{r}) \tag{3.10}$$

ただし,

$$\nabla^2\phi(\boldsymbol{r}) = \frac{\partial^2\phi(\boldsymbol{r})}{\partial x^2}+\frac{\partial^2\phi(\boldsymbol{r})}{\partial y^2}+\frac{\partial^2\phi(\boldsymbol{r})}{\partial z^2} \tag{3.11}$$

偏微分演算子 ∇^2 は Δ とも書き，**ラプラシアン**と呼ぶ. (3.10)を**ポアソンの方程式**という. とくに，$\rho(\boldsymbol{r})=0$ の真空中で成り立つ

$$\nabla^2\phi(\boldsymbol{r}) = 0 \tag{3.12}$$

を**ラプラスの方程式**という.

ポアソン方程式の解 ある領域の中でポアソンの方程式を解くとき，領域の境界上で $\phi(\boldsymbol{r})$ の値を与えなければならない. これを**境界条件**という. 与えられた電荷分布と境界条件のもとで，ポアソン方程式の解はひとつに定まることが証明できる. 無限遠で $\phi(\boldsymbol{r})=0$ の境界条件で(3.10)を解くと，解は(2.17)になる.

例題 3.2　原点におかれた電気双極子モーメント $\boldsymbol{p}$ による電位は，(2.26)式のように，

$$\phi(\boldsymbol{r}) = \frac{1}{4\pi\varepsilon_0}\frac{\boldsymbol{p}\cdot\boldsymbol{r}}{r^3}$$

で与えられる．ただし，$r=(x^2+y^2+z^2)^{1/2}$．この電位 $\phi(\boldsymbol{r})$ が原点以外の点でラプラスの方程式

$$\nabla^2\phi(\boldsymbol{r}) = 0$$

を満たすことを示せ．

［解］　電位 $\phi(\boldsymbol{r})$ に対し，まず x についての偏微分を計算する．33 ページのワンポイントによれば，r^n の x についての偏微分は

$$\frac{\partial}{\partial x}(r^n) = nxr^{n-2}$$

である．この式で $n=-3$ または $n=-5$ とおくと，

$$\frac{\partial}{\partial x}\left(\frac{1}{r^3}\right) = -3\frac{x}{r^5}$$

$$\frac{\partial}{\partial x}\left(\frac{1}{r^5}\right) = -5\frac{x}{r^7}$$

よって，これらの式を用いて，

$$\frac{\partial\phi(\boldsymbol{r})}{\partial x} = \frac{1}{4\pi\varepsilon_0}\left\{\frac{p_x}{r^3}-3\frac{(\boldsymbol{p}\cdot\boldsymbol{r})x}{r^5}\right\}$$

$$\frac{\partial^2\phi(\boldsymbol{r})}{\partial x^2} = \frac{1}{4\pi\varepsilon_0}\left\{-3\frac{2p_x x+(\boldsymbol{p}\cdot\boldsymbol{r})}{r^5}+15\frac{(\boldsymbol{p}\cdot\boldsymbol{r})x^2}{r^7}\right\}$$

を得る．y, z についての偏微分も同様に計算され，

$$\frac{\partial^2\phi(\boldsymbol{r})}{\partial y^2} = \frac{1}{4\pi\varepsilon_0}\left\{-3\frac{2p_y y+(\boldsymbol{p}\cdot\boldsymbol{r})}{r^5}+15\frac{(\boldsymbol{p}\cdot\boldsymbol{r})y^2}{r^7}\right\}$$

$$\frac{\partial^2\phi(\boldsymbol{r})}{\partial z^2} = \frac{1}{4\pi\varepsilon_0}\left\{-3\frac{2p_z z+(\boldsymbol{p}\cdot\boldsymbol{r})}{r^5}+15\frac{(\boldsymbol{p}\cdot\boldsymbol{r})z^2}{r^7}\right\}$$

となる．したがって，

$$\nabla^2\phi(\boldsymbol{r}) = \frac{1}{4\pi\varepsilon_0}\left\{-3\frac{2(\boldsymbol{p}\cdot\boldsymbol{r})+3(\boldsymbol{p}\cdot\boldsymbol{r})}{r^5}+15\frac{(\boldsymbol{p}\cdot\boldsymbol{r})r^2}{r^7}\right\} = 0$$

となり，たしかに電位 $\phi(\boldsymbol{r})$ は原点以外の点でラプラスの方程式を満たしている．原点では $\phi(\boldsymbol{r})$ は無限大になり，微分が存在しない．

例題 3.3　半径 R の無限に長い円筒の内部に一様な密度 ρ で分布した電荷による電位を，ポアソンの方程式を解くことによって求めよ．ただし，円筒の側面上の点における電位を 0 とする．

［解］　円筒の中心軸を z 軸とする．電荷の分布が軸対称だから，それによって生じる電位も軸対称となり，中心軸からの距離 $r=\sqrt{x^2+y^2}$ だけの関数 $\phi(r)$ として与えられる．問題 3-2 問[3]で示されるように，このとき，

$$\nabla^2\phi(r) = \frac{d^2\phi(r)}{dr^2}+\frac{1}{r}\frac{d\phi(r)}{dr} = \frac{1}{r}\frac{d}{dr}\left\{r\frac{d\phi(r)}{dr}\right\} \tag{1}$$

が成り立つ．よって，ポアソンの方程式は

$$r > R \text{ のとき} \qquad \frac{1}{r}\frac{d}{dr}\left\{r\frac{d\phi(r)}{dr}\right\} = 0 \tag{2}$$

$$r \leqq R \text{ のとき} \qquad \frac{1}{r}\frac{d}{dr}\left\{r\frac{d\phi(r)}{dr}\right\} = -\frac{\rho}{\varepsilon_0} \tag{3}$$

$r>R$ のとき，(2)式を積分して変形すると，

$$\frac{d\phi(r)}{dr} = \frac{C_1}{r} \tag{4}$$

を得る．ここで，C_1 は積分定数である．

$r\leqq R$ のときは，(3)式の両辺に r を掛けてから積分すると，C_2 を積分定数として，

$$\frac{d\phi(r)}{dr} = -\frac{\rho}{2\varepsilon_0}r+\frac{C_2}{r} \tag{5}$$

$r=0$ (中心軸上)で，電場すなわち電位の微分係数 $d\phi(r)/dr$ は 0 である．よって，$r=0$ に対し(5)式の両辺が 0 であるためには $C_2=0$ でなければならない．

また，$r=R$ (円筒の側面上)で，$d\phi(r)/dr$ が連続であることにより，(4), (5)式から

$$\frac{C_1}{R} = -\frac{\rho}{2\varepsilon_0}R$$

となり，$C_1=-\rho R^2/2\varepsilon_0$．

したがって，$\phi(R)=0$ の条件のもとで，(4), (5)式を積分すると，

$$r \leqq R \text{ のとき} \qquad \phi(r) = \frac{\rho R^2}{4\varepsilon_0}\left(1-\frac{r^2}{R^2}\right) \tag{6}$$

$$r > R \text{ のとき} \qquad \phi(r) = \frac{\rho R^2}{2\varepsilon_0}\log\frac{R}{r} \tag{7}$$

を得る．これは問題 2-5 問[6]と同じ結果である．

問 題 3-2

[1] 原点におかれた点電荷 q による電位 $\phi(\boldsymbol{r})$ が，原点以外の点でラプラスの方程式 $\nabla^2\phi(\boldsymbol{r})=0$ を満たすことを示せ．

[2] 無限に長い直線上に一様な線密度 λ で分布した電荷による電位 $\phi(\boldsymbol{r})$ が，直線上以外の点でラプラスの方程式 $\nabla^2\phi(\boldsymbol{r})=0$ を満たすことを示せ．

[3] 例題3.3の解で用いた(1)式を証明せよ．

[4] 半径 R の球の内部に一様な密度 ρ で分布した電荷による電位を，ポアソンの方程式を解くことによって求めよ．

［ヒント］ 電荷分布の対称性により，電位は球対称であり，中心からの距離 $r=\sqrt{x^2+y^2+z^2}$ だけに依存した関数 $\phi(r)$ になる．このとき，

$$\nabla^2\phi(r)=\frac{d^2\phi(r)}{dr^2}+\frac{2}{r}\frac{d\phi(r)}{dr}=\frac{1}{r^2}\frac{d}{dr}\left\{r^2\frac{d\phi(r)}{dr}\right\}$$

が成り立つ．

[5] ポアソンの方程式を満たす電位 $\phi(\boldsymbol{r})$ が，つぎのおのおのの性質をもつことを示せ．

(1) 電位 $\phi(\boldsymbol{r})$ は，電荷のないところでは極大，極小にならない．

(2) ある領域の内部に電荷がなく，領域の境界で $\phi(\boldsymbol{r})=\phi_0$ の境界条件が与えられているときには，電位は領域内のすべての点で $\phi(\boldsymbol{r})=\phi_0$ となる．

(3) 電荷分布と境界条件が与えられたとき，ポアソンの方程式の解として定まる電位 $\phi(\boldsymbol{r})$ はただ1つしか存在しない．

導体と静電場

導体は電気をよく通す物質である．孤立した導体では，その内部に電場が生じると電荷が移動し，内部の電場を打ち消すように表面に電荷が分布する．時間的に変化しない状態では，導体は内部の電場が0で，全体が一定の電位になる．導体の外の静電場を求めるには，このような境界条件のもとでポアソンの方程式の解を求めなければならない．

4-1 導体のまわりの静電場

導体と絶縁体 物質には電気をよく伝えるものと，そうでないものとがある．前者を**導体**，後者を**不導体**または**絶縁体**という．金属はよい導体であり，ガラスやプラスチックは絶縁体である．金属がよく電気を伝えるのは，金属中に動きまわることのできる電子(**伝導電子**という)があるからである．

静電場中の導体 導体を静電場の中におくと，導体内の電荷が電場に引かれて移動する．導体中の電場が0でない限り電荷の移動がつづき，導体内の電荷分布が変化する．電荷分布が変化しない最終状態ではつぎの性質がある．

(1) 導体中では電場 $\boldsymbol{E}=0$.

(2) (2.12)より，電位 $\phi=$一定.

(3) (3.1)より，導体内部では $\rho=0$. 電荷はすべて表面に分布する．

導体表面の電場 導体内部では電位が一定だから，導体の表面は等電位面になる．したがって，電場は導体の表面に垂直である(図4-1)．導体表面にガウスの法則を適用することにより，表面の電荷密度 σ と電場の強さ E との間のつぎの関係が導かれる．

$$E=\frac{\sigma}{\varepsilon_0} \tag{4.1}$$

電場の方向は $\sigma>0$ のとき外向き，$\sigma<0$ のとき内向きである．

導体球の電場 孤立した半径 R の導体球に電荷 q を与えたとき，電荷は球の表面に面密度 $\sigma=q/4\pi R^2$ で一様に分布する．球の表面の電場 E，無限遠を基準とする球の電位 ϕ は

$$E=\frac{q}{4\pi\varepsilon_0 R^2} \tag{4.2}$$

$$\phi=\frac{q}{4\pi\varepsilon_0 R} \tag{4.3}$$

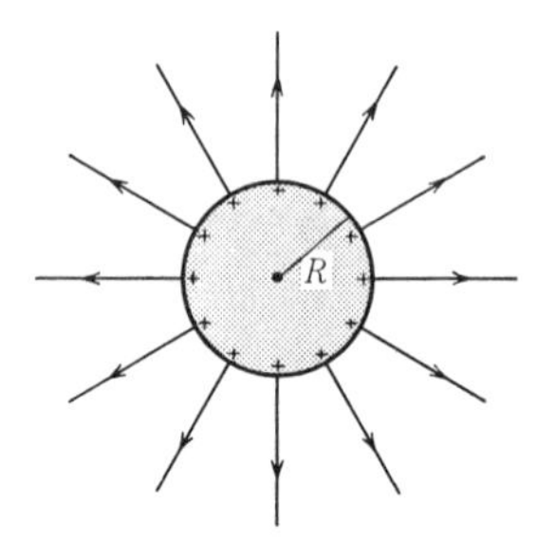

図4-1 帯電した導体球による電場

例題 4.1 互いに十分離れた，半径 R_A, R_B の2つの導体球AとBがあり，それぞれ電荷 q_A, q_B が与えられている(右図)．

(1) A, Bの表面での電場の強さおよび電位を求めよ．

(2) AB間を細い導線で接続したとき，おのおのの表面における電場の強さ E_A', E_B' を求め，$E_A'/E_B'=R_B/R_A$ が成り立つことを示せ．

［解］ (1) 導体球A, Bは十分離れているので，互いの電荷分布に及ぼしあう影響は小さく，無視できる．すなわち，電荷 q_A, q_B はA, Bの表面上にそれぞれ一様な面密度 $\sigma_A=q_A/4\pi R_A^2$，$\sigma_B=q_B/4\pi R_B^2$ で分布していると見なしてよい．よって，A, Bの表面における電場の強さは一定であり，(4.1)式により，

$$E_A=\frac{\sigma_A}{\varepsilon_0}=\frac{q_A}{4\pi\varepsilon_0 R_A^2}, \qquad E_B=\frac{\sigma_B}{\varepsilon_0}=\frac{q_B}{4\pi\varepsilon_0 R_B^2}$$

と与えられる．また，電位は(4.3)式により，

$$\phi_A=\frac{q_A}{4\pi\varepsilon_0 R_A}, \qquad \phi_B=\frac{q_B}{4\pi\varepsilon_0 R_B}$$

(2) AB間を細い導線で接続すると，一方の球から他方の球へ電荷が移動する．そこで，A, Bの電荷がそれぞれ q_A', q_B' になったとすると，AとBの電位が互いに等しいので，

$$\frac{q_A'}{4\pi\varepsilon_0 R_A}=\frac{q_B'}{4\pi\varepsilon_0 R_B}$$

となり，$q_A'/R_A=q_B'/R_B$ の関係が得られる．また，AとBの電荷の和は変わらないから，$q_A+q_B=q_A'+q_B'$ の関係がある．したがって，これらの関係式から，

$$q_A'=\frac{R_A}{R_A+R_B}(q_A+q_B), \qquad q_B'=\frac{R_B}{R_A+R_B}(q_A+q_B)$$

となる．このとき，A, Bの表面での電場の強さ E_A', E_B' は，(1)と同様にして，

$$E_A'=\frac{q_A'}{4\pi\varepsilon_0 R_A^2}=\frac{q_A+q_B}{4\pi\varepsilon_0 R_A(R_A+R_B)}$$

$$E_B'=\frac{q_B'}{4\pi\varepsilon_0 R_B^2}=\frac{q_A+q_B}{4\pi\varepsilon_0 R_B(R_A+R_B)}$$

と得られる．よって，$E_A'/E_B'=R_B/R_A$ となる．

問 題 4-1

[1] 地球の表面付近には，下向きに平均 100 V/m の電場が生じているという．地球を半径 6400 km の導体球と見なして，地球全体がもつ電荷を求めよ．

[2] 例題 4.1 において，AB 間を細い導線で接続することにより，静電エネルギーはどれだけ減少するか．また，この減少したエネルギーはどのようになったと考えられるか．

[3] 内径 R_1，外径 R_2 の導体球殻に電荷 Q を与え，球殻の中心に点電荷 q をおいたとき，生じる電場を求めよ．また，点電荷 q の位置が中心からずれると，電場はどのようになるか．

[4] 導体の平らな表面に電荷が一様な面密度 σ で分布している．図のように，この表面電荷が導体内部の厚さ d の領域にわたって分布し，電荷密度が表面からの距離 x の関数 $\rho(x)$ として与えられると見なして，導体の表面に単位面積当りはたらく力 f を求めよ．

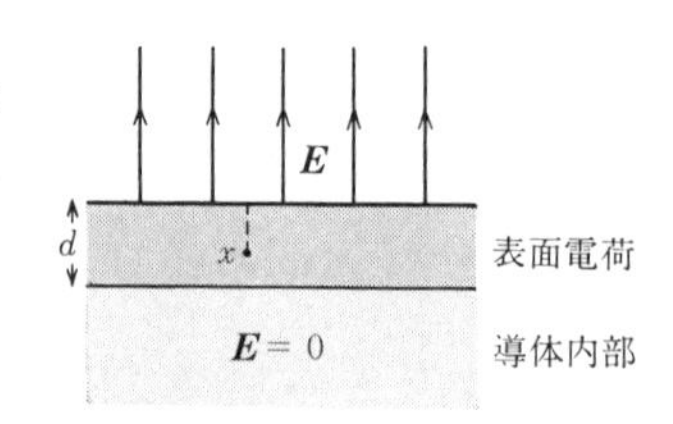

［ヒント］ 表面からの距離が x の導体内部の点における電場の強さを $E(x)$ とすると，求める力 f は

$$f = \int_0^d \rho(x)E(x)dx$$

で与えられる．微分形のガウスの法則を用い，さらに $E(d)=0$ であることに注意して，この積分を計算せよ．

One Point ——避雷針

例題 4.1 で示したように，2 個の帯電した導体球をつないだとき，2 個の球の電位はもちろん等しいが，表面の電場は小さい球の方が強い．一般の形をした導体の場合も，表面の曲がり方(曲率)の大きいところほど強い電場が生じる．たとえば針状の導体であれば，先端に強い電場ができる．避雷針はこのことを利用したもので，針の先で放電が起こるようにして，建物などへの落雷を避けているのである．

4-2 電気鏡像法

境界値問題 導体のまわりの電場を求める場合，導体上の電荷分布はあらかじめわかっていないから，クーロンの法則(2.6)〜(2.8)により電場を求めることはできない．わかっていることは，導体の表面が等電位になることである．そこで，導体表面で電位がある一定値をとるという境界条件のもとで，導体の外の空間でポアソン方程式を解き，電場を求める．このような問題を**境界値問題**という．

3-2節で述べたように，このような境界値問題の解はひとつに定まる．したがって，直接ポアソン方程式を解かなくても，なんらかの方法でポアソン方程式と境界条件を満たす電位 $\phi(\boldsymbol{r})$ がみつかれば，それが求める解である．

電気鏡像法 導体の外にある真の電荷のほかに，導体の内部に仮想的な電荷を考え，真の電荷と仮の電荷による電位が導体の表面で一定になるようにできたとする．仮の電荷は導体の外でのポアソン方程式には影響しないから，真の電荷と仮の電荷が導体の外につくる電位は，解くべきポアソン方程式を満たす．また，境界条件も満たすので，これが求める解となる．仮の電荷は導体表面を鏡面としたときの真の電荷の像に当るので，このような方法を**電気鏡像法**という．

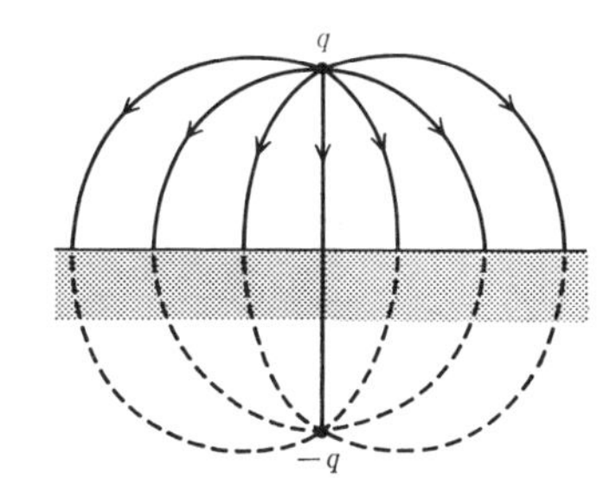

図4-2 平らな導体の表面近くにおかれた点電荷 q による電場(電気鏡像法)

例題 4.2　無限に広い平らな導体の表面から距離 a の位置に点電荷 q がおかれている．このとき，生じる電場ならびに導体表面に誘導される電荷密度を求めよ．

［**解**］　解説でも述べたように，導体の外の領域でポアソンの方程式にしたがう電場のうち，導体表面で電位が一定となるものを求めればよい．

右図のように，導体表面上に x, y 軸，表面に垂直に点電荷 q の位置を通るように z 軸をとり，$z>0$ を導体の外，$z<0$ を導体内部の領域とする．そして，導体表面を平面鏡に見なしたとき点 $(0, 0, a)$ におかれた点電荷 q の像ができる位置 $(0, 0, -a)$ に，$-q$ の点電荷を仮においたとしよう．これら $\pm q$ の点電荷があるとき，$z\geqq 0$ の領域における電位は

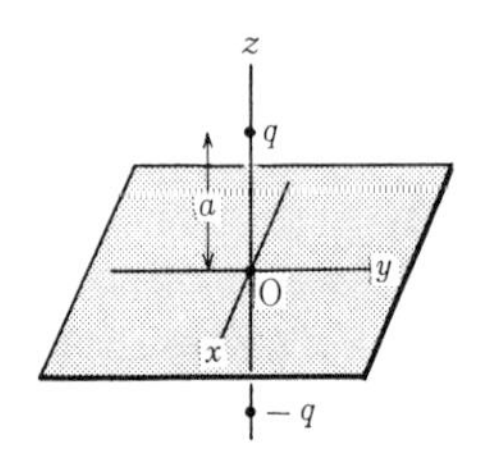

$$\phi(x, y, z) = \frac{q}{4\pi\varepsilon_0}\left\{\frac{1}{[x^2+y^2+(z-a)^2]^{1/2}} - \frac{1}{[x^2+y^2+(z+a)^2]^{1/2}}\right\}$$

で与えられる．この電位は $z=0$ の導体表面で x, y によらず 0 となる．仮の点電荷 $-q$ は $z<0$ の領域にあるので，$z\geqq 0$ の領域でのポアソンの方程式には関係しない．すなわち，上式の電位 $\phi(x, y, z)$ は求める電場と同じ方程式にしたがい，しかも導体表面で $\phi=$ 一定の境界条件を満たしている．したがって，$z\geqq 0$ の領域に生じる電場は，2 個の点電荷 $\pm q$ のつくる電場と同じである．$z<0$ の領域では，$\pm q$ の点電荷による電場を考えても意味がなく，電場はかならず 0 である．

$z\geqq 0$ の領域の電場について，たとえばその z 成分の表式を求めると，

$$E_z(x, y, z) = -\frac{\partial\phi(x, y, z)}{\partial z}$$

$$= \frac{q}{4\pi\varepsilon_0}\left\{\frac{z-a}{[x^2+y^2+(z-a)^2]^{3/2}} - \frac{z+a}{[x^2+y^2+(z+a)^2]^{3/2}}\right\}$$

となる．とくに，$z=0$ の導体表面では，

$$E_z(x, y, 0) = -\frac{q}{2\pi\varepsilon_0}\frac{a}{(x^2+y^2+a^2)^{3/2}}$$

である．よって，表面上の点 $(x, y, 0)$ に生じる電荷の面密度は，(4.1)式により

$$\sigma(x, y) = \varepsilon_0 E_z(x, y, 0)$$

$$= -\frac{q}{2\pi}\frac{a}{(x^2+y^2+a^2)^{3/2}}$$

例題 4.3　一様な電場 $\boldsymbol{E}_0$ の中に帯電していない半径 R の導体球をおいたとき，球のまわりに生じる電場は，$\boldsymbol{E}_0$ と球の中心の位置におかれた電気双極子モーメント $\boldsymbol{p}=4\pi\varepsilon_0 R^3\boldsymbol{E}_0$ による電場との重ね合わせに等しいことを示せ．また，$\boldsymbol{E}_0$ によって球面に誘導される電荷の密度分布を求めよ．

［**解**］　導体球の中心に原点をとり，原点での電位を 0 とすると，一様な電場 $\boldsymbol{E}_0$ の点 $\boldsymbol{r}=(x, y, z)$ での電位は

$$\phi_0(\boldsymbol{r}) = -\boldsymbol{E}_0\cdot\boldsymbol{r}$$

となる．また，原点におかれた電気双極子モーメント $\boldsymbol{p}=4\pi\varepsilon_0 R^3\boldsymbol{E}_0$ による電位は 2-7 節で学んだように，

$$\phi_1(\boldsymbol{r}) = \frac{1}{4\pi\varepsilon_0}\frac{\boldsymbol{p}\cdot\boldsymbol{r}}{r^3} = \frac{R^3}{r^3}(\boldsymbol{E}_0\cdot\boldsymbol{r})$$

である．ただし，$r=(x^2+y^2+z^2)^{1/2}$．したがって，$\phi_0(\boldsymbol{r})$ と $\phi_1(\boldsymbol{r})$ を重ね合わせると，導体球外部の領域($r\geqq R$)における電位は

$$\phi(\boldsymbol{r}) = \phi_0(\boldsymbol{r})+\phi_1(\boldsymbol{r}) = -\left(1-\frac{R^3}{r^3}\right)(\boldsymbol{E}_0\cdot\boldsymbol{r})$$

となり，この電位は $r=R$ の球面で $\boldsymbol{r}$ の向きによらず 0 である．このように，$\boldsymbol{E}_0$ によって球面に誘導される電荷の分布の代わりに原点に電気双極子モーメント $\boldsymbol{p}=4\pi\varepsilon_0 R^3\boldsymbol{E}_0$ がおかれていると考えれば，球面で $\phi=$一定 の境界条件を満たす電場を得ることができる．球のまわりに生じる電場は，上式の電位 $\phi(\boldsymbol{r})$ で与えられる．

球面上の点 $\boldsymbol{r}$ における電場の表式は，

$$\boldsymbol{E}(\boldsymbol{r}) = -\nabla\phi(\boldsymbol{r}) = \left(1-\frac{R^3}{r^3}\right)\nabla(\boldsymbol{E}_0\cdot\boldsymbol{r})-\nabla\left(\frac{R^3}{r^3}\right)(\boldsymbol{E}_0\cdot\boldsymbol{r})$$

において，偏微分を計算したのち $r=R$ とおけば得られる．すなわち，右辺の第 1 項は 0 に等しく，また

$$\nabla\left(\frac{1}{r^3}\right) = \left(\frac{\partial}{\partial x}\left(\frac{1}{r^3}\right),\ \frac{\partial}{\partial y}\left(\frac{1}{r^3}\right),\ \frac{\partial}{\partial z}\left(\frac{1}{r^3}\right)\right)$$
$$= \left(-\frac{3x}{r^5},\ -\frac{3y}{r^5},\ -\frac{3z}{r^5}\right) = -\frac{3}{r^5}\boldsymbol{r}$$

となることにより，球面上での電場として

$$\boldsymbol{E}(\boldsymbol{r}) = 3(\boldsymbol{E}_0\cdot\boldsymbol{r})\boldsymbol{r}/R^2$$

を得る．球面上の点 $\boldsymbol{r}$ において球面に垂直な単位ベクトルは $\boldsymbol{n}(\boldsymbol{r})=\boldsymbol{r}/R$ と表わされる．よって，点 $\boldsymbol{r}$ に生じる電荷の面密度は，(4.1)式により

$$\sigma(\boldsymbol{r}) = \varepsilon_0\boldsymbol{E}(\boldsymbol{r})\cdot\boldsymbol{n}(\boldsymbol{r}) = 3\varepsilon_0\boldsymbol{E}_0\cdot\boldsymbol{n}(\boldsymbol{r})$$

問　題 4-2

[1]　例題 4.2 および 4.3 において，点電荷 q や導体球のまわりに生じる電場の様子をそれぞれ図に示せ．また，導体表面に誘導された電荷の分布が導体の内外の領域につくる電場の様子はどのようになるか．

[2]　例題 4.2 において，導体の表面全体に誘導される電荷の総和が $-q$ に等しいことを示せ．また，点電荷 q を，導体表面からの距離が a の位置から無限遠まで引き離すために要する仕事はいくらか．

[3]　直線 l 上に等間隔に並んだ 3 点 A, B, C にそれぞれ正の点電荷 q_A, q_B, q_C が固定しておかれている．図のように，十分広くてうすい導体の平板を，直線 l に対し垂直にして BC の中点の位置においたら，おのおのの点電荷にはどのようなクーロン力がはたらくか．

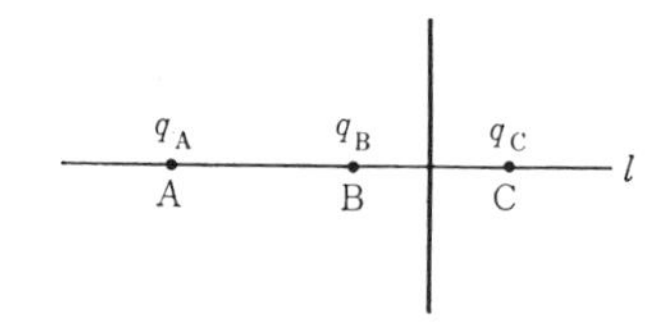

[4]　接地された半径 R の導体球の中心 O から $a\,(>R)$ の距離にある点 A に，点電荷 q をおいた．

(1)　点電荷 q による電場と，中心 O から $b=R^2/a$ の距離にある，直線 OA 上の点 B におかれた点電荷 $q'=-qR/a$ による電場とを重ね合わせることによって得られる電場が，導体球のまわりに生じる電場に等しいことを示せ．

(2)　球面に誘導される電荷の密度分布を求め，球面全体の誘導電荷の総和が $-qR/a$ に等しいことを示せ．

(3)　点電荷 q を点 A の位置から無限遠まで運ぶのに要する仕事を求めよ．

(4)　導体球がはじめから絶縁されていたとすれば，点 A に点電荷 q をおくことにより導体球のまわりに生じる電場はどのようになるか．また，導体球の電位 ϕ はいくらか．

4-3 電気容量

電気容量 真空中に孤立した導体に電荷qを与えると，周囲にはqに比例した電場が生じる．したがって，無限遠を基準にした導体の電位ϕもqに比例する．これを次式のように書くとき，係数Cをこの導体の**電気容量**という．

$$q = C\phi \tag{4.4}$$

導体球の電気容量 半径Rの導体球に電荷qを与えたとき，球の電位ϕは(4.3)で与えられる．したがって，(4.4)により導体球の電気容量は

$$C = 4\pi\varepsilon_0 R \tag{4.5}$$

電気容量の単位 導体に1Cの電荷を与えたときの電位が1Vのとき，その導体の電気容量を1ファラド(F)とする．

$$1\,\mathrm{F} = 1\,\mathrm{C}\cdot\mathrm{V}^{-1} \tag{4.6}$$

1Fは単位として大きすぎるので，通常マイクロファラド($\mu\mathrm{F}=10^{-6}\,\mathrm{F}$)，ピコファラド($\mathrm{pF}=10^{-12}\,\mathrm{F}$)などの単位を用いる．

導体に蓄えられるエネルギー 導体に電荷qを与えたとき，その電位がϕであるとすれば，蓄えられる静電エネルギーは，(2.24)，(4.4)により

$$U = \frac{1}{2}q\phi = \frac{1}{2}C\phi^2 = \frac{1}{2C}q^2 \tag{4.7}$$

導体系の電気容量係数 n個の孤立した導体$1, 2, \cdots, n$にそれぞれ電荷$q_1, q_2, \cdots, q_n$を与えたとき，各導体の電位を$\phi_1, \phi_2, \cdots, \phi_n$とする．このとき一般に

$$\begin{aligned} q_1 &= C_{11}\phi_1 + C_{12}\phi_2 + \cdots + C_{1n}\phi_n \\ q_2 &= C_{21}\phi_1 + C_{22}\phi_2 + \cdots + C_{2n}\phi_n \\ &\cdots\cdots\cdots\cdots\cdots \\ q_n &= C_{n1}\phi_1 + C_{n2}\phi_2 + \cdots + C_{nn}\phi_n \end{aligned} \tag{4.8}$$

の関係がある．係数$C_{11}, C_{12}, \cdots, C_{nn}$を導体系の**電気容量係数**という．

相反定理 電気容量係数の間には一般につぎの関係式が成り立つ．

$$C_{ij} = C_{ji} \tag{4.9}$$

例題 4.4　右図のように，中心が互いに d だけ離れた，半径 R_A, R_B の 2 個の導体球 A と B がある．d が R_A, R_B に比べ十分に大きいとして，電気容量係数を求めよ．とくに，$d\to\infty$ のとき，それらの係数がどのようになるかを調べよ．

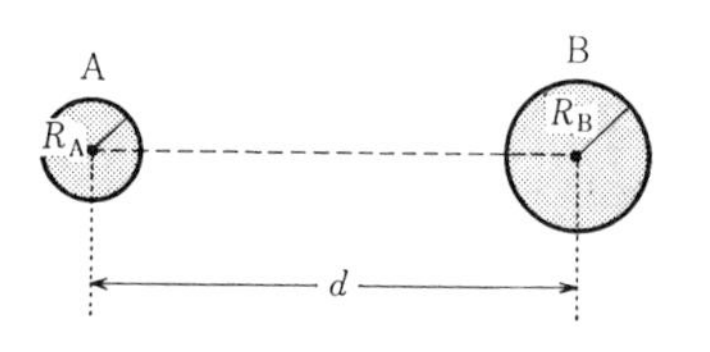

［解］　導体球 A, B にそれぞれ q_A, q_B の電荷を与えたとする．A, B の中心間の距離 d が半径に比べて十分に大きいので，A にとって B の電荷 q_B は点電荷と見なすことができる．よって，導体球 A の電位 ϕ_A はおのおのの電荷による電位の重ね合わせとして，

$$\phi_A = \frac{1}{4\pi\varepsilon_0}\left(\frac{q_A}{R_A}+\frac{q_B}{d}\right)$$

のように表わされる．同様にして，導体球 B の電位は

$$\phi_B = \frac{1}{4\pi\varepsilon_0}\left(\frac{q_A}{d}+\frac{q_B}{R_B}\right)$$

である．これらの式を q_A, q_B について解くと，

$$q_A = \frac{4\pi\varepsilon_0 dR_A}{d^2-R_AR_B}(d\phi_A-R_B\phi_B)$$

$$q_B = \frac{4\pi\varepsilon_0 dR_B}{d^2-R_AR_B}(-R_A\phi_A+d\phi_B)$$

となる．したがって，(4.8)の定義式により，電気容量係数は

$$C_{AA} = 4\pi\varepsilon_0\frac{d^2R_A}{d^2-R_AR_B}$$

$$C_{BB} = 4\pi\varepsilon_0\frac{d^2R_B}{d^2-R_AR_B}$$

$$C_{AB} = C_{BA} = -4\pi\varepsilon_0\frac{dR_AR_B}{d^2-R_AR_B}$$

と与えられる．

$d\to\infty$ のとき，C_{AA} と C_{BB} はそれぞれ

$$C_{AA} = 4\pi\varepsilon_0R_A, \qquad C_{BB} = 4\pi\varepsilon_0R_B$$

となり，孤立した導体球の電気容量((4.5)式)と一致する．また，$C_{AB}=C_{BA}=0$ となり，このとき A と B は互いに静電場の作用を及ぼしあわないことを表わしている．

例題 4.5 n 個の孤立した導体がある．それぞれに $q_1, q_2, \cdots, q_n$ の電荷を与えたとき，各導体の電位が $\phi_1, \phi_2, \cdots, \phi_n$ であり，$Q_1, Q_2, \cdots, Q_n$ のとき，$\Phi_1, \Phi_2, \cdots, \Phi_n$ であったとすると，これら電荷や電位の間には

$$\sum_{i=1}^{n} Q_i\phi_i = \sum_{i=1}^{n} q_i\Phi_i$$

の関係式が成り立つ．これを**グリーンの相反定理**という．

(1) 導体がいずれも十分に小さい場合について，グリーンの相反定理を証明せよ．

(2) グリーンの相反定理から，電気容量係数 C_{ij} について $C_{ij}=C_{ji}$ の関係式が成り立つことを導け．

［解］ (1) 導体が十分小さいので，各導体の電荷を点電荷と見なすことができる．導体 i と j の間の距離を r_{ij} とする．それぞれの導体に電荷 $q_1, q_2, \cdots, q_n$ が与えられたとき，導体 i の電位は

$$\phi_i = \frac{1}{4\pi\varepsilon_0} \sum_{j=1}^{n}{}' \frac{q_j}{r_{ij}}$$

と表わされる(ここで，総和記号に付けられたダッシュは，j について総和をとるとき $j=i$ の項を除くことを意味する)．よって，グリーンの相反定理の左辺は，

$$\sum_{i=1}^{n} Q_i\phi_i = \frac{1}{4\pi\varepsilon_0} \sum_{i=1}^{n} \sum_{j=1}^{n}{}' \frac{Q_i q_j}{r_{ij}}$$

となる．同様にして，

$$\Phi_i = \frac{1}{4\pi\varepsilon_0} \sum_{j=1}^{n}{}' \frac{Q_j}{r_{ij}}$$

により，同定理の右辺は

$$\sum_{i=1}^{n} q_i\Phi_i = \frac{1}{4\pi\varepsilon_0} \sum_{i=1}^{n} \sum_{j=1}^{n}{}' \frac{q_i Q_j}{r_{ij}} = \frac{1}{4\pi\varepsilon_0} \sum_{j=1}^{n} \sum_{i=1}^{n}{}' \frac{Q_i q_j}{r_{ji}}$$

したがって，$r_{ij}=r_{ji}$ であることに注意し，また i と j について総和をとる順序を入れ換えると，

$$\sum_{i=1}^{n} Q_i\phi_i = \sum_{i=1}^{n} q_i\Phi_i$$

(2) 電気容量係数 C_{ij} を用いて，電荷 Q_i や q_i は

$$Q_i = \sum_{j=1}^{n} C_{ij}\Phi_j, \qquad q_i = \sum_{j=1}^{n} C_{ij}\phi_j$$

と表わされる．そこで，これらの式をグリーンの相反定理の式に代入すると，

$$\sum_{i=1}^{n}\sum_{j=1}^{n}C_{ij}\phi_i\Phi_j=\sum_{i=1}^{n}\sum_{j=1}^{n}C_{ij}\Phi_i\phi_j=\sum_{i=1}^{n}\sum_{j=1}^{n}C_{ji}\phi_i\Phi_j$$

を得る．よって，上式が任意の ϕ_i や Φ_j に対して成り立つためには，$C_{ij}=C_{ji}$ でなければならない．

問　題 4-3

[1]　孤立した導体球の電気容量が 1 F であるとき，その半径はいくらか．また，地球を半径 6400 km の導体球と見なして，その電気容量を計算せよ．

[2]　導体 A, B を互いに十分離したまま，ともに同じ 0.6 μC の電荷を与えたところ，電位はそれぞれ 20 V, 30 V であった．A, B の電気容量を求めよ．また，A と B をいったん接触させたのち，再び互いに遠くに離したら，電位はそれぞれいくらになるか．

[3]　右図のように，半径 R_1 の導体球 A と内径 R_2，外径 R_3 の導体球殻 B が，同じ中心をもつようにしておかれている．電気容量係数を求めよ．

[4]　電気容量係数について，かならず $C_{ii}>0$, $C_{ij}\leqq 0$ $(i\neq j)$ となることを示せ．

[5]　図のように，導体 A が導体 B によって完全にまわりを囲まれている．

(1)　導体 A, B に電荷を与えてそれぞれの電位を ϕ_A, ϕ_B にしたところ，AB 間の領域内にある点 P において電位が ϕ になった．そこで，点 P に点電荷 q をおき，導体 A, B をともに接地したら，A, B にはそれぞれどれだけの電荷が誘導されるか．グリーンの相反定理を用いて求めよ．

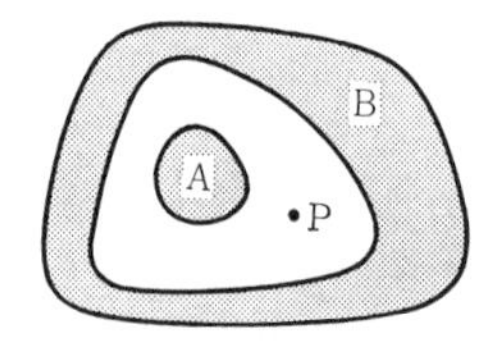

(2)　導体 B が接地されていると，導体 A は B の外側の領域の静電場から影響をいっさい受けない．すなわち，B によって分離された内外の領域における静電場は互いに影響を及ぼしあうことはない(これを**静電しゃへい**という)．その理由を考えよ．

4-4 コンデンサー

コンデンサー 2個の導体を近づけておいた，電荷を蓄えるための装置を**コンデンサー**という．2個の導体(極板)に $\pm q$ の電荷を与えたときに生じる導体間の電位差を $\varDelta\phi$ とすれば，q は $\varDelta\phi$ に比例し

$$q = C\varDelta\phi \tag{4.10}$$

と表わされる．C をコンデンサーの**電気容量**という．

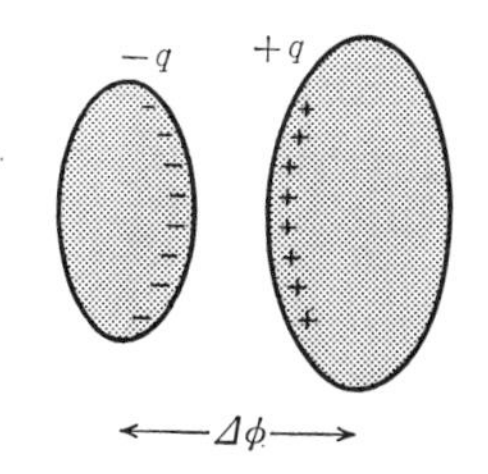

図 4-3 2個の導体を近づけておくと，電気容量は大きくなる

孤立した導体は，もうひとつの導体が無限遠におかれたコンデンサーとみることもできる．

平行板コンデンサーの電気容量 面積 A の2枚の導体板を間隔 d をおいて平行に並べたコンデンサーの電気容量は

$$C = \frac{\varepsilon_0 A}{d} \tag{4.11}$$

例題 4.6　つぎのおのおののコンデンサーについて，その電気容量を求めよ．

(1)　極板面積 A，間隔 d の平行板コンデンサー．

(2)　内径 R_1，外径 R_2 の同心球殻コンデンサー．

［**解**］　(1)　図1のように，このコンデンサーは2枚の平らな導体板を極板として平行に並べたものである．導体板の面積 A が間隔 d に比べて十分に大きければ，端の部分からの影響を無視して導体板は無限に広がっていると見なしてよい．

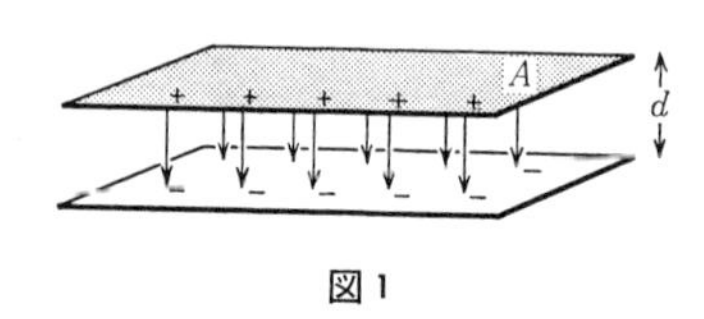

図1

よって，2枚の導体板にそれぞれ $\pm q$ の電荷を与えたとき，それらの電荷は板上に面密度 $\pm\sigma = \pm q/A$ で一様に分布すると考えられる．4-1節で学んだように，導体の面上で，電場は導体面に垂直で，その強さは

$$E = \frac{\sigma}{\varepsilon_0} = \frac{q}{\varepsilon_0 A}$$

である．電荷分布の対称性により，2枚の導体板にはさまれた空間内でも，この電場は板に対し垂直な向きにある．したがって，電場は一様であり，導体板間には

$$\Delta\phi = Ed = \frac{d}{\varepsilon_0 A}q$$

の電位差がある．よって，(4.10)式により，電気容量は

$$C = \frac{\varepsilon_0 A}{d}$$

(2)　内球殻および外球殻の導体にそれぞれ $+q$, $-q$ の電荷を与えたとすると，それらの電荷はおのおのの球殻の面上に一様に分布する．したがって，図2のように，電場は両球殻にはさまれた空間内のみに球対称に生じ，中心からの距離が r である点での電場の強さは

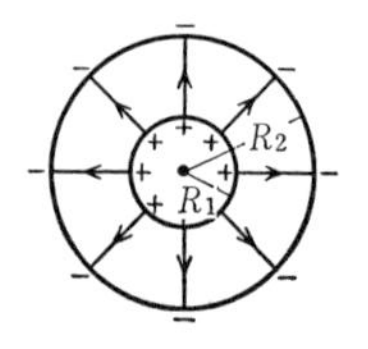

図2

$$E(r) = \frac{q}{4\pi\varepsilon_0 r^2}$$

で与えられる．よって，両球殻間の電位差は

$$\Delta\phi = \int_{R_1}^{R_2} E(r)dr = \frac{q}{4\pi\varepsilon_0}\int_{R_1}^{R_2}\frac{1}{r^2}dr = \frac{q}{4\pi\varepsilon_0}\left(\frac{1}{R_1} - \frac{1}{R_2}\right)$$

となり，求める電気容量は

$$C = \frac{q}{\Delta\phi} = 4\pi\varepsilon_0\left(\frac{1}{R_1} - \frac{1}{R_2}\right)^{-1} = 4\pi\varepsilon_0\frac{R_1 R_2}{R_2 - R_1}$$

問 題 4-4

[1] 極板面積 $A=1\ \mathrm{m}^2$, 間隔 $d=1\ \mathrm{cm}$ の平行板コンデンサーの電気容量を求めよ. また, 内径 $R_1=99\ \mathrm{cm}$, 外径 $R_2=1\ \mathrm{m}$ の同心球殻コンデンサーの電気容量はいくらか.

[2] 内径 R_1, 外径 R_2 の同軸円筒コンデンサー(下左図)について, 中心軸方向の単位長さ当りの電気容量を求めよ.

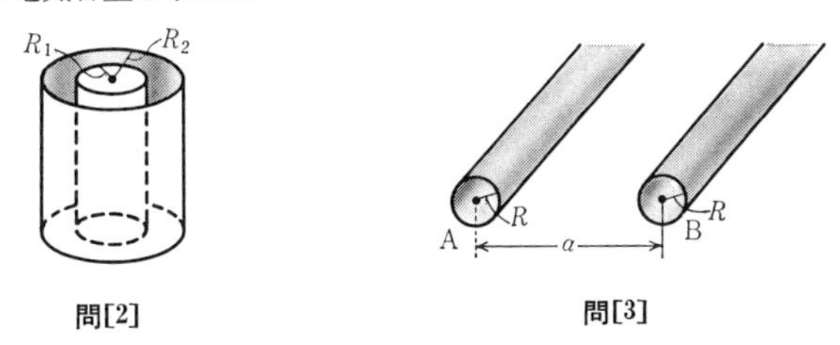

問[2]　問[3]

[3] 上右図のように, 半径 R の十分に長い2本の円筒状の導体 A, B が互いに a だけ離れて平行におかれている. これらの導体がコンデンサーをつくるとして, 中心軸方向の単位長さ当りの電気容量を求めよ. ただし, $a \gg R$ とする.

[4] 2個の導体 1, 2 によってつくられるコンデンサーの電気容量 C は, 電気容量係数 C_{11}, C_{22}, C_{12} を使って表わすと,

$$C = \frac{C_{11}C_{22}-C_{12}{}^2}{C_{11}+C_{22}+2C_{12}}$$

となることを示せ. さらに, 例題 4.4 および問題 4-3 問[3]で考えた導体 A, B がつくるコンデンサーについて, その電気容量を上の表式によりそれぞれ求めよ.

[5] 例題 4.6 の(2)において, 同心球殻コンデンサーの電気容量を求めるため, 内球殻に正の電荷を, 外球殻に負の電荷を与えて考えた. このとき, 外球殻の外側の領域には電場がないので, 外球殻は無限遠と等電位になる. これは, 外球殻が接地されていることと同じである. 代わりに, 内球殻が接地されているとしたら, 電気容量はどのようになるか.

4-5 静電場のエネルギー

コンデンサーに蓄えられるエネルギー コンデンサーの2つの極板1,2に $q, -q$ の電荷を与えたときの電位をそれぞれ ϕ_1, ϕ_2 とする．(2.24)を適用すると，極板1についての積分は $q\phi_1$，極板2についての積分は $-q\phi_2$ を与える．したがって，コンデンサーに蓄えられる静電エネルギーは

$$U = \frac{1}{2}q(\phi_1 - \phi_2)$$

極板間の電位差を $\phi_1 - \phi_2 = \Delta\phi$ とおいて

$$U = \frac{1}{2}q\Delta\phi = \frac{1}{2C}q^2 = \frac{1}{2}C\Delta\phi^2 \tag{4.12}$$

静電場のエネルギー 一般に電荷分布があるときの静電エネルギーは，まわりに生じた静電場のエネルギーとみることもできる．電場 $\boldsymbol{E}(\boldsymbol{r})$ があるとき，空間の単位体積当りのエネルギーは

$$u_{\mathrm{e}}(\boldsymbol{r}) = \frac{1}{2}\varepsilon_0 |\boldsymbol{E}(\boldsymbol{r})|^2 \tag{4.13}$$

例題 4.7 つぎのおのおののコンデンサーに $\pm q$ の電荷を与えたとき，コンデンサーに蓄えられるエネルギー U を求めよ．さらに，両極間の空間に単位体積当り $u_e(\boldsymbol{r})=(1/2)\varepsilon_0\{E(\boldsymbol{r})\}^2$ の密度で分布する静電場 $E(\boldsymbol{r})$ のエネルギー U_e を計算し，$U=U_e$ となることを示せ．

(1) 極板面積 A，間隔 d の平行板コンデンサー．

(2) 内径 R_1，外径 R_2 の同心球殻コンデンサー．

［解］ 電気容量を C とすると，コンデンサーに蓄えられるエネルギーは $U=q^2/2C$ である．例題 4.6 で得た電気容量 C や両極間に生じる電場 $E(\boldsymbol{r})$ を用いて，エネルギー U, U_e を求めることにする．

(1) 平行板コンデンサーの電気容量は $C=\varepsilon_0 A/d$ である．したがって，コンデンサーに蓄えられるエネルギーは

$$U=\frac{q^2}{2C}=\frac{d}{2\varepsilon_0 A}q^2$$

となる．一方，極板間には強さ $E=q/\varepsilon_0 A$ の電場が一様に生じているから，静電場のエネルギー密度は

$$u_e(\boldsymbol{r})=\frac{1}{2}\varepsilon_0 E^2=\frac{1}{2}\varepsilon_0\left(\frac{q}{\varepsilon_0 A}\right)^2=\frac{q^2}{2\varepsilon_0 A^2}$$

となり，場所によらず一定である．よって，静電場のエネルギーは，この密度に極板間の領域の体積 Ad を掛けて，

$$U_e=\frac{q^2}{2\varepsilon_0 A^2}Ad=\frac{d}{2\varepsilon_0 A}q^2$$

と得られ，U と一致する．

(2) 電気容量が $C=4\pi\varepsilon_0 R_1 R_2/(R_2-R_1)$ だから，コンデンサーに蓄えられるエネルギーは

$$U=\frac{q^2}{2C}=\frac{q^2}{8\pi\varepsilon_0}\frac{R_2-R_1}{R_1 R_2}=\frac{q^2}{8\pi\varepsilon_0}\left(\frac{1}{R_1}-\frac{1}{R_2}\right)$$

となる．両球殻の間の領域に生じる電場の強さは，中心から r の距離にある点で，$E(r)=q/4\pi\varepsilon_0 r^2$ と表わされる．したがって，静電場のエネルギー密度は

$$u_e(\boldsymbol{r})=\frac{1}{2}\varepsilon_0\{E(r)\}^2=\frac{1}{2}\varepsilon_0\left(\frac{q}{4\pi\varepsilon_0 r^2}\right)^2=\frac{q^2}{32\pi^2\varepsilon_0 r^4}$$

となり，r のみに依存する．静電場のエネルギーは，この式を両球殻にはさまれた領域にわたって積分することにより，

$$U_e = \int_{R_1}^{R_2} u_e(r)\cdot 4\pi r^2 dr = \frac{q^2}{8\pi\varepsilon_0}\int_{R_1}^{R_2}\frac{1}{r^2}dr = \frac{q^2}{8\pi\varepsilon_0}\left(\frac{1}{R_1}-\frac{1}{R_2}\right)$$

と計算され，上の U に等しい．

問　題 4-5

[1]　内径 R_1，外径 R_2 の同軸円筒コンデンサーの両極間に $\Delta\phi$ の電位差をかけたとき，コンデンサーに蓄えられるエネルギーは，中心軸方向の単位長さ当りいくらか．そのエネルギーを，例題 4.7 のように，(4.12)式による方法と，静電場のエネルギーとして考えた(4.13)式による方法の 2 通りで求め，両者の結果が互いに一致することを示せ．

[2]　半径 R の孤立した導体球の電気容量は，(4.5)式によれば，$C=4\pi\varepsilon_0 R$ である．この球に電荷 Q を与えると，$U=Q^2/2C$ により，

$$U = \frac{Q^2}{8\pi\varepsilon_0 R}$$

の静電エネルギーを球がもつことになる．導体球のまわりに分布する静電場のエネルギーを計算し，上の U の表式と同じ結果が得られることを示せ．

[3]　例題 2.9 で求めたように，電荷 Q が半径 R の球の内部に一様に分布しているときの静電エネルギーは

$$U = \frac{3Q^2}{20\pi\varepsilon_0 R}$$

である．空間に分布する静電場のエネルギーを計算し，結果が上の U の表式と一致することを示せ．

[4]　極板面積 A，間隔 d の平行板コンデンサーを充電し，$\pm q$ の電荷を与えた．電池をはずして極板の電荷を一定に保ったまま，極板の間隔をわずか Δd だけ変えると，コンデンサーに蓄えられているエネルギーはどれだけ変化するか．また，このエネルギーの変化から，両極板の引きあう力の大きさ F を求めよ．

[5]　前問において，電池をはずさないで極板間の電位差を一定に保ったまま，極板の間隔を Δd だけ変化させるとしたら，コンデンサーのエネルギーはどのように変わるか．なぜ，前問と結果が違うか，その理由についても考えよ．

定常電流の性質

導体に電池をつなぐと，時間的に変化しない一定の強さの電流が流れる．このとき，電流の強さが電場に比例するというオームの法則が成り立つ．一定の強さの電流が流れている場合，導体の内部では電流の担い手である電子にはたらく電場の力と、原子が電子の運動を邪魔する力とがつり合っている．このことからオームの法則を導くことができる．

5-1 定常電流

導体と電気伝導 金属などの導体には，個々の原子から離れて動きまわることのできる電子(伝導電子)がある．導体を電場の中におくと，電子が電場から力を受けて移動し，電流が流れる．この現象を**電気伝導**という．

電流の強さ 導線のある断面を単位時間に通過する電荷を**電流の強さ**という．単位は**アンペア**(A)である．MKSA 単位系では，A を電磁気学の単位の基本にとる．その定義は 6-3 節で与える．

定常電流 導線に電池をつなぐと，時間的に変動しない，一定の強さの電流を流しつづけることができる．このような電流を**定常電流**という．

電荷の保存 定常電流では，導体内の電荷分布も一定に保たれる．したがって，1 本の導線ではどの断面でみても電流の強さは等しい．たとえば，図 5-1 で $I_A > I_B$ であれば，導線の AB 部分に電荷がたまりつづけ，定常電流は維持できない．何本かの導線が交差した点では，交点から流れ出る電流 I_i(流れこむ電流は負に数える)の総和は 0 である．

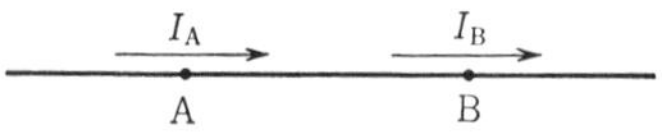

図 5-1 導線を流れる定常電流

$$\sum_i I_i = 0 \tag{5.1}$$

電気抵抗 導体内に電子の流れが生じると，電子には一種のまさつ力がはたらく．したがって，電流を流しつづけるには，電場をかけて電子を引きつづけなければならない．導線の場合，両端にかける電位差 $\Delta\phi$ があまり大きくないときは，電流 I は電位差に比例する．

$$I = \frac{\Delta\phi}{R} \tag{5.2}$$

この関係を**オームの法則**という．R は**電気抵抗**で，導線の電流の流れにくさを表わす．1 V の電位差で 1 A の電流が流れるときの抵抗を 1 Ω(オーム)という．

抵抗率，電気伝導率 断面積が一定の導線の抵抗は，長さ l に比例し，断面積 S に反比例する．

$$R = \rho \frac{l}{S} \tag{5.3}$$

ρは物質による定数で，**抵抗率**という．その逆数

$$\sigma = \frac{1}{\rho} \tag{5.4}$$

を**電気伝導率**という(表 5-1)．

表 5-1　種々の物質の電気伝導率

	物　質	温度(°C)	伝導率($\Omega^{-1}\cdot m^{-1}$)
導体	アルミニウム	20	3.6×10^7
	水銀	0	0.11×10^7
	スズ	20	0.88×10^7
	銅	20	5.8×10^7
	鉄	20	1.0×10^7
絶縁体	ナイロン	室　温	$10^{-10} \sim 10^{-13}$
	天然ゴム		$10^{-13} \sim 10^{-15}$
	石英ガラス		$< 10^{-15}$

ジュール熱　電位差$\Delta\phi$のもとで電流Iが流れているとき，単位時間当り外から

$$J = I\Delta\phi \tag{5.5}$$

の仕事をしたことになる．これだけのエネルギーは導体内で電流の「まさつ熱」になる．電流により発生する熱を**ジュール熱**という．

One Point ――抵抗率の温度変化

金属の電気抵抗は，伝導電子の流れが原子の熱振動によって妨げられるために生じる．熱振動は温度が下がると弱くなるから，抵抗率も温度が下がると減少する．半導体の場合は，電流を運ぶ電子が低温では原子に捕まっており，温度が上がるとともに原子から離れて動きまわるようになる．このため，金属とは逆に温度が上がるほど電流が流れやすくなり，抵抗率が減少する．

例題 5.1　金属内を流れる電流の担い手は，どの原子にも属さないで自由に動きまわることのできる伝導電子である．これらの電子は原子との衝突をくりかえしながら金属内をさまざまな向きに運動するので，電子全体について平均した速度は 0 になる．しかし，金属に電場 $\boldsymbol{E}$ がかかると，個々の電子に $-e\boldsymbol{E}$ の力がはたらくので平均の速度は 0 にはならず，$\boldsymbol{E}$ と逆向きに一定の速度 $\bar{\boldsymbol{v}}$ の電子の流れが生じる．

(1)　質量 m の伝導電子が金属内の原子から速度 $\boldsymbol{v}$ に比例した抵抗力 $\boldsymbol{f}=-m\boldsymbol{v}/\tau$ を受けると仮定し，この抵抗力 $\boldsymbol{f}$ が電場 $\boldsymbol{E}$ による力 $-e\boldsymbol{E}$ とつり合うとして，電子の流れの速度 $\bar{\boldsymbol{v}}$ を求めよ．

(2)　断面積が一定の導線について，オームの法則が成り立つことを示せ．また，電気伝導率はどのように表わされるか．ただし，単位体積当りの伝導電子数を n とする．

［解］(1)　電場 $\boldsymbol{E}$ による力 $-e\boldsymbol{E}$ と抵抗力 $\boldsymbol{f}=-m\boldsymbol{v}/\tau$ がつり合うとき，電子の速度 $\boldsymbol{v}$ は時間的に一定な流れの速度 $\bar{\boldsymbol{v}}$ に等しくなる．すなわち，$-e\boldsymbol{E}-m\bar{\boldsymbol{v}}/\tau=0$ により，

$$\bar{\boldsymbol{v}} = -\frac{e\tau}{m}\boldsymbol{E}$$

(2)　導線の断面積が一定だから，電子の流れはいずれの断面に対しても垂直な向きにある．断面積を S とすると，下図のように，任意の断面を単位時間当り通過する電子数は $n\bar{v}S$ である $(\bar{v}=|\bar{\boldsymbol{v}}|)$．したがって，導線を流れる電流の強さ I は，この電子数に電荷の大きさ e を掛けて，

$$I = en\bar{v}S = \frac{ne^2\tau}{m}SE$$

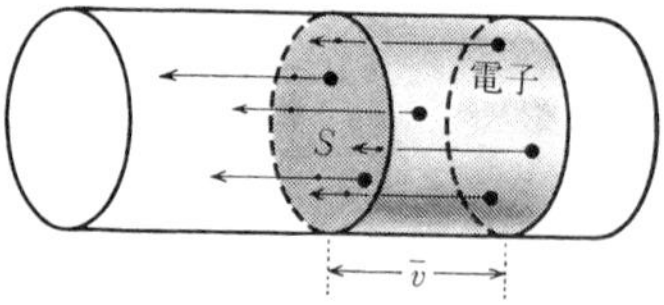

となる $(E=|\boldsymbol{E}|)$．導線の長さを l，両端間の電位差を $\varDelta\phi$ とおくと，$E=\varDelta\phi/l$ と表わされ，上式は

$$I = \frac{ne^2\tau}{m}\frac{S}{l}\varDelta\phi$$

と書き直される．よって，電流 I は電位差 $\varDelta\phi$ に比例し，オームの法則が成り立つ．電気抵抗 R は右辺の $\varDelta\phi$ の係数の逆数に等しく，(5.3)，(5.4)式により，電気伝導率 σ は R と

$$\frac{1}{R} = \sigma\frac{S}{l}$$

の関係にある．ゆえに，

$$\sigma = \frac{ne^2\tau}{m}$$

問　題 5-1

[1]　例題 5.1 において，τ は**平均自由時間**と呼ばれ，電子が 1 つの原子に衝突してからつぎの原子に衝突するまでの経過時間を平均したものである．電子は電場 $\boldsymbol{E}$ により $-e\boldsymbol{E}/m$ の加速度を受けるが，電子が原子に衝突するたびに，その等加速度運動は中断される．電子が時間 2τ ごとに原子に衝突し，速度が 0 に戻ったとすると，2τ の時間にわたって平均した速度は例題 5.1 の(1)で求めた電子の流れの速度 $\bar{\boldsymbol{v}}$ に一致することを示せ．

[2]　例題 5.1 において，電子は電場 $\boldsymbol{E}$ から力を受けながら運動するので，$\boldsymbol{E}$ から仕事をされていることになる．しかし，電子の運動エネルギーは増加せず，電子が原子に衝突するたびに，その仕事は原子にうばわれる．そして，そのぶん原子の熱運動のエネルギーが増加し，導体全体に見られる現象としてジュール熱が発生する．単位時間に単位体積当り発生するジュール熱 J を求めよ．

[3]　銅の電気伝導率は $5.8\times10^{7}\ \Omega^{-1}\cdot\mathrm{m}^{-1}$ である．

(1)　$1\ \mathrm{m}^3$ の銅に含まれる伝導電子数 n ならびに平均自由時間 τ を計算せよ．ただし，銅の原子量は 63.5，密度は $8.93\ \mathrm{g\cdot cm^{-3}}$，銅の伝導電子数は原子 1 個当り 1 個である．また，電子の質量は $m=9.1\times10^{-31}\ \mathrm{kg}$，アボガドロ定数は $N_{\mathrm{A}}=6.02\times10^{23}\ \mathrm{mol^{-1}}$.

(2)　銅の中で伝導電子が動きまわる速さが $1.0\times10^{6}\ \mathrm{m\cdot s^{-1}}$ 程度であるとして，電子が 1 つの原子に衝突してからつぎの原子に衝突するまでに進む距離が平均としてどれほどになるか計算せよ．また，その距離は銅原子間の平均間隔のおよそ何倍か．

(3)　長さ 1 m，断面積 $1\ \mathrm{mm}^2$ の銅線に 1 A の電流を流したとき，銅線の両端間の電位差を計算せよ．また，この銅線に 1 秒間当り発生するジュール熱を求めよ．

(4)　(3)の銅線において，電子の流れの速さ $\bar{v}$ はどれほどか．

5-2　導体中の電流分布

電流密度　広がりのある導体内を電流が流れているとき，導体中の点 $\boldsymbol{r}$ で電流の向きに垂直にとった単位面積を単位時間に通過する電荷を，電流の向きのベクトルとして表わし，その点の**電流密度**という．電子の電荷を $-e$，数密度を n，平均速度を $\bar{\boldsymbol{v}}$ とすれば，電流密度 $\boldsymbol{i}$ は

$$\boldsymbol{i} = -ne\bar{\boldsymbol{v}} \tag{5.6}$$

電荷の保存　定常電流では，電流密度 $\boldsymbol{i}(\boldsymbol{r})$，電荷密度 $\rho(\boldsymbol{r})$ がともに時間変化しない．導体内に任意の閉曲面 S を考えると，曲面の内部に含まれる電荷が一定であるためには，曲面から流れ出る電流の総和が 0 でなければならない．したがって

$$\int_S \{\boldsymbol{i}(\boldsymbol{r})\cdot\boldsymbol{n}(\boldsymbol{r})\}\, dS = 0 \tag{5.7}$$

積分の意味はガウスの法則(2.9)と同じである．ガウスの法則の場合と同様にして微分形に直すと，

$$\nabla\cdot\boldsymbol{i}(\boldsymbol{r}) = 0 \tag{5.8}$$

オームの法則　電場があまり強くないときは，電流密度 $\boldsymbol{i}(\boldsymbol{r})$ はその点の電場 $\boldsymbol{E}(\boldsymbol{r})$ に比例する．

$$\boldsymbol{i}(\boldsymbol{r}) = \sigma\boldsymbol{E}(\boldsymbol{r}) \tag{5.9}$$

σ は電気伝導率(5.4)である．異方性のある物質の場合，一般には電場の向きと電流の向きは一致せず，(5.9)をそのままでは適用できない．

電場が電流にする仕事　電場 $\boldsymbol{E}(\boldsymbol{r})$ のもとで，電流密度 $\boldsymbol{i}(\boldsymbol{r})$ の電流が流れているとき，電場は電流に対し，単位体積・単位時間当り

$$w = \boldsymbol{i}(\boldsymbol{r})\cdot\boldsymbol{E}(\boldsymbol{r}) \tag{5.10}$$

だけの仕事をする．

例題 5.2 無限に広がった電気伝導率 σ の導体の中に，導体 A, B が電極としておかれている．正の電極 A から負の電極 B に向かって定常電流 I が流れるとき，まわりに生じる電場を $\boldsymbol{E}$ とする．また，A, B の配置を変えないまま A, B を真空中においたとして電荷 $\pm q$ をそれぞれ与えたとき，生じる電場を $\boldsymbol{E}'$ とする．このとき，I と q を

$$I/\sigma \longleftrightarrow q/\varepsilon_0$$

のように対応させれば，$\boldsymbol{E}$ と $\boldsymbol{E}'$ は同じ電場になることを示せ．ただし，導体 A, B の電気伝導率 σ' は σ に比べて十分大きいとする．

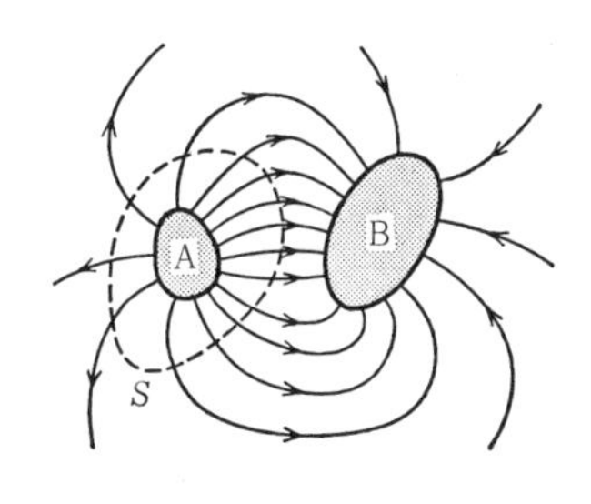

［解］ $\sigma' \gg \sigma$ であるので，電流が流れても A, B の電極内で電位の変化はほとんどなく，A, B の電位はそれぞれ一定と見なしてよい．

電流 I が流れるとき，任意の閉曲面 S 上の点 $\boldsymbol{r}$ における電場を $\boldsymbol{E}(\boldsymbol{r})$ とすると，電流密度は $\boldsymbol{i}(\boldsymbol{r}) = \sigma\boldsymbol{E}(\boldsymbol{r})$ で与えられる．図のように，面 S が A だけを内側に含む場合，AB 間を流れる電流 I はこの面をかならず通るので，

$$\int_S \{\boldsymbol{E}(\boldsymbol{r})\cdot\boldsymbol{n}(\boldsymbol{r})\}\,dS = \frac{1}{\sigma}\int_S \{\boldsymbol{i}(\boldsymbol{r})\cdot\boldsymbol{n}(\boldsymbol{r})\}\,dS = \frac{I}{\sigma} \tag{1}$$

となる．一方，真空中で A, B にそれぞれ電荷 $\pm q$ を与えたとき面 S 上に生じる電場 $\boldsymbol{E}'(\boldsymbol{r})$ を面積分すると，S 内に含まれる電荷は $+q$ だけなので，ガウスの法則により，

$$\int_S \{\boldsymbol{E}'(\boldsymbol{r})\cdot\boldsymbol{n}(\boldsymbol{r})\}\,dS = \frac{q}{\varepsilon_0} \tag{2}$$

したがって，I と q を $I/\sigma \leftrightarrow q/\varepsilon_0$ のように対応させれば，任意の面 S に対する電場 $\boldsymbol{E}(\boldsymbol{r})$ と $\boldsymbol{E}'(\boldsymbol{r})$ の面積分は互いに等しくなる．面 S が B のみを含む場合も，I と q の符号を変えるだけで，(1), (2)式はそのまま成り立ち，上の対応関係をおけば両者の面積分は同じになる．また，面 S が A, B をともに含む場合あるいは含まない場合，明らかに $\boldsymbol{E}(\boldsymbol{r})$ と $\boldsymbol{E}'(\boldsymbol{r})$ の面積分はいずれも 0 である．また，電流が流れていても，定常電流であれば生じる磁場も一定で，電磁誘導は起きない(第 7 章)．したがって，$\boldsymbol{E}(\boldsymbol{r})$ に対しても保存力の条件が成り立つ．

このように $\boldsymbol{E}$ と $\boldsymbol{E}'$ は同じ方程式を満たし，ともに「A, B 上でそれぞれ等電位」という同じ境界条件を満たす．したがって，$\boldsymbol{E}$ と $\boldsymbol{E}'$ は同じ電場であると結論できる．

［注意］ 導体の広がりが無限でなく有限な場合，導体の表面付近で電流は表面に平行に流れ，電場 $\boldsymbol{E}$ も表面に平行になる．真空中の電場 $\boldsymbol{E}'$ には，このような境界条件はない．よって，この場合，$\boldsymbol{E}$ は $\boldsymbol{E}'$ に完全には一致しない．

例題 5.3 半径 a, b の同心の導体球殻 A, B があり ($a<b$), 両球殻にはさまれた空間が電気伝導率 σ の電解質溶液で満たされている. A, B をそれぞれ正負の電極にして電流を流したときの電気抵抗を求めよ.

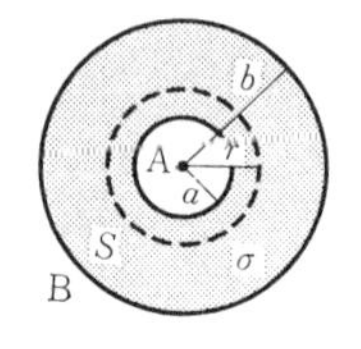

［解］ 右図のように, 球殻 A, B と同心の半径 r の球面 S を考える ($a<r<b$). 対称性から明らかに, この球面 S 上で, 電流は S に対し垂直に流れ, 電流密度が r のみの関数となる. そこで, 電流密度を $i(r)$ とすると, 球面 S を貫く電流は $4\pi r^2\cdot i(r)$ となり, これは AB 間を流れる全電流 I に等しい. よって,

$$I = 4\pi r^2\cdot i(r)$$

により,

$$i(r) = \frac{I}{4\pi r^2}$$

となり, 球面 S 上における電場の強さは

$$E(r) = \frac{i(r)}{\sigma} = \frac{I}{4\pi\sigma r^2}$$

と与えられる. したがって, AB 間の電位差は

$$\Delta\phi = \int_a^b E(r)dr = \frac{I}{4\pi\sigma}\int_a^b \frac{1}{r^2}dr = \frac{I}{4\pi\sigma}\left(\frac{1}{a}-\frac{1}{b}\right)$$

となり, 電気抵抗 R は

$$R = \frac{\Delta\phi}{I} = \frac{1}{4\pi\sigma}\left(\frac{1}{a}-\frac{1}{b}\right)$$

One Point ——電気抵抗 R と電気容量 C

導体 A と B を電気伝導率 σ の導体の中において正負の電極としたときの電気抵抗 R は, A, B の配置を変えずにそのまま真空中においてコンデンサーとしたときの電気容量 C と,

$$RC = \varepsilon_0/\sigma$$

の関係にある. 右辺は A, B の形, 大きさ, 配置などによらず一定である. 例題 4.6 の (2) で求めたように, 内径 a, 外径 b の同心球殻コンデンサーの電気容量は, $C=4\pi\varepsilon_0 ab/(b-a)$ である. これを例題 5.3 で求めた電気抵抗 R と比べると, たしかに $RC=\varepsilon_0/\sigma$ となることがわかる.

問題 5-2

[1] 例題5.2を参考にして，前ページのワンポイントで述べた電気抵抗Rと電気容量Cの間の関係$RC=\varepsilon_0/\sigma$を導け．

[2] 地中に深く埋められた半径10 cmの導体球がある．電流が導体球からまわりの大地に放射状に流れ出し無限遠に向かうとして，導体球の接地抵抗(大地に対する電気抵抗)を求めよ．ただし，大地の電気伝導率を$\sigma=0.01\ \Omega^{-1}\cdot\mathrm{m}^{-1}$とし，導体球自身の抵抗は小さく考えなくてよいものとする．

[3] 半径aの2つの小さな導体球A, Bが，電気伝導率σの導体の中に，表面から十分離れて埋めこまれている．A, Bをそれぞれ正負の電極にして電流を流したときの電気抵抗を求めよ．ただし，A, Bの中心間の距離をdとし，$d\gg a$としてよい．また，A, Bの電気伝導率はσに比べて十分大きいとする．

[4] 右図のように，内径a，外径bの同軸円筒状の金属製容器に，電気伝導率σの電解質溶液が高さlまで満たされている．内外の側面を正負の電極にして電流を流したときの電気抵抗を求めよ．

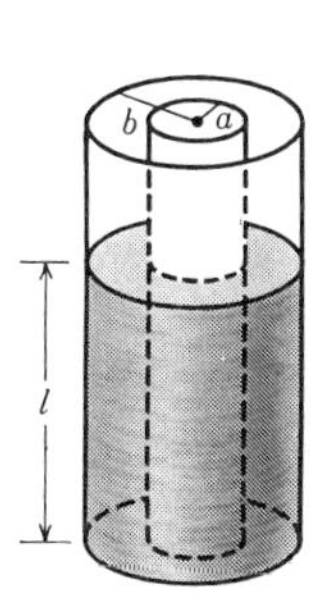

[5] 例題5.3において，電極間に定常電流Iを流したとき，電解質溶液に単位時間当り発生するジュール熱を求めよ．また，前問についても，同様に求めよ．

[6] 無限に広く平らな導体(電気伝導率σ)の表面から距離dの位置に，半径aの小さな導体球Aが電極として埋めこまれている．定常電流IがAから無限遠に向かって流れるとき，導体内部の点に生じる電場を求めよ．ただし，$d\gg a$であり，導体球A自身の抵抗は無視できるとする．

［ヒント］ 導体の平らな表面では，電流は面に平行に流れ，電場も面に平行になる．真空中の静電場の問題でいえば，このような境界条件を満たす電場として，2個の等量の点電荷qによる電場が考えられる．それらqの位置を結ぶ線分を2等分する平面上で，電場がかならず面に平行になるからである．

メゾスコピック系の電気伝導

メゾスコピックのメゾは，メゾソプラノやメソポタミアのメゾ(メソ)と同じで，「中間」を意味する．私たちが日常扱っている大きさ(～1 m)のマクロスコピック(巨視的)な世界と，原子的な大きさ(～10^{-10} m)のミクロスコピック(微視的)な世界との中間という意味で，およそ 1 μm (＝10^{-6} m) 程度のものを指している．最近，微細加工の技術が進歩し，IC などのデバイスとも関係して，この程度の大きさの物体の性質が注目を集めている．

金属内の伝導電子は原子との衝突をくり返しながら金属内を運動するが，原子がランダムな熱運動をしているため，散乱は電子ごとにさまざまな方向に起こる．ところが，温度が 1 K 以下の極低温になると，原子の熱振動が弱くなるために，熱振動による電子の散乱は起きにくくなる．サンプルの大きさが 1 μm 程度以下になると，電子は原子の熱振動による散乱を受けないうちに，サンプルを通過してしまうことになる．こうなると，電流の流れる様子も一変する．

原子が熱振動をしなくなっても，電子は原子配列の乱れやサンプルの表面で散乱される．しかし，原子はすべて静止していると見なしてよいから，どの電子も同じように散乱され，同じ道筋を通ってサンプルを通過する．1 個の電子の動き方が，そのまま電流の流れ方を決めてしまう．電子は量子力学にしたがい，量子力学によれば電子は波として振舞うから，メゾスコピック系の電気伝導はサンプル内の電子の波の伝わり方を反映することになる．とくに，磁場中ではアハラノフ-ボーム効果(100 ページのコーヒーブレイク参照)が起きて，波の干渉が磁場の影響を受け，コンダクタンスは複雑な磁場依存性を示す．

電子波の干渉効果を積極的に利用し，新しいタイプのデバイスをつくる研究も進んでいる．

電流と静磁場

電流は磁場から力を受ける．その反作用として電流は磁気作用をもち，定常電流のまわりに静磁場が生じる．静磁場の基本法則は静電場のそれに似ているが，完全に同じではない．静磁場には電荷に当たるものがなく，ガウスの法則の右辺はつねに0である．また，保存力の条件はアンペールの法則におき換わる．

6-1 磁場中の電流にはたらく力

磁石と磁荷 磁石のN極とN極，S極とS極の間には斥力が，N極とS極の間には引力がはたらく．磁極に，大きさが磁石の強さに比例し，符号がN極には正，S極には負の磁荷が存在すると考えれば，磁荷の間にはたらく力についてクーロンの法則が成り立つ．

磁場 磁荷の間にはたらく力も，電荷間の力と同様に，まわりの空間に生じた変化によって伝えられるものと考え，この空間の変化を**磁場**という．その点においたN極にはたらく力の向きを磁場の向きとする．また，磁場の強さはその力の大きさに比例する．

磁場中の電流にはたらく力 磁場中に導線をおき電流を流すと，導線に力がはたらく．力の向きは，図6-1のように，電流の向きと磁場の向きの両者に垂直である．電流の強さをI，電流と磁場のなす角をθとすれば，導線の長さΔsの微小部分にはたらく力の大きさΔFは

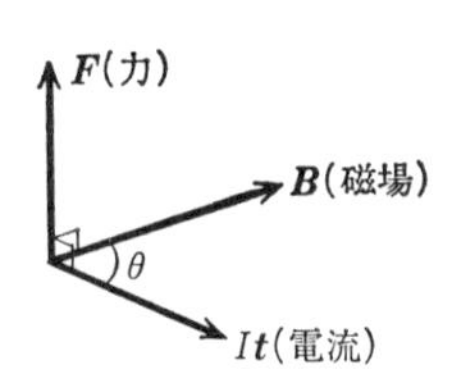

図6-1 磁場中の電流にはたらく力

$$\Delta F = IB\sin\theta\cdot\Delta s \tag{6.1}$$

Bは磁場の強さを表わす量で，**磁束密度**という．ベクトルで表わすと，電流の向きの単位ベクトルを$\boldsymbol{t}$とすれば，ベクトル積を使って

$$\Delta\boldsymbol{F} = I(\boldsymbol{t}\times\boldsymbol{B})\Delta s \tag{6.2}$$

磁束密度の単位 磁場に垂直においた導線に1Aの電流を流したとき，導線1m当りにはたらく力が1Nであるような磁束密度を1テスラ(T)という．

$$1\,\mathrm{T} = 1\,\mathrm{N\cdot A^{-1}\cdot m^{-1}} \tag{6.3}$$

例題 6.1　磁束密度 $\boldsymbol{B}$ の一様な磁場の中におかれた半径 a の円形の回路に，強さ I の定常電流を流したとき，回路にはどのような力がはたらくか．

［解］　右図のように，円形回路の中心Oを原点に選び，回路の面に垂直に z 軸を，$\boldsymbol{B}$ に垂直に y 軸をとる．

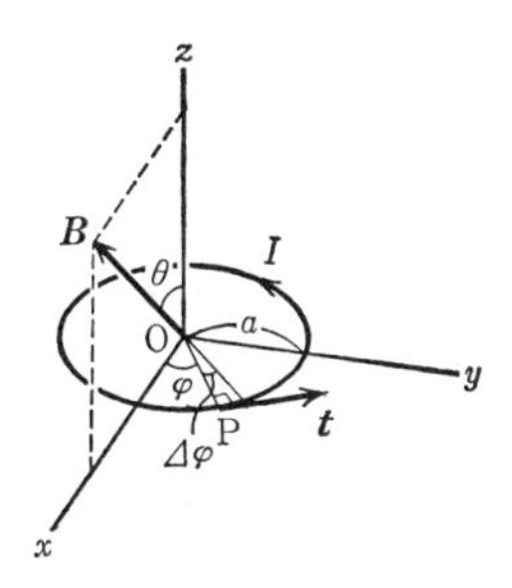

円周を長さ Δs の微小部分に分割し，x 軸からの中心角が $\varphi\sim\varphi+\Delta\varphi$ の間にある微小部分をPとする($\Delta s=a\Delta\varphi$)．この微小部分Pにおいて電流の向きの単位ベクトル $\boldsymbol{t}$ は，φ の増加する向きに電流 I が流れているとすると，

$$\boldsymbol{t}=(-\sin\varphi, \cos\varphi, 0)$$

と表わされる．よって，微小部分Pが磁束密度 $\boldsymbol{B}=(B_x, 0, B_z)$ の磁場から受ける力は，(6.2)式により，

$$\Delta\boldsymbol{F}=I(\boldsymbol{t}\times\boldsymbol{B})\Delta s=Ia(B_z\cos\varphi, B_z\sin\varphi, -B_x\cos\varphi)\Delta\varphi$$

となる．すべての微小部分について上式の $\Delta\boldsymbol{F}$ を加えあわせるには，$\Delta\varphi\to 0$ の極限をとって，φ に関する積分を行なえばよい．ところが，上式を φ について0から 2π まで積分すると，各成分とも積分の結果は0になる．すなわち，回路が磁場から受ける力は全体では0である．

しかし，$\Delta\boldsymbol{F}$ の作用線が微小部分Pの位置により異なるので，回路には偶力がはたらく．Pの位置ベクトルは

$$\boldsymbol{r}=(a\cos\varphi, a\sin\varphi, 0)$$

だから，$\Delta\boldsymbol{F}$ の原点のまわりのモーメントは

$$\Delta\boldsymbol{N}=\boldsymbol{r}\times\Delta\boldsymbol{F}=Ia^2B_x(-\sin\varphi\cos\varphi,\ \cos^2\varphi,\ 0)\Delta\varphi$$

となる．したがって，回路にはたらく偶力のモーメント $\boldsymbol{N}$ は，この $\Delta\boldsymbol{N}$ を φ について積分すれば得られるが，

$$\int_0^{2\pi}\sin\varphi\cos\varphi d\varphi=\frac{1}{2}\int_0^{2\pi}\sin 2\varphi d\varphi=0$$

$$\int_0^{2\pi}\cos^2\varphi d\varphi=\frac{1}{2}\int_0^{2\pi}(1+\cos 2\varphi)d\varphi=\pi$$

により，y 成分だけ残り，

$$N_y=I\pi a^2B_x=ISB\sin\theta \qquad (B=|\boldsymbol{B}|)$$

となる．ここで，$S=\pi a^2$ は回路の面積であり，θ は磁束密度 $\boldsymbol{B}$ が z 軸となす角である．

問 題 6-1

[1] ある地点で鉛直方向にまっすぐのびた長さ 5 m の導線に 10 A の電流を流したところ，その導線は地球の磁場からほぼ東向きに 1.4×10^{-3} N の力を受けた．その地点における地球磁場の水平成分は何 T か．また，電流の流れる向きは上下どちらか．

[2] 強さ I の定常電流が流れている長方形の回路を，磁束密度 $\boldsymbol{B}$ の一様な磁場の中においた．このとき，回路にはどのような力がはたらくか．ただし，長方形の 2 辺の長さを a, b とする．

[3] 右図のように，半径 a の導体円板があり，その面に対し垂直に一様な磁場(磁束密度 $\boldsymbol{B}$)がかかっている．円板が中心軸のまわりに自由に回転できるとして，強さ I の定常電流を中心軸から円板の縁に向け等方的に流したとき，円板にはどのような力がはたらくか．ただし，半径 a に比べて中心軸は十分細く，その太さは考えなくてよいものとする．

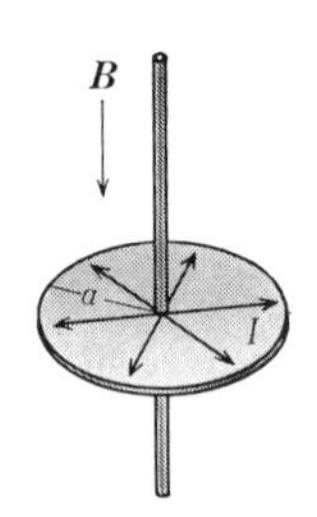

One Point ——磁場中の回路にはたらく偶力

回路に囲まれた平面 A を表わすのにベクトルを用いると便利なことがある．平面 A の法線方向にある単位ベクトル $\boldsymbol{n}$ を考え，回路に流れる電流の向きに右ねじをまわしたとき右ねじの進む向きを $\boldsymbol{n}$ の向きと定める．そこで，大きさが平面 A の面積 S に等しく $\boldsymbol{n}$ と同じ向きのベクトル $\boldsymbol{S}=S\boldsymbol{n}$ を用いて，平面 A を電流の向きも含めて表わすことにする．

たとえば，例題 6.1 で考えた円形の回路の場合，$\boldsymbol{n}=(0,0,1)$ である．この $\boldsymbol{n}$ と磁束密度 $\boldsymbol{B}=(B_x,0,B_z)$ とのベクトル積は，$\boldsymbol{n}\times\boldsymbol{B}=(0,B_x,0)$ となる．よって，回路にはたらく偶力のモーメントは，ベクトルの形で

$$\boldsymbol{N} = IS\boldsymbol{n}\times\boldsymbol{B} = I\boldsymbol{S}\times\boldsymbol{B}$$

と表わされる．

任意の形をした回路にはたらく偶力のモーメントについても，ベクトル $\boldsymbol{S}$ を用いて，上式のように表わすことができる．

6-2　運動する荷電粒子にはたらく力

ローレンツの力　電荷 q をもつ粒子が磁束密度 $\boldsymbol{B}$ の磁場中を速度 $\boldsymbol{v}$ で運動しているとき，粒子には力

$$\boldsymbol{F} = q\boldsymbol{v}\times\boldsymbol{B} \tag{6.4}$$

がはたらく．これを**ローレンツの力**という．ローレンツの力は粒子の運動する向きに垂直にはたらくので，粒子に対し仕事をしない．

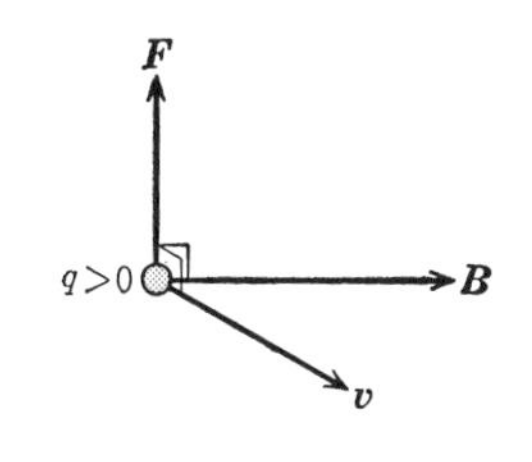

図6-2　ローレンツの力

電場 $\boldsymbol{E}$ の中に静止した電荷 q があるとき，電荷にはたらく力は $\boldsymbol{F}=q\boldsymbol{E}$ ((2.1)式)である．(6.4)はこれに対応する関係である．(2.1)が電場の定義であるのと同様に，(6.4)は磁束密度 $\boldsymbol{B}$ の定義である．

電場，磁場中の荷電粒子にはたらく力　電場 $\boldsymbol{E}$ と磁束密度 $\boldsymbol{B}$ がともにある空間を，電荷 q をもつ粒子が速度 $\boldsymbol{v}$ で運動しているとき，粒子にはたらく力は電場による力とローレンツの力の重ね合わせになる．

$$\boldsymbol{F} = q\boldsymbol{E}+q\boldsymbol{v}\times\boldsymbol{B} \tag{6.5}$$

座標変換と電場・磁場　荷電粒子が電場と磁場が同時にある空間を運動しているとき，この粒子と一緒に動きながら粒子を見ると，観測者からは粒子は静止して見える．静止した粒子には磁場から力ははたらかない．したがって，動いている観測者からは粒子にはたらく力はすべて，電場によるものに見える．力は変わらないはずだから，速度 $\boldsymbol{v}$ で動いている観測者からみた電場は

$$\boldsymbol{E}' = \boldsymbol{E}+\boldsymbol{v}\times\boldsymbol{B} \tag{6.6}$$

に変わっている．これは運動する座標系に座標変換すると，電場と磁場が相互に変換されることを示している．

例題 6.2　電荷 q，質量 m の粒子が，磁束密度 $\boldsymbol{B}$ の一様な磁場の中に磁場に垂直に初速 v_0 で入射した．粒子はどのような軌跡を描いて運動するか．

［解］　粒子が入射した点を原点に選び，入射方向に y 軸を，磁場の方向に z 軸をとると，磁束密度は $\boldsymbol{B}=(0, 0, B)$ と表わされ，粒子にはたらくローレンツの力は $\boldsymbol{F}=q\boldsymbol{v}\times\boldsymbol{B}=q(v_yB, -v_xB, 0)$ となる．$\boldsymbol{F}$ の z 成分が 0 だから，粒子の運動は xy 面内に限られ，速度は $\boldsymbol{v}=(v_x, v_y, 0)$ と表わされる．

粒子の運動方程式を x, y 成分に分けて書くと，

$$m\frac{dv_x}{dt} = qv_yB \tag{1}$$

$$m\frac{dv_y}{dt} = -qv_xB \tag{2}$$

となる．(1)式をさらに t で微分し，(2)式を代入すると，

$$m\frac{d^2v_x}{dt^2} = qB\frac{dv_y}{dt} = -\frac{(qB)^2}{m}v_x \tag{3}$$

を得る．この微分方程式の一般解は

$$v_x = A\sin(\omega_c t+\alpha) \tag{4}$$

で与えられる．ただし，A, α は定数であり，$\omega_c=qB/m$ とおいた．(4)式を(1)式に代入すると，v_y は

$$v_y = \frac{m}{qB}\frac{dv_x}{dt} = \frac{m}{qB}A\omega_c\cos(\omega_c t+\alpha) = A\cos(\omega_c t+\alpha) \tag{5}$$

となる．$t=0$ のとき $v_x=0$，$v_y=v_0$ であったので，

$$0 = A\sin\alpha, \qquad v_0 = A\cos\alpha$$

となり，定数は $A=v_0$，$\alpha=0$ と定められる．そこで，(4), (5)式をそれぞれ書き直すと，

$$v_x = \frac{dx}{dt} = v_0\sin\omega_c t \tag{6}$$

$$v_y = \frac{dy}{dt} = v_0\cos\omega_c t \tag{7}$$

これらの式から速さは $v=(v_x{}^2+v_y{}^2)^{1/2}=v_0$ となり，時間 t によらず一定であることがわかる．(6), (7)を t について積分し，$t=0$ のとき $x=y=0$ となるようにすると，

$$x = \frac{v_0}{\omega_c}(1-\cos\omega_c t) = \frac{mv_0}{qB}(1-\cos\omega_c t) \tag{8}$$

$$y = \frac{v_0}{\omega_c}\sin\omega_c t = \frac{mv_0}{qB}\sin\omega_c t \tag{9}$$

となる．上式が示すように，粒子は点 $(mv_0/qB, 0, 0)$ を中心とする半径 $R_L = mv_0/|q|B$ の円を xy 面上に描きながら運動する．R_L を**ラーモア半径**，角速度 ω_c を**サイクロトロン角振動数**という．

問　題 6-2

[1]　磁束密度 1 T の一様な磁場の中で，運動エネルギー 1 MeV($=1\times10^6$ eV)の陽子が磁場に垂直に運動している．陽子の行なう円運動の半径，周期を求めよ．ただし，陽子の質量は $m_p = 1.7\times10^{-27}$ kg である．

[2]　一様な電場 $\boldsymbol{E}$ に垂直に荷電粒子が v_0 の速さで入射した．磁場も同時にかけて荷電粒子をそのまま直進させるためには，磁束密度 $\boldsymbol{B}$ の一様な磁場をどのようにかけたらよいか．

[3]　電場 $\boldsymbol{E}$ および磁束密度 $\boldsymbol{B}$ の磁場がそれぞれ y, z 軸の正の向きに一様にかかった空間の中で，電荷 q，質量 m の粒子が xy 面内に描く軌跡を求めよ．ただし，$t=0$ のとき粒子は原点で静止していたとする．

[4]　右図のように，xy 面に平行に金属板をおき，y 軸の正の向きに定常電流を流しながら z 軸の正の向きに磁束密度 $\boldsymbol{B}$ の一様な磁場をかけると，金属内の伝導電子(電荷 $-e$)は磁場によるローレンツの力のため x 軸方向に進路がずれる．その結果，金属板の x 軸方向の側面 S_+ と S_- にそれぞれ正負の電荷が分布し，x 軸方向に電場 $\boldsymbol{E}_H$ が生じる．この現象を**ホール効果**という．

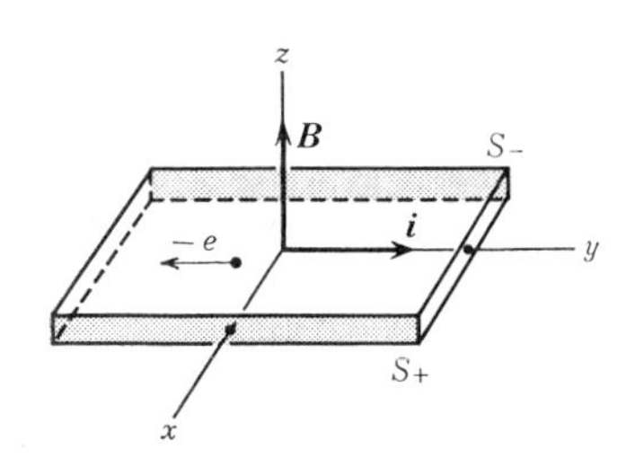

(1)　S_+ と S_- の側面にそれぞれ分布する電荷は正負いずれか．また，電場 $\boldsymbol{E}_H$ はどちら向きか．

(2)　y 軸方向に流れる電流が定常であるので，側面 $S_\pm$ における電荷分布は一定である．したがって，伝導電子が電場 $\boldsymbol{E}_H$ および磁束密度 $\boldsymbol{B}$ から x 軸方向にそれぞれ受ける力は互いにつり合うと考えられる．電流密度を i，伝導電子の数密度を n として，電場 $\boldsymbol{E}_H$ の強さを求めよ．

(3)　もし電流を担うものが伝導電子ではなく正電荷の粒子であったとすると，電場 $\boldsymbol{E}_H$ の向きはどうなるか．

6-3　電流のつくる磁場

電流と磁石の相互作用　電流に磁石を近づけると，電流は磁石のつくる磁場から力を受ける．したがって，作用反作用の法則により，電流は磁石に力を及ぼしているはずである．これは，電流がまわりの空間に磁場をつくるはたらきをもつことを意味する．

ビオ-サバールの法則　細い導線を流れる電流による磁場は，導線の微小部分(**電流素片**)のつくる磁場の重ね合わせとして表わすことができる．長さ $\varDelta s$ の電流素片が，電流 I の向きと角度 θ をなして R だけへだてた点Pにつくる磁束密度の大きさは，真空中で

$$\varDelta B = \frac{\mu_0}{4\pi}\frac{\sin\theta}{R^2}I\varDelta s \tag{6.7}$$

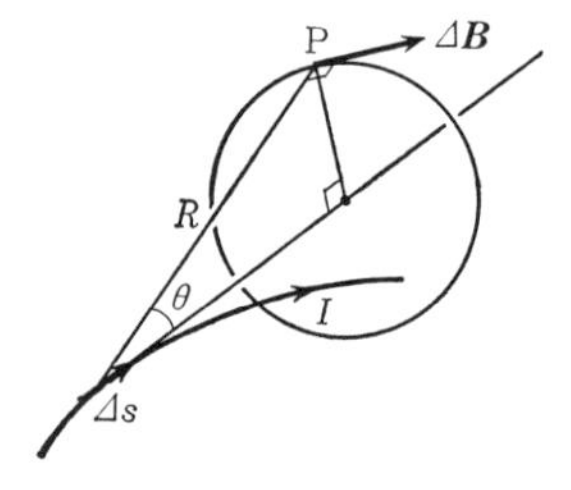

図 6-3　電流素片のつくる磁場(ビオ-サバールの法則)

向きは，電流の向きに進む右ねじの回転する向きになる．向きを含めてベクトルで表わすと，点 $\boldsymbol{r}'$ にある長さ $\varDelta s'$ の電流素片が点 $\boldsymbol{r}$ につくる磁束密度は，$\boldsymbol{r}'$ における電流の向きの単位ベクトルを $\boldsymbol{t}(\boldsymbol{r}')$ として

$$\varDelta \boldsymbol{B}(\boldsymbol{r}) = \frac{\mu_0}{4\pi}\frac{I\boldsymbol{t}(\boldsymbol{r}')\times(\boldsymbol{r}-\boldsymbol{r}')}{|\boldsymbol{r}-\boldsymbol{r}'|^3}\varDelta s' \tag{6.8}$$

これを**ビオ-サバールの法則**という．比例定数の μ_0 を真空の**透磁率**といい，MKSA単位系では

$$\mu_0 = 4\pi\times 10^{-7}\,\mathrm{N\cdot A^{-2}} \tag{6.9}$$

とする．

導線に流れる電流がつくる磁束密度は，(6.8)を導線 C に沿って積分して

$$\boldsymbol{B}(\boldsymbol{r}) = \frac{\mu_0 I}{4\pi}\int_C \frac{\boldsymbol{t}(\boldsymbol{r}')\times(\boldsymbol{r}-\boldsymbol{r}')}{|\boldsymbol{r}-\boldsymbol{r}'|^3}ds' \tag{6.10}$$

電流が広がって流れている場合　電流が電流密度 $\boldsymbol{i}(\boldsymbol{r})$ で広がりをもって流れている場合，点 $\boldsymbol{r}'$ における微小体積 $\varDelta V'$ 中の電流が点 $\boldsymbol{r}$ につくる磁束密度は

6-4 磁気双極子

磁気双極子 微小な磁石，すなわち微小な距離dをへだてておいた正負の磁荷 $\pm q_{\mathrm{m}}$ の対を**磁気双極子**という．負の磁荷から正の磁荷へ向いた，大きさ

$$m = q_{\mathrm{m}}d \tag{6.15}$$

のベクトル$\boldsymbol{m}$を**磁気双極子モーメント**という．

磁気双極子のつくる磁場 磁気双極子のつくる磁場は電気双極子のつくる電場(2.27)と同じ形をしている．原点にある磁気双極子$\boldsymbol{m}$が点$\boldsymbol{r}$につくる磁束密度は

$$\boldsymbol{B}(\boldsymbol{r}) = -\frac{1}{4\pi r^3}\left\{\boldsymbol{m}-\frac{3(\boldsymbol{m}\cdot\boldsymbol{r})\boldsymbol{r}}{r^2}\right\} \tag{6.16}$$

比例係数のとり方は，この式で磁気双極子モーメントの大きさを定義するものとする．

微小な回路に流れる電流のつくる磁場 面積Sの微小な回路に強さIの電流が流れている．回路の面に垂直に立てた単位ベクトルを$\boldsymbol{n}$とすれば(80ページのワンポイント参照)，回路が原点にあるとき，点$\boldsymbol{r}$に生じる磁束密度は

$$\boldsymbol{B}(\boldsymbol{r}) = -\frac{\mu_0 IS}{4\pi r^3}\left\{\boldsymbol{n}-\frac{3(\boldsymbol{n}\cdot\boldsymbol{r})\boldsymbol{r}}{r^2}\right\} \tag{6.17}$$

これから，微小な回路に流れる電流は，磁気双極子モーメント

$$\boldsymbol{m} = \mu_0 IS\boldsymbol{n} \tag{6.18}$$

をもつ磁気双極子と等価であることがわかる．

電流と磁気双極子 一般の回路に流れる電流のつくる磁場は，図6-5のように分けた微小な回路に流れる電流のつくる磁場の重ね合わせに等しい．したがって，回路を縁にした曲面の外では，曲面上に分布した磁気双極子による磁場とみることもできる．

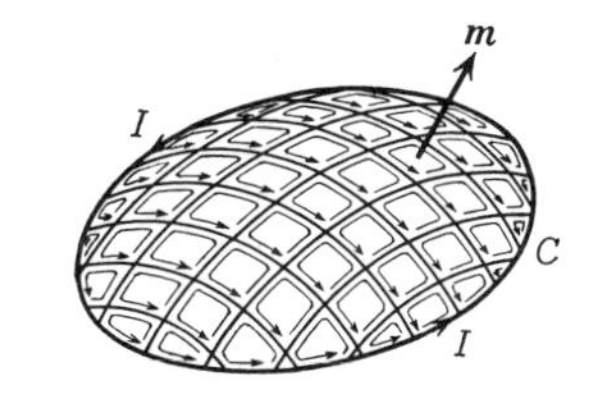

図6-5 縁の回路Cに流れる電流のつくる磁場は，曲面上に分布した磁気双極子による磁場に等しい

例題 6.5　半径 a の円形の小さな回路に強さ I の定常電流が流れているとき，回路から十分離れた点に生じる磁束密度を求めよ．

［解］　円の中心を原点に選び，円の面に垂直に z 軸をとる．円周を微小部分に分割すると，例題 6.1 のように，x 軸からの中心角が $\varphi\sim\varphi+\Delta\varphi$ の間にある長さ $a\Delta\varphi$ の微小部分の位置ベクトルは

$$\boldsymbol{r}' = (a\cos\varphi,\quad a\sin\varphi,\quad 0)$$

と表わされ，電流と同じ向きの単位ベクトルは

$$\boldsymbol{t} = (-\sin\varphi,\quad \cos\varphi,\quad 0)$$

となる．よって，その微小部分に流れる電流素片 $Ia\Delta\varphi$ が点 $\boldsymbol{r}=(x, y, z)$ につくる磁束密度は，ビオ-サバールの法則((6.8)式)により，

$$\begin{aligned}\Delta\boldsymbol{B} &= \frac{\mu_0}{4\pi}\frac{\boldsymbol{t}\times(\boldsymbol{r}-\boldsymbol{r}')}{|\boldsymbol{r}-\boldsymbol{r}'|^3}Ia\Delta\varphi \\ &= \frac{\mu_0 Ia}{4\pi R^3}(z\cos\varphi,\quad z\sin\varphi,\quad -x\cos\varphi-y\sin\varphi+a)\Delta\varphi\end{aligned}$$

と与えられる．ただし，

$$R = |\boldsymbol{r}-\boldsymbol{r}'| = \{x^2+y^2+z^2-2a(x\cos\varphi+y\sin\varphi)+a^2\}^{1/2}$$

原点から点 $\boldsymbol{r}$ までの距離 $r=(x^2+y^2+z^2)^{1/2}$ が半径 a に比べ十分大きいとして，R^{-3} を a/r について 1 次の項まで展開すると，$|u|\ll 1$ に対し $(1+u)^{-3/2}\cong 1-3u/2$ だから，

$$R^{-3} \cong r^{-3}\left\{1+\frac{3a}{r^2}(x\cos\varphi+y\sin\varphi)\right\}$$

となる．したがって，$r\gg a$ のとき，$\Delta\boldsymbol{B}$ の各成分は

$$\Delta B_x = \frac{\mu_0 Ia}{4\pi r^3}\left\{z\cos\varphi+\frac{3az}{r^2}(x\cos\varphi+y\sin\varphi)\cos\varphi\right\}\Delta\varphi$$

$$\Delta B_y = \frac{\mu_0 Ia}{4\pi r^3}\left\{z\sin\varphi+\frac{3az}{r^2}(x\cos\varphi+y\sin\varphi)\sin\varphi\right\}\Delta\varphi$$

$$\Delta B_z = \frac{\mu_0 Ia}{4\pi r^3}\left\{-x\cos\varphi-y\sin\varphi+a-\frac{3a}{r^2}(x\cos\varphi+y\sin\varphi)^2\right\}\Delta\varphi$$

と近似される．上の各式を φ について 0 から 2π まで積分すると，

$$\int_0^{2\pi}\sin\varphi d\varphi = \int_0^{2\pi}\cos\varphi d\varphi = 0$$

$$\int_0^{2\pi}\sin\varphi\cos\varphi d\varphi = \frac{1}{2}\int_0^{2\pi}\sin 2\varphi d\varphi = 0$$

$$\int_0^{2\pi}\sin^2\varphi d\varphi = \frac{1}{2}\int_0^{2\pi}(1-\cos 2\varphi)d\varphi = \pi$$

$$\int_0^{2\pi}\cos^2\varphi d\varphi = \frac{1}{2}\int_0^{2\pi}(1+\cos 2\varphi)d\varphi = \pi$$

により，点 $\boldsymbol{r}$ における磁束密度は，

$$\boldsymbol{B}(\boldsymbol{r}) = \frac{\mu_0 I\pi a^2}{4\pi r^3}\left(\frac{3xz}{r^2},\ \frac{3yz}{r^2},\ 2-3\frac{x^2+y^2}{r^2}\right) \tag{1}$$

$$= -\frac{1}{4\pi r^3}\left\{\boldsymbol{m}-\frac{3(\boldsymbol{m}\cdot\boldsymbol{r})\boldsymbol{r}}{r^2}\right\} \tag{2}$$

と得られる．ここで，$\boldsymbol{m}=\mu_0 IS(0,0,1)$ であり，$S=\pi a^2$ は回路の面積である．(2)式は(6.16)式と同じ形をしている．

問 題 6-4

[1] 地球磁場は，磁場の北極の上では真下を向き，その強さは磁束密度で約 5×10^{-5} T である．この磁場が，赤道面上の深さ 3000 km のところを流れる円形の回転電流によってつくられるとしたら，その電流の強さはいくらになるか．また，地球のもつ磁気双極子モーメントの大きさはどれほどか．ただし，地球の半径は 6400 km である．

[2] 水素原子内で，電子が陽子のまわりを半径 $a_0=5.29\times10^{-11}$ m の円運動をしていると考えて，電子の運動による磁気双極子モーメントの大きさを計算せよ．

[3] 例題 6.2 で調べたように，電荷 q，質量 M の粒子が磁束密度 $\boldsymbol{B}$ の一様な磁場の中を磁場に垂直に速さ v で動くとき，粒子の運動は半径 $R=Mv/|q|B$ の円運動である $(B=|\boldsymbol{B}|)$．電荷 q が点電荷ではなく半径 R の円周上に一様に分布していると見なして，粒子の円運動による磁気双極子モーメントを求めよ．

[4] 半径 a の円板上に電荷が一様な面密度 σ で分布している．円板が中心軸のまわりに一定の角速度 ω で回転するとき，中心軸上の点に生じる磁束密度を求めよ．また，円板のもつ磁気双極子モーメントの大きさはいくらか．

[5] 半径 a_1, a_2 の 2 つの円形の回路 C_1 と C_2 が，共通の中心軸をもつようにして平行におかれている(下図)．中心間の距離は R であり，C_1 の半径 a_1 は a_2 や R に比べて十分小さい．C_1, C_2 にそれぞれ強さ I_1, I_2 の定常電流を流したとき，回路の間にはどのような力がはたらくか．

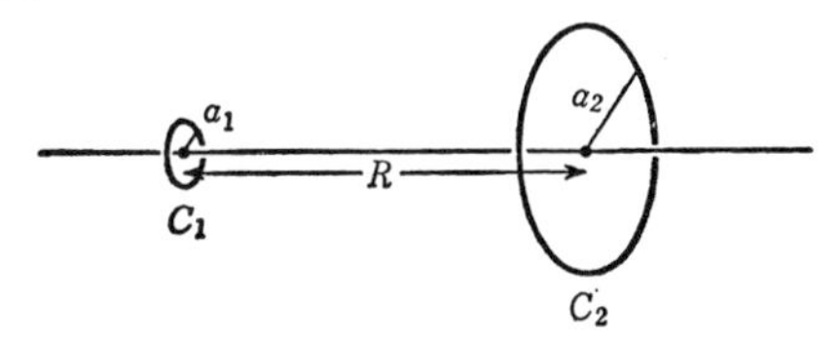

6-5 アンペールの法則

静磁場の法則 一般の回路に流れる電流のつくる磁場は，磁気双極子のつくる磁場の重ね合わせと見なすことができる．磁気双極子のつくる磁場は電気双極子のつくる電場と同じ形をしている．したがって，静電場の法則は，若干の修正をほどこせば，静磁場についても成り立つ．

ガウスの法則 磁荷はつねに正負同量のものが対で現われ，電荷に相当する独立した磁荷は存在しない．したがって，磁束密度 $\boldsymbol{B}$ に対するガウスの法則の右辺はつねに 0 である．積分形では，任意の閉曲面 S について

$$\int_S \{\boldsymbol{B}(\boldsymbol{r})\cdot\boldsymbol{n}(\boldsymbol{r})\}\, dS = 0 \tag{6.19}$$

微分形では

$$\nabla\cdot\boldsymbol{B}(\boldsymbol{r}) = 0 \tag{6.20}$$

保存力の条件 図 6-6(a)のように，閉じた経路 C が電流の流れている回路から<u>離れている</u>限り，経路上の磁束密度の性質は静電場と変わらない．したがって，そのような経路について

$$\int_C \{\boldsymbol{B}(\boldsymbol{r})\cdot\boldsymbol{t}(\boldsymbol{r})\}\, ds = 0 \tag{6.21}$$

微分形では，電流密度が 0 の点で

$$\nabla\times\boldsymbol{B}(\boldsymbol{r}) = 0 \tag{6.22}$$

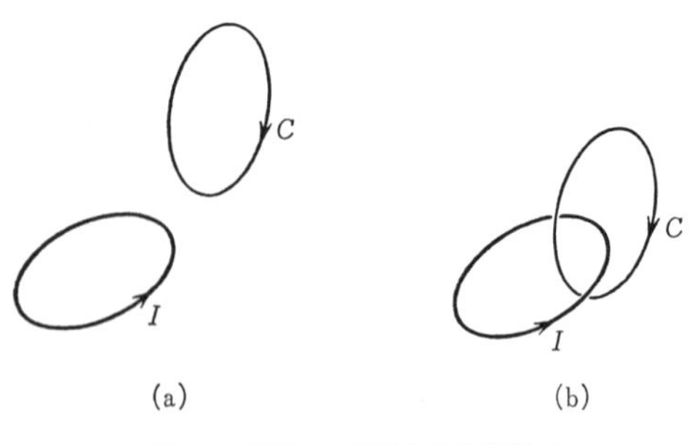

図 6-6 電流 I の回路と積分経路 C

アンペールの法則　図 6-6(b) のように，経路が電流の回路を貫いているとき，(6.21)は成り立たない．経路 C を縁にした曲面 S を考え，経路の向きに回転する右ネジが進む側を曲面の表と約束し，曲面を裏から表へ貫く全電流を I とする(図 6-7)．このとき，(6.21)の積分は経路の形や電流を流す回路の形に依存せず，

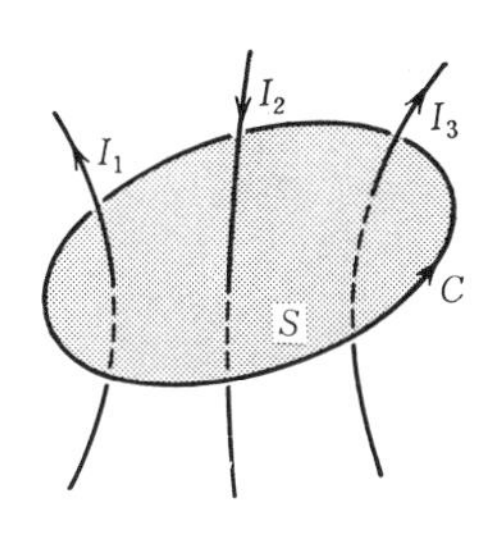

図 6-7　アンペールの法則．全電流は $I=I_1-I_2+I_3$

$$\int_C \{\boldsymbol{B}(\boldsymbol{r})\cdot\boldsymbol{t}(\boldsymbol{r})\}\,ds = \mu_0 I \qquad (6.23)$$

となる．

電流が電流密度 $\boldsymbol{i}(\boldsymbol{r})$ で広がりをもって流れているときは，曲面 S 上の点 $\boldsymbol{r}$ に垂直に立てた単位ベクトルを $\boldsymbol{n}(\boldsymbol{r})$ とすれば，

$$\int_C \{\boldsymbol{B}(\boldsymbol{r})\cdot\boldsymbol{t}(\boldsymbol{r})\}\,ds = \mu_0\int_S \{\boldsymbol{i}(\boldsymbol{r})\cdot\boldsymbol{n}(\boldsymbol{r})\}\,dS \qquad (6.24)$$

微分形に書き直すと

$$\nabla\times\boldsymbol{B}(\boldsymbol{r}) = \mu_0\boldsymbol{i}(\boldsymbol{r}) \qquad (6.25)$$

One Point ——アンペールの法則とエネルギー保存則

アンペールの法則は，静電場について成り立っていた保存力の条件が静磁場では成り立たないことを示している．保存力の条件は力学的エネルギーの保存則と関係しており，条件が成り立たないと，力学的エネルギーは保存されない．実際，磁石の N 極を電流のつくる磁場中におき，磁力線に沿って電流のまわりをグルグル動かしたとしたら，磁極は加速される一方でその運動エネルギーは増大しつづける．このとき，エネルギーの保存則はどうなっているのだろう．

もちろん，この場合でもエネルギーの保存則は成り立っている．磁極が動くと，それによって生じている磁場が時間変化し，電磁誘導によって電場が生じる(第7章)．この電場に抗して電流を流しつづけるには，電流を流している電源が仕事をしなければならない．エネルギーの収支からいえば，磁極を加速しているものは，この電源の仕事だということになる．

例題 6.6　無限に広い平面上を，一定の強さと向きの定常電流が一様に流れるとき，生じる磁束密度を求めよ．

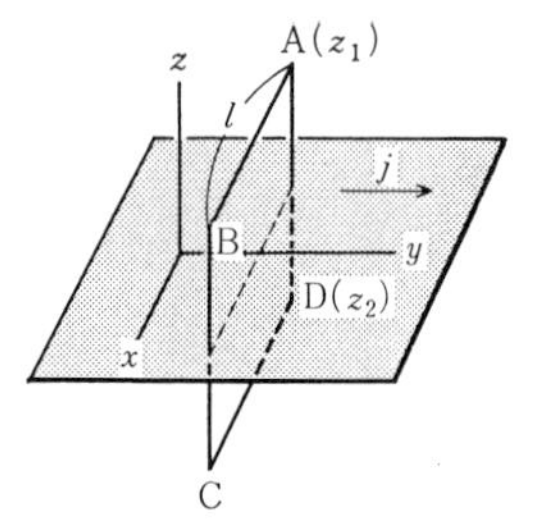

［**解**］　右図のように，電流の流れる平面を xy 面とし，電流の向きに y 軸をとる．対称性により，まわりに生じる磁束密度 $\boldsymbol{B}$ は電流の向きに垂直で，平面に平行であり，x 軸方向を向いている．また，その大きさは x, y 座標によらず z のみの関数 $B(z)$ として表わされる．

アンペールの法則を適用する経路として，xz 面に平行な長方形 ABCD を考える．辺 AB, CD は x 軸に，辺 BC, DA は z 軸に平行であり，辺 AB および CD の位置を表わす z 座標がそれぞれ z_1, z_2 であるとする．経路 ABCDA に沿って磁束密度 $\boldsymbol{B}$ の線積分を求めると，辺 BC ならびに DA 上では $\boldsymbol{B}$ が経路に垂直だから，線積分は 0 になる．また，辺 AB, CD の長さを l とすると，AB, CD 上の線積分はそれぞれ $B(z_1)l$, $-B(z_2)l$ となる．したがって，ABCDA に沿っての線積分は，

$$\int_{\mathrm{ABCDA}} \{\boldsymbol{B}(\boldsymbol{r})\cdot\boldsymbol{t}(\boldsymbol{r})\}\,ds = \{B(z_1)-B(z_2)\}\,l$$

経路 ABCDA が xy 面と交差しないとき($z_1>0, z_2>0$ または $z_1<0, z_2<0$ のとき)，経路を貫く電流はない．よって，アンペールの法則により，上の線積分は 0 に等しく，$B(z_1)=B(z_2)$ となる．すなわち，平面の両側の領域では，$\boldsymbol{B}$ はそれぞれ一定の大きさであり z 座標にもよらない．また，対称性から明らかなように，$\boldsymbol{B}$ は平面の両側において大きさが等しく，互いに逆向きである．したがって，

$$z>0 \text{ のとき}\quad B(z) = B$$
$$z<0 \text{ のとき}\quad B(z) = -B$$

と表わすことができる．電流が x 軸方向の単位長さ当り j の割合で流れているとすると，経路 ABCDA が xy 面と交差するとき($z_1>0, z_2<0$ のとき)，経路を貫く電流は jl となる．ゆえに，アンペールの法則((6.24)式)により，

$$\{B(z_1)-B(z_2)\}\,l = 2Bl = \mu_0 jl$$

となり，磁束密度の大きさとして $B=\mu_0 j/2$ を得る．

例題 6.7 半径 a の無限に長い円筒の内部に，強さ I の定常電流が円筒の軸方向に一様に流れるとき，生じる磁束密度を求めよ．

［**解**］ 対称性を考えると，図1のように，円筒の軸から r の距離にある点Pに生じる磁束密度 $\boldsymbol{B}$ の大きさは r だけに依存し，その方向は軸を中心とし軸に垂直な半径 r の円周 C に沿っていることがわかる．

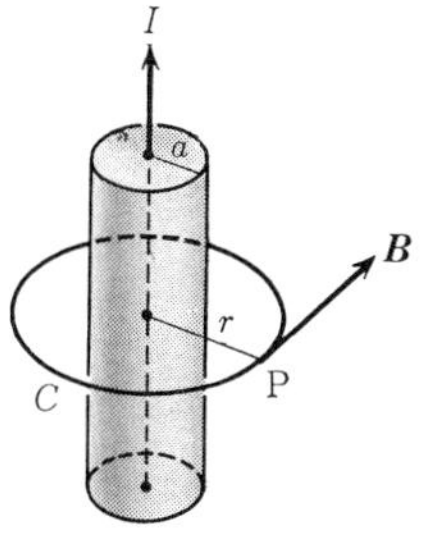

そこで，点Pにおける磁束密度 $\boldsymbol{B}$ の大きさを $B(r)$ とすると，円周 C 上の各点で $\boldsymbol{B}(\boldsymbol{r})\cdot\boldsymbol{t}(\boldsymbol{r})=B(r)$ となるから，C に沿っての $\boldsymbol{B}$ の線積分は

$$\int_C \{\boldsymbol{B}(\boldsymbol{r})\cdot\boldsymbol{t}(\boldsymbol{r})\}\,ds = B(r)\int_C ds = B(r)\cdot 2\pi r$$

図 1

と得られる．アンペールの法則により，この線積分は円周 C を貫く電流 $I(r)$ に μ_0 を掛けたものに等しく，

$$B(r)\cdot 2\pi r = \mu_0 I(r)$$

となり，したがって，

$$B(r) = \frac{\mu_0}{2\pi r}I(r)$$

半径 a の円筒に流れる電流密度は $i=I/\pi a^2$ だから，

$$r \leqq a \text{ のとき}\quad I(r) = i\cdot\pi r^2 = I\frac{r^2}{a^2}$$

となる．また，$r>a$ のとき，円周 C を貫く電流は円筒に流れる全電流 I に等しく，

$$r > a \text{ のとき}\quad I(r) = I$$

である．よって，

$$r \leqq a \text{ のとき}\quad B(r) = \frac{\mu_0 I r}{2\pi a^2}$$

$$r > a \text{ のとき}\quad B(r) = \frac{\mu_0 I}{2\pi r}$$

となる．$B(r)$ を r の関数としてグラフに表わすと図2のようになる．

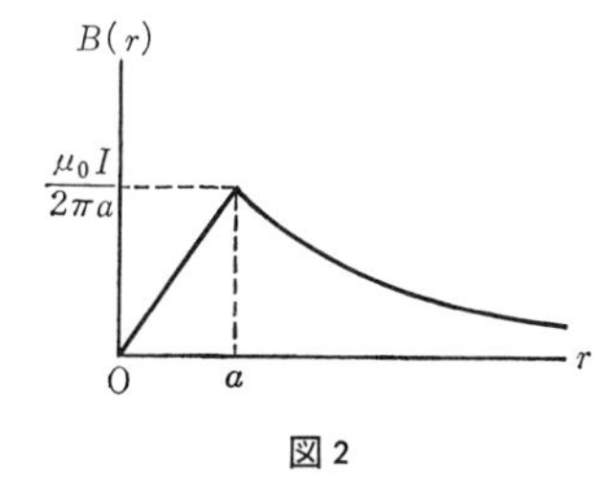

図 2

［**注意**］ 例題 6.6, 6.7 で，対称性に着目してアンペールの法則により磁場を求めたが，ビオ-サバールの法則などを用いる方法に比べ計算はかなり簡単にすむ．これは，静電場の問題で電荷分布に対称性があれば，クーロンの法則よりガウスの法則を使った方が電場を簡単に求めることができるのと同じである．

問　題 6-5

[1]　つぎのおのおののように与えられたベクトル場 $\boldsymbol{F}=(F_x, F_y, F_z)$ が真空中の磁場(磁束密度)を表わすと見なしうることを示し，さらに電流密度を求めよ．ただし，A は定数であり，$r=\sqrt{x^2+y^2}$，$n\geqq 0$ とする．

(1)　$\boldsymbol{F}=(A, 0, 0)$　　　$(z>d)$

　　$\boldsymbol{F}=(Az/d, 0, 0)$　　$(d\geqq z\geqq -d)$

　　$\boldsymbol{F}=(-A, 0, 0)$　　$(z<-d)$

(2)　$\boldsymbol{F}=(-Ayr^n, Axr^n, 0)$

[2]　半径 a のソレノイドに強さ I の定常電流が流れているとき，生じる磁束密度をアンペールの法則を用いて求めよ．ただし，単位長さ当りの導線の巻き数を n とする．

[3]　つぎのおのおのの場合について，強さ I の定常電流によって生じる磁束密度 $\boldsymbol{B}$ を，回路の中心を通り回路の面に垂直な直線 l に沿って線積分し，その線積分が $\mu_0 I$ に等しいことを示せ．

(1)　半径 a の円形の回路に電流 I が流れるとき．

(2)　2辺の長さが $2a, 2b$ の長方形の回路に電流 I が流れるとき．

［ヒント］　(1)　例題 6.4 で得たように，直線 l 上の点 P における磁束密度は直線 l に平行であり，その大きさは回路の中心から点 P までの距離を r とすると，

$$B(r)=\frac{\mu_0 I a^2}{2(r^2+a^2)^{3/2}}$$

と表わされる．

(2)　同様に，問題 6-3 問[3]の結果によれば，

$$B(r)=\frac{\mu_0 I ab}{\pi\sqrt{r^2+a^2+b^2}}\left(\frac{1}{r^2+a^2}+\frac{1}{r^2+b^2}\right)$$

[4]　中心軸のまわりに一定の角速度で回転する円板上に一様に分布する電荷によって生じる磁束密度 $\boldsymbol{B}$ に対し，中心軸に沿って $\boldsymbol{B}$ の線積分を計算し，アンペールの法則が成り立つことを示せ．なお，問題 6-4 問[4]で得た結果を用いること．

6-6　ベクトル・ポテンシャル

静磁場の基本法則　真空中の静磁場の基本法則はつぎの 2 式にまとめられる．

$$\nabla\cdot\boldsymbol{B}(\boldsymbol{r}) = 0 \tag{6.26}$$

$$\nabla\times\boldsymbol{B}(\boldsymbol{r}) = \mu_0\boldsymbol{i}(\boldsymbol{r}) \tag{6.27}$$

ベクトル・ポテンシャル　電場に対し電位(静電ポテンシャル)を導入したように，磁場は**ベクトル・ポテンシャル** $\boldsymbol{A}(\boldsymbol{r})$ を導入することにより，

$$\boldsymbol{B}(\boldsymbol{r}) = \nabla\times\boldsymbol{A}(\boldsymbol{r}) \tag{6.28}$$

と表わすことができる．(6.28)の $\boldsymbol{B}(\boldsymbol{r})$ は自動的に(6.26)を満たす．

ゲージ変換　電位に一定値を加えても，それから得られる電場が変わらないように，ベクトル・ポテンシャル $\boldsymbol{A}(\boldsymbol{r})$ にも任意性が残る．$\boldsymbol{A}(\boldsymbol{r})$ に対し，任意のスカラー関数 $\chi(\boldsymbol{r})$ を導入して

$$\boldsymbol{A}'(\boldsymbol{r}) = \boldsymbol{A}(\boldsymbol{r})+\nabla\chi(\boldsymbol{r}) \tag{6.29}$$

をつくる．一般に任意のスカラー関数に対して 99 ページのワンポイント(1)の性質があるので，$\boldsymbol{A}'(\boldsymbol{r})$ は $\boldsymbol{A}(\boldsymbol{r})$ と同じ $\boldsymbol{B}(\boldsymbol{r})$ を与える．(6.29)を**ゲージ変換**という．

ベクトル・ポテンシャルに対する方程式　ベクトル・ポテンシャル $\boldsymbol{A}(\boldsymbol{r})$ を

$$\nabla\cdot\boldsymbol{A}(\boldsymbol{r}) = 0 \tag{6.30}$$

を満たすように選べば，(6.28)を(6.27)に代入することにより，$\boldsymbol{A}(\boldsymbol{r})$ に対する方程式として

$$\nabla^2\boldsymbol{A}(\boldsymbol{r}) = -\mu_0\boldsymbol{i}(\boldsymbol{r}) \tag{6.31}$$

が得られる．各成分に対する方程式はポアソン方程式と同じ形である．この解は，無限遠で $\boldsymbol{A}=0$ とすれば

$$\boldsymbol{A}(\boldsymbol{r}) = \frac{\mu_0}{4\pi}\int\frac{\boldsymbol{i}(\boldsymbol{r}')}{|\boldsymbol{r}-\boldsymbol{r}'|}dV' \tag{6.32}$$

(6.32)を(6.28)に代入すると，ビオ-サバールの法則から得られた(6.12)が導かれる．

例題 6.8　ベクトル・ポテンシャル $\boldsymbol{A}(\boldsymbol{r})$ が $\nabla\cdot\boldsymbol{A}(\boldsymbol{r})=0$ を満たすとき，$\boldsymbol{A}(\boldsymbol{r})$ に対して微分方程式

$$\nabla^2\boldsymbol{A}(\boldsymbol{r}) = -\mu_0\boldsymbol{i}(\boldsymbol{r})$$

が成り立つことを示せ．また，電位 $\phi(\boldsymbol{r})$ に対するポアソンの方程式を参考にして，無限遠で $\boldsymbol{A}(\boldsymbol{r})=0$ という境界条件のもとで，上の微分方程式の解を求めよ．

［**解**］　ベクトル・ポテンシャル $\boldsymbol{A}(\boldsymbol{r})$ の定義式(6.28)を微分形のアンペールの法則(6.25)式に代入すると，

$$\nabla\times\{\nabla\times\boldsymbol{A}(\boldsymbol{r})\} = \mu_0\boldsymbol{i}(\boldsymbol{r})$$

となる．この式の左辺に対して次ページのワンポイントの(3)を用いると，

$$\nabla\times\{\nabla\times\boldsymbol{A}(\boldsymbol{r})\} = \nabla\{\nabla\cdot\boldsymbol{A}(\boldsymbol{r})\} - \nabla^2\boldsymbol{A}(\boldsymbol{r}) = \mu_0\boldsymbol{i}$$

を得る．よって，$\nabla\cdot\boldsymbol{A}(\boldsymbol{r})=0$ のとき，上式は

$$\nabla^2\boldsymbol{A}(\boldsymbol{r}) = -\mu_0\boldsymbol{i}(\boldsymbol{r}) \tag{1}$$

という微分方程式になる．

この方程式は，たとえば z 成分について書くと，

$$\nabla^2 A_z(\boldsymbol{r}) = -\mu_0 i_z(\boldsymbol{r}) \tag{2}$$

となる．これは電位 $\phi(\boldsymbol{r})$ に対するポアソンの方程式

$$\nabla^2\phi(\boldsymbol{r}) = -\rho(\boldsymbol{r})/\varepsilon_0 \tag{3}$$

と同じ形をしている．3-2 節で学んだように，無限遠で $\phi(\boldsymbol{r})=0$ という境界条件のもとで(3)式を解くと，その解は(2.17)式のように，

$$\phi(\boldsymbol{r}) = \frac{1}{4\pi\varepsilon_0}\int\frac{\rho(\boldsymbol{r}')}{|\boldsymbol{r}-\boldsymbol{r}'|}dV' \tag{4}$$

と与えられる．よって，$i_z(\boldsymbol{r})$ と $\rho(\boldsymbol{r})$ を

$$\mu_0 i_z(\boldsymbol{r}) \longleftrightarrow \rho(\boldsymbol{r})/\varepsilon_0 \tag{5}$$

のように対応させれば，同じ境界条件にしたがう(2)式の解が得られ，

$$A_z(\boldsymbol{r}) = \frac{\mu_0}{4\pi}\int\frac{i_z(\boldsymbol{r}')}{|\boldsymbol{r}-\boldsymbol{r}'|}dV'$$

となる．他の x, y 成分についても同様である．したがって，(1)式の解は(6.32)式のように，

$$\boldsymbol{A}(\boldsymbol{r}) = \frac{\mu_0}{4\pi}\int\frac{\boldsymbol{i}(\boldsymbol{r}')}{|\boldsymbol{r}-\boldsymbol{r}'|}dV' \tag{6}$$

問 題 6-6

[1] 一様な磁束密度 $\boldsymbol{B}$ に対して，ベクトル $\boldsymbol{A}(\boldsymbol{r})$ を $\boldsymbol{A}(\boldsymbol{r})=(1/2)\boldsymbol{B}\times\boldsymbol{r}$ とおいたとき，つぎの式がそれぞれ成り立つことを示せ．

(1) $\boldsymbol{B}=\nabla\times\boldsymbol{A}(\boldsymbol{r})$ (2) $\nabla\cdot\boldsymbol{A}(\boldsymbol{r})=0$

また，$\boldsymbol{B}$ に垂直な半径 a の円周 C に沿って $\boldsymbol{A}(\boldsymbol{r})$ の線積分を計算せよ．その線積分は何を表わしているか．

[2] (6.32)式のベクトル・ポテンシャル $\boldsymbol{A}(\boldsymbol{r})$ が，$\nabla\cdot\boldsymbol{A}(\boldsymbol{r})=0$ の関係を満たすことを示せ．さらに，(6.32)式を $\boldsymbol{B}(\boldsymbol{r})=\nabla\times\boldsymbol{A}(\boldsymbol{r})$ に代入することにより，ビオ-サバールの法則(6.12)式を導け．

[3] つぎのおのおのの場合について，一様に流れる定常電流によるベクトル・ポテンシャルならびに磁束密度を求めよ．

(1) 厚さ $2d$ の無限に広い平らな板の内部に電流が流れるとき．

(2) 半径 a の無限に長い円筒の内部に電流が流れるとき．

［ヒント］ 例題6.8のように，電流密度 $\boldsymbol{i}(\boldsymbol{r})$ のたとえば z 成分 $i_z(\boldsymbol{r})$ と同じ分布をした電荷密度 $\rho(\boldsymbol{r})$ による電位 $\phi(\boldsymbol{r})$ がすでにわかっている場合，$\rho(\boldsymbol{r})/\varepsilon_0\to\mu_0 i_z(\boldsymbol{r})$, $\phi(\boldsymbol{r})\to A_z(\boldsymbol{r})$ のおき換えをすれば，ベクトル・ポテンシャルの z 成分 $A_z(\boldsymbol{r})$ を得ることができる．(1), (2)に対応する静電場の問題は，例題3.1および例題3.3でそれぞれ考えた．

[4] 半径 a のソレノイドに流れる強さ I の定常電流によるベクトル・ポテンシャルを求めよ．ただし，単位長さ当りの導線の巻き数を n とする．

［ヒント］ 磁束密度 $\boldsymbol{B}(\boldsymbol{r})$ とそのベクトル・ポテンシャル $\boldsymbol{A}(\boldsymbol{r})$ との関係(6.28)式は，電流密度 $\boldsymbol{i}(\boldsymbol{r})$ とそれによって生じる磁束密度 $\boldsymbol{B}_c(\boldsymbol{r})$ との関係を表わすアンペールの法則(6.25)式と同形の式である．したがって，$\boldsymbol{B}_c(\boldsymbol{r})$ がすでにわかっている場合，$\mu_0\boldsymbol{i}(\boldsymbol{r})\to\boldsymbol{B}(\boldsymbol{r})$, $\boldsymbol{B}_c(\boldsymbol{r})\to\boldsymbol{A}(\boldsymbol{r})$ とおき換えれば，$\boldsymbol{B}(\boldsymbol{r})$ のベクトル・ポテンシャル $\boldsymbol{A}(\boldsymbol{r})$ が得られる．

[5] 下のワンポイントにあげたベクトル解析の公式をそれぞれ証明せよ．

One Point ――ベクトル解析の公式

スカラー関数 $f(\boldsymbol{r})$，ベクトル関数 $\boldsymbol{F}(\boldsymbol{r})$ に対して

(1) $\nabla\times\{\nabla f(\boldsymbol{r})\}=0$

(2) $\nabla\cdot\{\nabla\times\boldsymbol{F}(\boldsymbol{r})\}=0$

(3) $\nabla\times\{\nabla\times\boldsymbol{F}(\boldsymbol{r})\}=\nabla\{\nabla\cdot\boldsymbol{F}(\boldsymbol{r})\}-\nabla^2\boldsymbol{F}(\boldsymbol{r})$

アハラノフ-ボーム効果

6-6節で学んだように，(6. 29)式のゲージ変換によりベクトル・ポテンシャルの形を変えても，導かれる磁場は同じものである．ベクトル・ポテンシャルがこのような任意性をもつことから見て，それが直接物理的な役割をもつとは考えにくい．磁場を得るための数学的な補助手段のように思われる．

図のような長いソレノイドに電流を流すと，磁場がソレノイドの内部に生じる．このとき，ソレノイドの外では磁場はゼロだが，ベクトル・ポテンシャルは存在する(問題6-6 問[4])．いま，電子がソレノイドの外を通過したとしよう．荷電粒子が磁場中を運動すれば，ローレンツの力がはたらくが，この場合電子の道筋に磁場はないのだから，電子はソレノイドのつくる磁場からなんの影響も受けない……ように思われる．ところが，電子はその量子力学的な性質のために，ベクトル・ポテンシャルを通して他の領域にある磁場の影響を受けることが，アハラノフとボームによって指摘され(1959年)，それが実験的にも確かめられたのである．

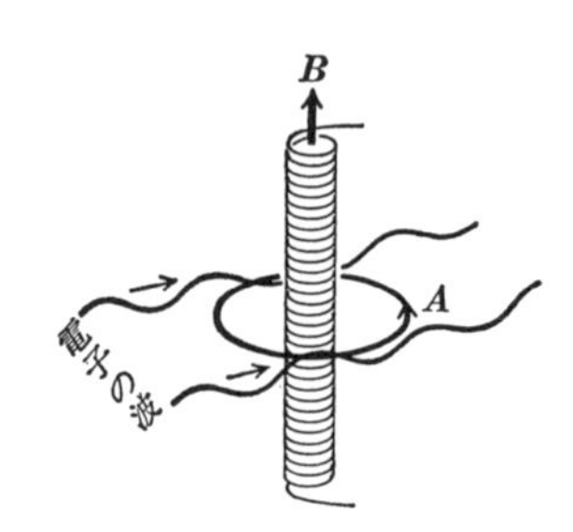

量子力学によると，電子は一種の波として振舞い，ベクトル・ポテンシャルはその位相に影響する．電子の波がソレノイドの前方におかれたスリットで2つに分かれ，ソレノイドの左右をまわって後方で再び出会うと，そこで波の干渉が起こる．ベクトル・ポテンシャルはソレノイドの左右で逆向きになっているために，位相のずれは2つに分かれた波で逆向きに生じ，ベクトル・ポテンシャルが電子の波の干渉に影響するのである．

7

電磁誘導の法則

コイルを貫く磁束が時間的に変化すると，コイルに誘導起電力が生じる．これは，時間的に変化する磁場がまわりの空間に電場をつくり出すことを意味する．したがって，電場の基本法則に磁場の時間変化の項をつけ加えなければならない．こうして，電場と磁場がたがいに関連しあうことになる．

7-1　電磁誘導の法則

電磁誘導　磁場が時間変化すると，磁場中におかれた閉じた回路に誘導起電力が生じる．この現象を**電磁誘導**という．起電力は，起電力によって回路に流れる電流が回路を貫く磁場の変化を妨げる向きに生じる．

磁束　閉じた回路(または空間に定めた経路)を縁とする任意の曲面 S をとり，曲面の表裏を図 6-7 と同じように約束する．曲面上の点 $\boldsymbol{r}$ において，曲面に垂直に裏から表に向けて立てた単位ベクトルを $\boldsymbol{n}(\boldsymbol{r})$ とするとき，

$$\Phi = \int_S \{\boldsymbol{B}(\boldsymbol{r})\cdot\boldsymbol{n}(\boldsymbol{r})\}\, dS \tag{7.1}$$

を回路(経路)を貫く**磁束**という．Φ の大きさは曲面 S のとり方によらない．磁束密度 B の一様な磁場中に垂直においた平面状の回路(面積 S)を貫く磁束は

$$\Phi = BS \tag{7.2}$$

MKSA 単位系における磁束の単位はウェーバー(Wb)である．すなわち

$$1\,\mathrm{Wb} = 1\,\mathrm{T\cdot m^2} \quad \text{または} \quad 1\,\mathrm{T} = 1\,\mathrm{Wb\cdot m^{-2}} \tag{7.3}$$

電磁誘導の法則　閉じた回路に生じる誘導起電力 ϕ_{em} は回路を貫く磁束 Φ の時間変化に比例する．すなわち

$$\phi_{\mathrm{em}} = -d\Phi(t)/dt \tag{7.4}$$

運動する回路に生じる起電力　磁場中を回路が運動するとき，導線内の電子にローレンツの力(6.4)がはたらき，その結果，回路に起電力が生じる．このときの起電力も(7.4)で与えられる．

一般法則　誘導起電力は，磁場の時間変化によって空間に電場が誘起されたものとして理解できる．起電力は電場を回路に沿って積分したものである．したがって，(7.4)を電場，磁場について書くと，任意の経路 C に対し

$$\int_C \{\boldsymbol{E}(\boldsymbol{r},t)\cdot\boldsymbol{t}(\boldsymbol{r})\}\, ds = -\frac{\partial}{\partial t}\int_S \{\boldsymbol{B}(\boldsymbol{r},t)\cdot\boldsymbol{n}(\boldsymbol{r})\}\, dS \tag{7.5}$$

微分形に書き直すと，

$$\nabla\times\boldsymbol{E}(\boldsymbol{r},t) = -\frac{\partial \boldsymbol{B}(\boldsymbol{r},t)}{\partial t} \tag{7.6}$$

例題 7.1　右図のように，面積 S の長方形の回路 ABCD を磁束密度 $\boldsymbol{B}$ の一様な磁場の中におき，回路を磁場に垂直な軸のまわりに一定の角速度 ω で回転させた．

(1)　回路 ABCD を貫く磁束の時間変化を調べることにより，回路に生じる誘導起電力を求めよ．

(2)　回路の各辺にはたらくローレンツの力によって生じる誘導起電力をそれぞれ調べ，回路全体では(1)と同じ大きさの起電力となることを示せ．

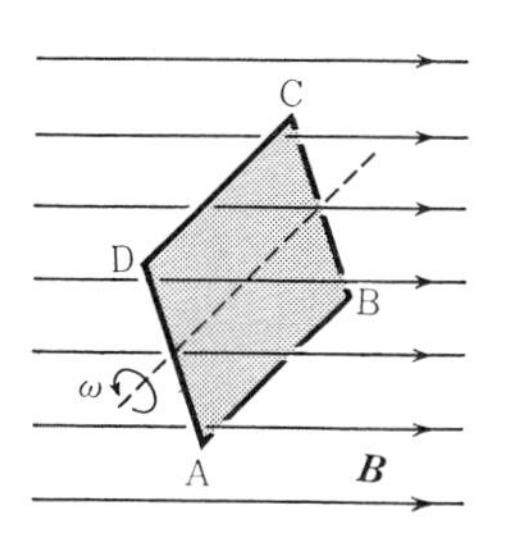

［解］　(1)　回路の面の法線が磁束密度 $\boldsymbol{B}$ となす角を θ (右図，図は回路を軸に沿って見たところ)とすると，回路を貫く磁束は

$$\Phi = BS\cos\theta \qquad (B = |\boldsymbol{B}|)$$

となる．時刻 $t=0$ のときの角 θ を θ_0 とすれば，時刻 t では $\theta = \omega t + \theta_0$ と表わされる．よって，

$$\Phi(t) = BS\cos(\omega t + \theta_0)$$

となり，回路に生じる誘導起電力は(7.4)式により，

$$\phi_{\mathrm{em}} = -\frac{d\Phi(t)}{dt} = BS\omega\sin(\omega t + \theta_0)$$

となる．これは周期 $T = 2\pi/\omega$ で時間的に振動する交流起電力である．

(2)　回転軸に平行な 2 辺 AB, CD の長さを a，他の 2 辺 BC, DA の長さを b とする．回路の回転角が $\theta = \omega t + \theta_0$ のとき，辺 AB は磁束密度 $\boldsymbol{B}$ に対し角 θ をなす方向に速さ $v = b\omega/2$ で運動する．よって，AB の導線内の電子(電荷 $-e$)は A→B を正の向きとして，

$$F = -evB\sin\theta = -(1/2)eBb\omega\sin(\omega t + \theta_0)$$

のローレンツの力を受ける．すなわち，これは

$$\phi_{\mathrm{AB}} = \frac{Fa}{-e} = \frac{1}{2}BS\omega\sin(\omega t + \theta_0)$$

の起電力が A→B の向きに生じていることを意味する($S = ab$)．同様に，C→D の向きにも同じ大きさの起電力が生じている．一方，BC 間ならびに DA 間の起電力はともに 0 である．したがって，回路全体に生じる起電力は

$$\phi_{\mathrm{em}} = 2\phi_{\mathrm{AB}} = BS\omega\sin(\omega t + \theta_0)$$

となり，(1)で得た起電力と一致する．

例題 7.2　右図のように，a の間隔をおいて平行に並べた2本の導体棒 AC と BD の上に，それらに垂直に導体棒 PQ をおき，AB 間を抵抗 R でつないで閉じた回路 ABQP をつくる．この回路を，回路の面に垂直な一様な磁場(磁束密度 $\boldsymbol{B}$)の中におき，棒 PQ を AB から遠ざかる向きに一定の速さ v でなめらかに移動させた．

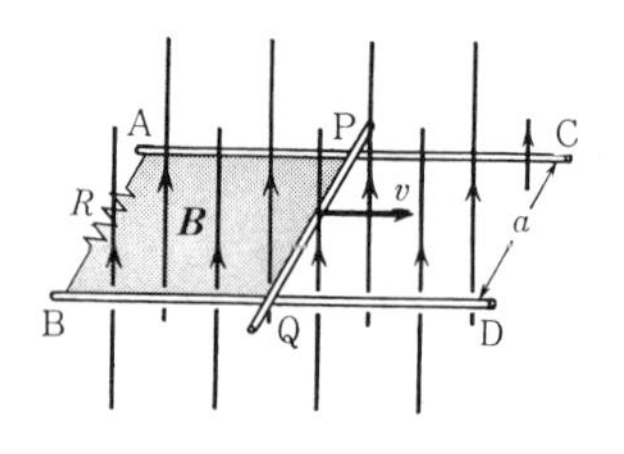

(1)　このとき，回路に生じる誘導起電力を求めよ．

(2)　抵抗 R に単位時間当り発生するジュール熱を求めよ．ただし，R 以外の導体棒の抵抗は考えなくてよい．

(3)　移動の速さ v を一定に保つためには，どのような力を棒 PQ に加えたらよいか．また，その力が単位時間当り棒 PQ にする仕事を求めよ．

［解］　(1)　磁束密度 $\boldsymbol{B}$ が回路 ABQP を上向きに貫いているとすると，回路の正の向きは ABQPA となる(図 6-7 参照)．時刻 $t=0$ における回路の面積を S_0 とすれば，時刻 t での面積は $S(t)=S_0+avt$ と表わされる．よって，回路を上向きに貫く磁束は

$$\Phi(t) = BS(t) = BS_0+Bavt \qquad (B=|\boldsymbol{B}|)$$

となり，回路に生じる誘導起電力は(7.4)式により，

$$\phi_{\mathrm{em}} = -d\Phi(t)/dt = -Bav$$

となる．起電力の向きは回路の負の向き，すなわち，APQBA の向きである．

(2)　回路に流れる電流の強さは $I=|\phi_{\mathrm{em}}|/R=Bav/R$ であるから，抵抗 R に単位時間当り発生するジュール熱は

$$J = I^2R = \left(\frac{Bav}{R}\right)^2 R = \frac{(Bav)^2}{R}$$

(3)　電流 I の流れる向きが P→Q であるので，棒 PQ は磁束密度 $\boldsymbol{B}$ から移動の向きと逆の向きに大きさ

$$F = IBa = \frac{(Ba)^2 v}{R}$$

の力を受ける．したがって，F と同じ大きさの力を加えながら棒 PQ を移動させれば，移動の速さ v は一定になる．その力が単位時間当り棒 PQ にする仕事は

$$W = Fv = \frac{(Bav)^2}{R}$$

であり，これは(2)で求めたジュール熱 J に等しい．このように，外から加えた力が棒 PQ にする仕事はそのまま抵抗 R でジュール熱になって発生する．

問 題 7-1

[1] 面積 100 cm^2，500 回巻きのコイルを，5×10^{-5} T の地球磁場の中で 1 秒間に 20 回の割合で回転させた．コイルに生じる起電力の最大値はいくらか．また，コイルの面が磁場に対し垂直に向いた瞬間からコイルが 180° 回転する間に，コイルに接続された 10 Ω の抵抗に流れる電気量の大きさを求めよ．

［注意］ 例題 7.1 で得た起電力の表式は，回路の面積が S であれば，任意の形をした回路についてもそのまま成り立つ．

[2] 例題 7.1 において，回路が 1 回転する間に，回路に接続された抵抗 R に発生するジュール熱を求めよ．また，このジュール熱は，回転の角速度 ω を一定に保つために要する仕事に等しいことを示せ．

[3] 無限に長い直線 l 上を強さ I の定常電流が流れている．下左図(a)のように，長さ a の細い導体棒を，直線 l を含む平面内で l に対し垂直にしたまま，一定の速さ v で l に平行な向きに移動させた．直線 l から導体棒の中心までの距離を x として，導体棒の両端間に生じる誘導起電力を求めよ．また，下左図(b)のように，導体棒を l に対し平行にしたまま l から遠ざけるときはどうか．

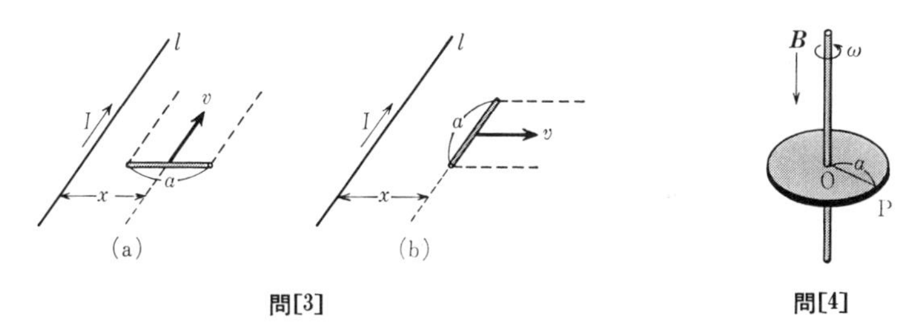

問[3]　　問[4]

[4] 上右図のように，半径 a の円板があり，その面に対し垂直に磁束密度 $\boldsymbol{B}$ の一様な磁場がかかっている．このとき，円板を中心軸のまわりに回転させると，中心 O と円周上の点 P の間に誘導起電力 ϕ_{em} が生じる．この現象を**単極誘導**という．回転の角速度を ω として，起電力 ϕ_{em} を求めよ．

[5] 半径 a のソレノイドに流れる電流の強さを一定の割合で時間変化させたとき，ソレノイドの内外の点に生じる電場を求めよ．ただし，単位長さ当りの導線の巻き数を n とする．

7-2 自己誘導

自己誘導 閉じた回路に流れている電流が時間変化すると，回路を貫く磁束が時間変化するので，回路に誘導起電力が生じる．この現象を**自己誘導**という．起電力は，電流の時間変化を妨げる向き，すなわち電流が減少するときには電流と同じ向き，電流が増加するときには電流と逆向きに生じる．

自己インダクタンス 回路に流れる電流がつくる磁場は電流の強さ I に比例する．したがって，回路を貫く磁束 Φ も I に比例して

$$\Phi = LI \tag{7.7}$$

となり，回路に生じる起電力は

$$\phi_{\mathrm{em}} = -L\frac{dI}{dt} \tag{7.8}$$

と書くことができる．比例係数 L をこの回路の**自己インダクタンス**という．

MKSA 単位系における自己インダクタンスの単位は**ヘンリー**(H)である．

ソレノイドの自己インダクタンス 単位長さ当りの巻き数 n，長さ l，断面積 S で，中が真空のソレノイドの自己インダクタンスは

$$L = \mu_0 n^2 lS \tag{7.9}$$

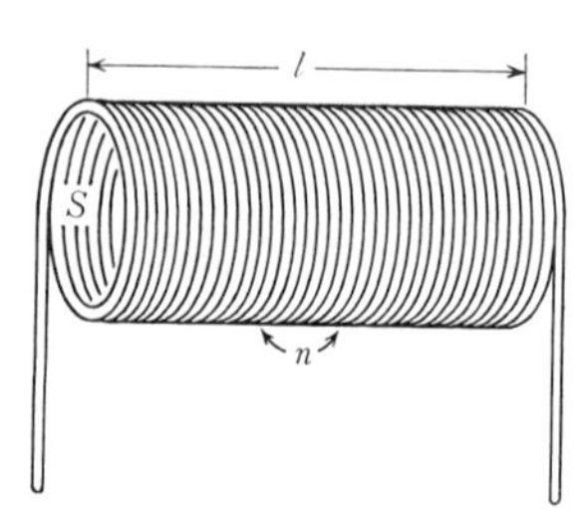

図7-1 単位長さ当りの巻き数 n，長さ l，断面積 S のソレノイド

準定常電流 (7.7)を導くとき，電流のつくる磁場は，電流が時間変化している場合でも，各瞬間の電流がつくる静磁場に等しいと仮定した．この仮定は電流の時間変化が十分おそい場合は正しい．このような場合の電流を**準定常電流**という．電流を準定常電流と見なしうるための条件は8-1節で述べる．

例題 7.3　右図のように，半径 a, b の2つの十分に長い中空円筒状の導体AとBが，軸を一致させておかれている$(a<b)$.

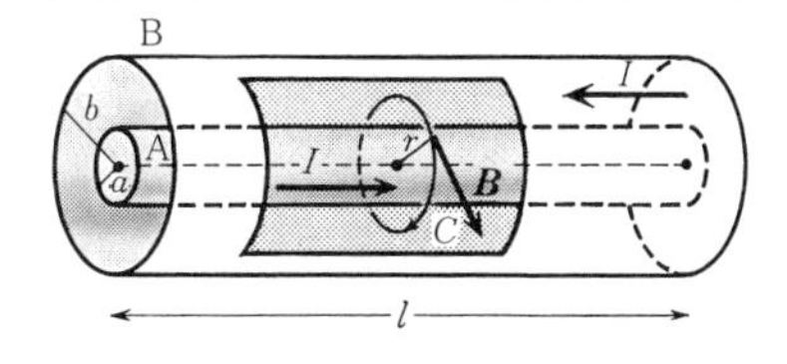

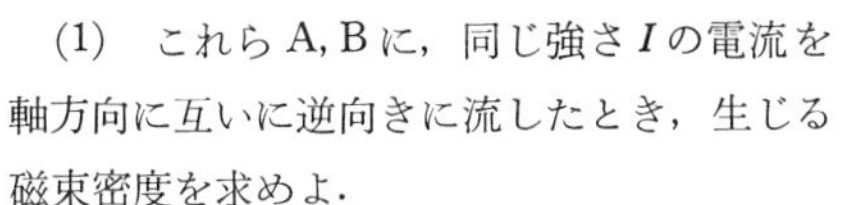
(1)　これらA,Bに，同じ強さ I の電流を軸方向に互いに逆向きに流したとき，生じる磁束密度を求めよ.

(2)　A,Bによって閉じた回路がつくられるとして，この回路の自己インダクタンスを求めよ．ただし，円筒の長さを l とする.

［**解**］　(1)　AおよびBの円筒面に沿って一様な電流がそれぞれ流れるとき，対称性から明らかなように，生じる磁束密度 $\boldsymbol{B}$ は円筒軸を巻く向きにあり，その大きさは軸からの距離 r のみの関数 $B(r)$ として表わされる．そこで，例題6.7の解と同様に，軸を中心とし軸に垂直な半径 r の円周 C に沿ってアンペールの法則を適用すると，C 上の各点で $\boldsymbol{B}(\boldsymbol{r})\cdot\boldsymbol{t}(\boldsymbol{r})=B(r)$ となるから，

$$\int_C \{\boldsymbol{B}(\boldsymbol{r})\cdot\boldsymbol{t}(\boldsymbol{r})\}\,ds = B(r)\cdot 2\pi r = \mu_0 I(r)$$

を得る．ここで，$I(r)$ は円周 C を貫く電流である.

$r<a$ のとき，明らかに $I(r)=0$ である．また，$a<r<b$ のとき，A に流れる強さ I の電流だけが円周 C を貫くから $I(r)=I$．さらに，$r>b$ のときはA,Bにそれぞれ流れる電流が C を貫くが，互いに逆向きだから打ち消しあう．よって，$I(r)=0$ になる.

したがって，磁束密度 $\boldsymbol{B}$ はA,Bの円筒面にはさまれた領域 $(a<r<b)$ だけに生じ，その大きさは

$$B(r) = \frac{\mu_0 I}{2\pi r}$$

(2)　円筒が十分に長いので，AとBのそれぞれの端を導線で接続して閉じた回路をつくったとしても，導線部分に流れる電流からの寄与は無視できるほど小さい．よって，その回路を貫く磁束は，

$$\Phi = \int_a^b B(r)\cdot l\,dr = \frac{\mu_0 I l}{2\pi}\int_a^b \frac{1}{r}dr = \frac{\mu_0 I l}{2\pi}\log\frac{b}{a}$$

と計算され，求める自己インダクタンスは(7.7)式により，

$$L = \frac{\mu_0 l}{2\pi}\log\frac{b}{a}$$

問題 7-2

[1] 単位長さ当りの巻き数 n，長さ l，断面積 S のソレノイドの自己インダクタンスが，(7.9)式のように，

$$L = \mu_0 n^2 l S$$

と与えられることを示せ．また，長さ 100 m の導線を均一に巻いてつくられた長さ 10 cm，半径 3 cm のソレノイドの自己インダクタンスを求めよ．

[2] 下左図のように，半径 R の十分に長い 2 本の円筒状の導体 A, B が a の間隔をおいて平行におかれている．

(1) A, B の導体に同じ強さ I の電流を互いに逆向きに流した．このとき，A, B の中心軸を同時に含む平面上の点 P における磁束密度 $\boldsymbol{B}$ を求めよ．ただし，$a \gg R$ とし，点 P の位置は A と B の間にあるものとする．

(2) A, B によって閉じた回路がつくられるとして，単位長さ当りの自己インダクタンスを求めよ．

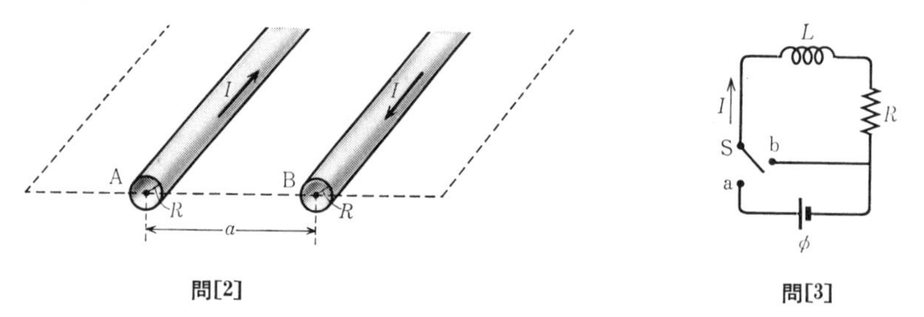

問[2]　　問[3]

[3] 上右図のように，自己インダクタンス L のコイルと抵抗 R からなる回路に起電力 ϕ の電池をつなぐ．スイッチ S は a 側または b 側にきりかえることができる．

(1) 時刻 $t=0$ のとき，スイッチ S を a 側に入れた．回路に流れる電流の時間変化を求めよ．

(2) スイッチ S を a 側に入れてから t だけ時間が経過する間に，電池のする仕事ならびに抵抗 R に発生するジュール熱を求めよ．

(3) 回路に一定の強さで電流が流れているとき，スイッチ S を b 側にきりかえたら，電流はその後どのように時間変化するか．また，回路に流れていた一定の強さの電流が消えるまでの間に，抵抗 R に発生するジュール熱を求めよ．

7-3　相互誘導

相互誘導　2つの閉じた回路1,2が互いに近くにおかれているとき，一方の回路1に流れている電流が時間変化すると，この電流がつくる磁場が時間変化し，他方の回路2を貫く磁束も時間変化する．その結果，回路2に誘導起電力が生じる．この現象を**相互誘導**という．

相互インダクタンス　電流を準定常電流と見なしうるときは，回路2を貫く磁束は回路1に流れる電流に比例する．したがって，回路1を流れる電流を I_1，回路2を貫く磁束を Φ_2，回路2に生じる起電力を $\phi_{\mathrm{em}2}$ とすれば，

$$\Phi_2 = L_{21}I_1 \tag{7.10}$$

となり，

$$\phi_{\mathrm{em}2} = -L_{21}\frac{dI_1}{dt} \tag{7.11}$$

と書くことができる．係数 L_{21} を**相互インダクタンス**という．相互インダクタンスの単位もヘンリー(H)である．

相反定理　回路2に流れる電流 I_2 の時間変化によって回路1に生じる誘導起電 $\phi_{\mathrm{em}1}$ は，(7.11)と同様に

$$\phi_{\mathrm{em}1} = -L_{12}\frac{dI_2}{dt} \tag{7.12}$$

と書くことができる．このとき，一般に

$$L_{12} = L_{21} \tag{7.13}$$

が成り立つ．これを相互インダクタンスの**相反定理**という．

例題 7.4 相互インダクタンスの相反定理(7.13)式を証明せよ.

［解］ (6.32)式により，回路1の電流 I_1 がつくる磁場のベクトル・ポテンシャルは

$$\boldsymbol{A}(\boldsymbol{r}) = \frac{\mu_0 I_1}{4\pi}\int_{C_1}\frac{\boldsymbol{t}_1(\boldsymbol{r}_1)}{|\boldsymbol{r}-\boldsymbol{r}_1|}ds_1 \tag{1}$$

ただし，$\boldsymbol{t}_1(\boldsymbol{r}_1)$ は回路1に沿った経路 C_1 の接線方向の単位ベクトルである．回路2を貫く磁束 Φ_2 は(7.1)，(6.28)式ならびにストークスの定理(3.6)式により

$$\begin{aligned}\Phi_2 &= \int_{S_2}(\nabla\times\boldsymbol{A}(\boldsymbol{r}_2))\cdot\boldsymbol{n}_2(\boldsymbol{r}_2)dS_2 \\ &= \int_{C_2}\{\boldsymbol{A}(\boldsymbol{r}_2)\cdot\boldsymbol{t}_2(\boldsymbol{r}_2)\}\,ds_2\end{aligned} \tag{2}$$

ただし，$\boldsymbol{n}_2(\boldsymbol{r}_2)$ は回路2を縁とする曲面 S_2 の法線方向の単位ベクトル，$\boldsymbol{t}_2(\boldsymbol{r}_2)$ は回路2に沿った経路 C_2 の接線方向の単位ベクトルである．(1)式を(2)式に代入すると，

$$\Phi_2 = \frac{\mu_0 I_1}{4\pi}\int_{C_2}\int_{C_1}\frac{\boldsymbol{t}_1(\boldsymbol{r}_1)\cdot\boldsymbol{t}_2(\boldsymbol{r}_2)}{|\boldsymbol{r}_1-\boldsymbol{r}_2|}ds_1 ds_2$$

よって(7.10)式により，相互インダクタンスは

$$L_{21} = \frac{\mu_0}{4\pi}\int_{C_2}\int_{C_1}\frac{\boldsymbol{t}_1(\boldsymbol{r}_1)\cdot\boldsymbol{t}_2(\boldsymbol{r}_2)}{|\boldsymbol{r}_1-\boldsymbol{r}_2|}ds_1 ds_2 \tag{3}$$

この表式は回路1, 2について対称な形をしており，1と2を入れ換えても値は変わらない．したがって(7.13)式が成り立つ.

［注意］ (3)式と同様に，回路1, 2の自己インダクタンスはそれぞれ

$$L_1 = \frac{\mu_0}{4\pi}\int_{C_1}\int_{C_1}\frac{\boldsymbol{t}_1(\boldsymbol{r}_1)\cdot\boldsymbol{t}_1(\boldsymbol{r}_1')}{|\boldsymbol{r}_1-\boldsymbol{r}_1'|}ds_1 ds_1' \tag{4}$$

$$L_2 = \frac{\mu_0}{4\pi}\int_{C_2}\int_{C_2}\frac{\boldsymbol{t}_2(\boldsymbol{r}_2)\cdot\boldsymbol{t}_2(\boldsymbol{r}_2')}{|\boldsymbol{r}_2-\boldsymbol{r}_2'|}ds_2 ds_2' \tag{5}$$

と表わされる．(3)～(5)式を**ノイマンの式**という.

例題 7.5　それぞれ単位長さ当りの巻き数 n_1, n_2，長さ l_1, l_2，断面積 S_1, S_2 の2つのソレノイドコイル1,2が，右図のように，重ねられている($S_1<S_2$).

(1)　$l_1 \gg l_2$ として，コイル1,2の相互インダクタンスを求めよ.

(2)　コイル1の両端間に時間変化する電位差 $\phi_1(t)$ をかけたとき，コイル2に生じる誘導起電力を求めよ．ただし，コイルの抵抗は無視してよいものとする.

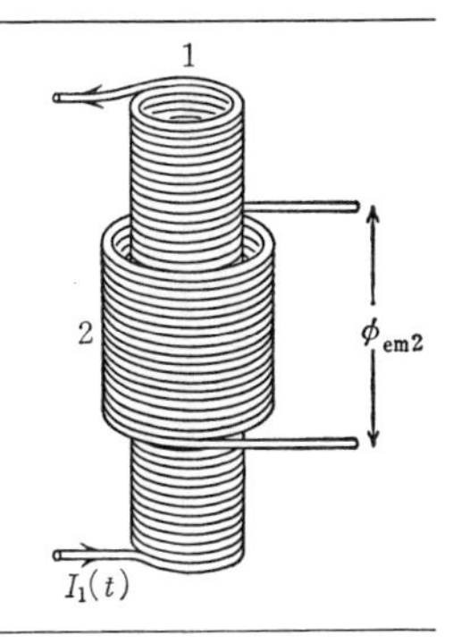

[**解**]　(1)　問題6-5 問[2]で求めたように，ソレノイドコイル1に強さ I_1 の電流が流れるとき，磁束密度はコイルの内側の領域だけに一様に生じ，大きさは

$$B = \mu_0 n_1 I_1$$

である．$l_1 \gg l_2$ により，コイル1の内側に生じた磁束はもれなくコイル2を貫くと考えてよい．その磁束はコイルひと巻き当り BS_1 であり，コイル2の全体の巻き数が $n_2 l_2$ だから，コイル2を貫く全磁束は

$$\Phi_2 = n_2 l_2 B S_1 = \mu_0 n_1 n_2 l_2 S_1 I_1$$

となる．よって，(7.10)式により，求める相互インダクタンス M は右辺の I_1 の係数に等しく，

$$M = \mu_0 n_1 n_2 l_2 S_1$$

(2)　コイル1の自己インダクタンスを L_1，コイル1に流れる電流を $I_1(t)$ とする．コイル1に電流を流すためには，電流の時間変化によって生じる自己誘導起電力に見合うだけの電位差を，外からかける必要がある．すなわち，

$$\phi_1(t) = L_1 \frac{dI_1(t)}{dt}$$

である．一方，コイル2に生じる誘導起電力は，

$$\phi_{\mathrm{em}2}(t) = -M\frac{dI_1(t)}{dt}$$

したがって，(7.9)式により $L_1 = \mu_0 n_1{}^2 l_1 S_1$ だから，

$$\phi_{\mathrm{em}2}(t) = -\frac{M}{L_1}\phi_1(t) = -\frac{\mu_0 n_1 n_2 l_2 S_1}{\mu_0 n_1{}^2 l_1 S_1}\phi_1(t) = -\frac{n_2 l_2}{n_1 l_1}\phi_1(t)$$

となる．$\phi_1(t)$ の係数 $n_2 l_2/n_1 l_1$ はコイル2と1の巻き数の比である．このように，コイルの巻き数を変えることにより，第2のコイルに得られる起電力を大きくしたり小さくしたりすることができる．これが**変圧器**の原理である.

問 題 7-3

[1] 下左図のように，半径 a_1, a_2 の2つの円形の回路 C_1, C_2 が，中心軸を共通にして平行におかれている．C_1 または C_2 に電流を流すことによって，回路 C_1, C_2 の相互インダクタンス L_{12}, L_{21} をそれぞれ求め，相反定理 $L_{12}=L_{21}$ が成り立つことを示せ．ただし，中心間の距離は R であり，$a_1 \ll a_2, R$ とする．

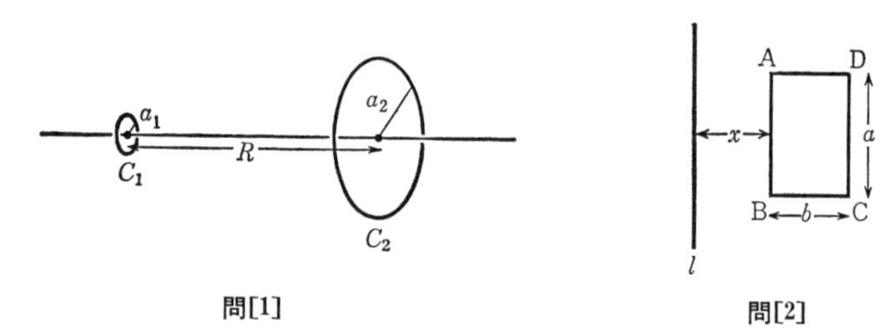

問[1]　　問[2]

[2] 上右図のように，無限に長い直線状の導線 l と辺の長さ a, b の長方形の回路 ABCD が同じ平面内におかれている．相互インダクタンス M を求めよ．ただし，長さ a の辺 AB は l に平行であり，l から x の距離にあるとする．

[3] 前問において，長方形の回路の代わりに，半径 a の円形の回路がおかれているとしたら，相互インダクタンス M はどのようになるか．ただし，回路の中心は l から $x(>a)$ の距離にあるとする．

[4] 半径 a の円形の回路と，単位長さ当りの巻き数 n，長さ $2l$，断面積 S のソレノイドがあり，右図のように，それらの中心および中心軸をそれぞれ一致させておかれている．相互インダクタンス M を求めよ．ただし，$S \ll \pi a^2$ とする．

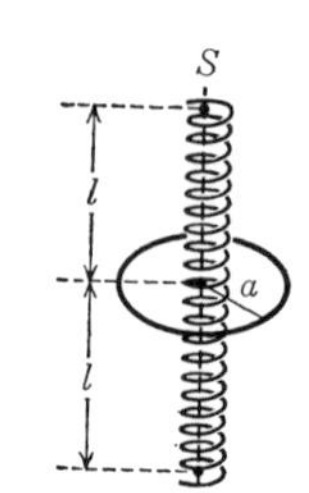

[5] 自己インダクタンスがおのおの L_1, L_2，相互インダクタンスが M の2つのコイル1,2がある．インダクタンスの間に，$L_1L_2 \geqq M^2$ の関係があることを示せ．等号が成り立つのはどのような場合か．

7-4 静磁場のエネルギー

コイルに蓄えられるエネルギー コイルに電流を流すには，自己誘導による起電力に逆らって電流を増加させる必要があり，外から仕事をしなければならない．自己インダクタンス L に電流 I を流すために必要な仕事は

$$U = \frac{1}{2}LI^2 \tag{7.14}$$

この仕事はコイルにエネルギーとして蓄えられる．また，自己インダクタンスがおのおの L_1, L_2，相互インダクタンスが M の 2 つのコイルに，それぞれ強さ I_1, I_2 の電流が流れているとき，コイルに蓄えられるエネルギーは

$$U = \frac{1}{2}L_1{I_1}^2 + MI_1I_2 + \frac{1}{2}L_2{I_2}^2 \tag{7.15}$$

(7.14)の証明 コイルに流す電流を 0 から I までゆっくり増加させるとする．電流が $I(t)$ のとき，コイルに生じる誘導起電力(7.8)に抗して，同じ大きさの起電力 $\phi(t)=LdI(t)/dt$ を外から加えなければならない．したがって，短い時間 dt の間に $I(t)dt$ の電荷を運ぶために要する仕事は

$$dW = \phi(t)I(t)dt = \frac{1}{2}L\frac{d}{dt}[I(t)]^2dt$$

電流を時刻 $t=0$ から $t=T$ までの間に I まで増加させたとすると，$I(0)=0$, $I(T)=I$. 上式を 0 から T まで積分して(7.14)が得られる．(7.15)についても，同様にして，成り立つことがわかる(問題 7-4 問[2]参照)．

静磁場のエネルギー コイルに蓄えられるエネルギー(7.14)は，まわりの空間に生じた静磁場のエネルギーとみることもできる．磁束密度 $\boldsymbol{B}(\boldsymbol{r})$ の磁場のエネルギーは単位体積当り

$$u_{\mathrm{m}} = \frac{1}{2\mu_0}|\boldsymbol{B}(\boldsymbol{r})|^2 \tag{7.16}$$

例題 7.6 つぎのコイルおよび回路について，強さIの電流が流れるとき，蓄えられる磁場のエネルギーUを(7.16)式を用いてそれぞれ計算せよ．

(1) 単位長さ当りの巻き数n，長さl，断面積Sのソレノイドコイル．

(2) 半径a, bの2つの同軸円筒面からなる回路($a<b$，例題7.3参照のこと)．

［解］ (1) 問題6-5 問[2]で求めたように，磁束密度はソレノイドコイルの内側の領域だけに一様に生じ，その大きさは$B=\mu_0 nI$である．よって，(7.16)式により，磁場のエネルギー密度は

$$u_{\mathrm{m}} = \frac{B^2}{2\mu_0} = \frac{1}{2}\mu_0 n^2 I^2$$

となり，場所によらず一定である．求める磁場のエネルギーUは，この密度にコイルの体積lSを掛けて，

$$U = u_{\mathrm{m}} \cdot lS = \frac{1}{2}\mu_0 n^2 lSI^2$$

と得られる．(7.14)式によれば，コイルの自己インダクタンスLを用いて，このエネルギーは$U=LI^2/2$とも表わされる．したがって，$L=\mu_0 n^2 lS$となり，(7.9)式と一致する．

(2) 例題7.3で求めたように，2つの円筒面上に同じ強さIの電流を軸方向に互いに逆向きに流すと，磁束密度は両円筒面にはさまれた領域のみに円筒軸を巻く向きに生じる．軸からrの距離にある点で，その大きさは$B(r)=\mu_0 I/2\pi r$である．よって，円筒の長さをlとすると，$r\sim r+\Delta r$の領域に蓄えられる磁場のエネルギーは，(7.16)式により，

$$\Delta U = \frac{1}{2\mu_0}B(r)^2 \cdot l2\pi r\Delta r = \frac{\mu_0 lI^2}{4\pi r}\Delta r$$

となり，このΔUをrについてaからbまで積分して，

$$U = \int_a^b \frac{\mu_0 lI^2}{4\pi r}dr = \frac{\mu_0 lI^2}{4\pi}\log\frac{b}{a}$$

と求められる．上式を$U=LI^2/2$と比べると，この回路の自己インダクタンスLは

$$L = \frac{\mu_0 l}{2\pi}\log\frac{b}{a}$$

となり，例題7.3と同じLを得る．

問 題 7-4

[1] 長さ 10 cm, 断面積 5 cm², 1000 回巻きのソレノイドに 10 A の電流が流れるとき，ソレノイドに蓄えられる磁場のエネルギーはいくらか.

[2] 自己インダクタンスがそれぞれ L_1, L_2, 相互インダクタンスが M の 2 つのコイル 1, 2 がある. おのおののコイルに強さ I_1, I_2 の電流が流れるとき，磁場のエネルギーは，(7. 15)式のように，

$$U = \frac{1}{2}L_1{I_1}^2 + MI_1I_2 + \frac{1}{2}L_2{I_2}^2$$

と表わされることを示せ. ただし，コイルの抵抗は無視できるものとする.

[3] 前節の問題7-3 問[2]で考えた無限に長い導線 l および長方形の回路 ABCD に，それぞれ強さ I_1, I_2 の電流を流す. このとき，導線と回路の間にはたらく力 F をつぎの 2 通りの方法で求め，それらの結果が一致することを示せ.

(1) 導線 l と辺 AB の間の距離 x を Δx だけ変えるのに要する仕事 $-F\Delta x$ と，電流の強さを一定に保つため外から加えなければならない起電力のする仕事 ΔW_e との和が，磁場のエネルギーの変化 ΔU に等しいとして，力 F を求める方法.

(2) 導線 l に流れる電流 I_1 によって生じる磁束密度が回路 ABCD の各辺におよぼす力を合成して，力 F を求める方法.

[4] 単位長さ当りの巻き数 n, 長さ l, 断面積 S のソレノイドに強さ I の電流を流したとき，ソレノイドにはどのような力がはたらくか.

［ヒント］ ソレノイドに流れる電流は nl 個の円電流を軸方向に平行に並べたものと見なすことができ，同じ向きに流れる円電流の間にはたらく引力のため，ソレノイド全体には縮まろうとする力 F がはたらく. 電流の強さ I, 巻き数 nl ならびに断面積 S を一定にしたまま，長さ l を Δl だけ伸ばすのに要する仕事 $-F\Delta l$ と，電流を一定の強さに保つよう外から加えなければならない起電力のする仕事 ΔW_e との和が，磁場のエネルギーの変化 ΔU に等しいとして，力 F を求めよ.

7-5　変動する電流

コイル，コンデンサー，抵抗の直列回路　自己インダクタンス L のコイル，電気容量 C のコンデンサー，抵抗 R を直列につないだ回路に，時間的に変動する起電力 $\phi(t)$ をかける(図 7-2)．このとき，回路に流れる電流 $I(t)$，コンデンサーに蓄えられる電荷 $Q(t)$ はつぎの方程式を満たす．

$$L\frac{dI(t)}{dt}+RI(t)+\frac{1}{C}Q(t) = \phi(t) \qquad (7.17)$$

$$\frac{dQ(t)}{dt} = I(t) \qquad (7.18)$$

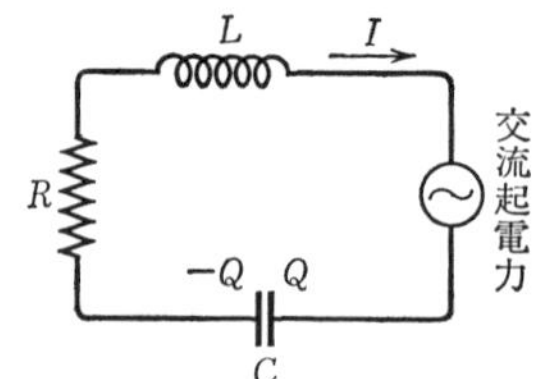

図 7-2　コイル，コンデンサー，抵抗の直列回路

交流の複素数表示　起電力が角振動数 ω で振動する交流

$$\phi(t) = \phi_0\cos(\omega t+\alpha) \qquad (7.19)$$

の場合，電流，電荷も同じ角振動数で振動する．

$$I(t) = I_0\cos(\omega t+\beta) \qquad (7.20)$$

$$Q(t) = Q_0\cos(\omega t+\gamma) \qquad (7.21)$$

このとき(7.17)，(7.18)を解くには，$\phi(t)$, $I(t)$, $Q(t)$ をつぎのように複素数で表わすのが便利である．

$$\tilde{\phi}(t) = \tilde{\phi}e^{i\omega t}, \qquad \tilde{\phi} = \phi_0 e^{i\alpha} \qquad (7.22)$$

$$\tilde{I}(t) = \tilde{I}e^{i\omega t}, \qquad \tilde{I} = I_0 e^{i\beta} \qquad (7.23)$$

$$\tilde{Q}(t) = \tilde{Q}e^{i\omega t}, \qquad \tilde{Q} = Q_0 e^{i\gamma} \qquad (7.24)$$

(7.17)，(7.18)は係数が実数の線形微分方程式なので，複素数の(7.22)～(7.24)が解であれば，その実数部(7.19)～(7.21)も解になる．

複素インピーダンス　(7.22)～(7.24)を(7.17)，(7.18)に代入することにより，つぎの関係が得られる．

$$\tilde{I} = \frac{\tilde{\phi}}{\tilde{Z}} \qquad (7.25)$$

$$\tilde{Z} = R+i\left(\omega L-\frac{1}{\omega C}\right) \tag{7.26}$$

$\tilde{Z}$ を**複素インピーダンス**という．これは直流の場合の抵抗に相当する量である．

$$\tilde{Z} = |\tilde{Z}|e^{i\theta} \tag{7.27}$$

とおけば

$$|\tilde{Z}| = \sqrt{R^2+(\omega L-1/\omega C)^2} \tag{7.28}$$

$$\tan\theta = \frac{\omega L-1/\omega C}{R} \tag{7.29}$$

振幅と位相　(7.25)に時間に依存する因子 $e^{i\omega t}$ をかけてその実数部をとり，電流を求めると

$$I(t) = \frac{\phi_0}{\sqrt{R^2+(\omega L-1/\omega C)^2}}\cos(\omega t+\alpha-\theta) \tag{7.30}$$

電流と起電力の間には θ だけの位相差が生じる(図 7-3)．

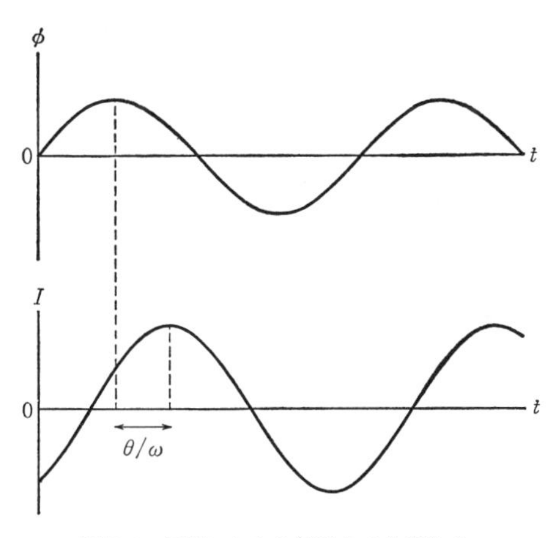

図 7-3　回路にかかる起電力 ϕ と流れる電流 I の時間変化($\alpha=0$)

共鳴　(7.30)が示すように，抵抗 R が小さいとき，角振動数が

$$\omega = \frac{1}{\sqrt{LC}} \tag{7.31}$$

のところで電流が大きくなる．これは力学で学ぶ振動子の**共鳴**と同じ現象である．

例題 7.7 右図のように，抵抗 R，自己インダクタンス L のコイル，容量 C のコンデンサーならびに起電力 ϕ の電池からなる回路がある．スイッチSはa側またはb側にきりかえることができる．

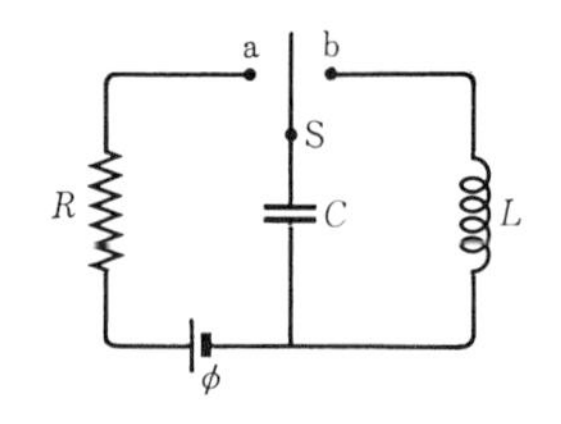

(1) 時刻 $t=0$ のときスイッチSをa側に入れてコンデンサーの充電を開始した．コンデンサーに蓄えられる電荷はどのように時間変化するか．

(2) コンデンサーの電荷が $Q_0=C\phi$ のとき，スイッチSをb側にきりかえたら，回路に流れる電流はどのような時間変化を示すか．

［解］ (1) 時刻 t のときコンデンサーに $Q(t)$ の電荷が蓄えられているとすると，回路に流れる電流は $I(t)=dQ(t)/dt$ となる．抵抗にかかる電位差 $RI(t)=RdQ(t)/dt$ とコンデンサーにかかる電位差 $Q(t)/C$ の和は，電池の起電力 ϕ に等しいから，微分方程式

$$R\frac{dQ(t)}{dt}+\frac{1}{C}Q(t) = \phi$$

が成り立つ．ここで，$Q'(t)=Q(t)-C\phi$ とおけば，上式は

$$R\frac{dQ'(t)}{dt}+\frac{1}{C}Q'(t) = 0$$

と書き直される．この微分方程式の解は A を定数として

$$Q'(t) = Ae^{-t/RC}$$

と与えられる．初期条件 $Q(0)=0$ により，$Q'(0)=-C\phi$ となり，定数 A は $A=-C\phi$ と定められる．したがって，

$$Q(t) = C\phi(1-e^{-t/RC})$$

となる．この式が示すように，時間 t が RC に比べて十分に経過すれば，コンデンサーの充電はほとんど終わり，コンデンサーに蓄えられる電荷は $Q_0=C\phi$ になる．

(2) スイッチSをb側にきりかえた時刻を t_1 とする．回路に流れる電流 $I(t)$ の時間変化によって，コイルには $-LdI(t)/dt=-Ld^2Q(t)/dt^2$ の誘導起電力が生じる．この起電力はコンデンサーの電位差 $Q(t)/C$ に等しく，

$$L\frac{d^2Q(t)}{dt^2}+\frac{1}{C}Q(t) = 0$$

の微分方程式が成り立つ．これを $Q(t_1)=Q_0$，$[dQ(t)/dt]_{t=t_1}=0$ の条件のもとで解くと，

$$Q(t) = Q_0\cos\frac{t-t_1}{\sqrt{LC}}$$

を得る．よって，回路に流れる電流は

$$I(t) = \frac{dQ(t)}{dt} = -\frac{Q_0}{\sqrt{LC}}\sin\frac{t-t_1}{\sqrt{LC}}$$

となり，周期 $2\pi\sqrt{LC}$ で時間的に振動する．この現象を**電気振動**という．

問　題 7-5

[1] 例題7.7の(1)において，スイッチSをa側に入れてから t の時間が経過するまでに，電池のする仕事 W_e ならびに抵抗 R に発生するジュール熱 J を求め，それらの差 W_e-J はコンデンサーに蓄えられるエネルギーに等しいことを示せ．また，(2)において，コンデンサーおよびコイルにそれぞれ蓄えられるエネルギーを求めよ．

[2] 解説で述べたような，コイル(自己インダクタンス L)，コンデンサー(容量 C)，抵抗(R)を直列につないだ回路において，$\phi(t)=\phi_0\cos(\omega t+\alpha)$ の交流起電力が1周期 $T(=2\pi/\omega)$ の間に回路にする仕事の時間平均はいくらか．

[3] 右図のように，コイル(自己インダクタンス L)，コンデンサー(容量 C)，抵抗(R)を直列につなぎ，スイッチSを開いてコンデンサーに $\pm Q$ の電荷を与える．時刻 $t=0$ のときスイッチSを閉じたとして，回路に流れる電流の時間変化を求めよ．

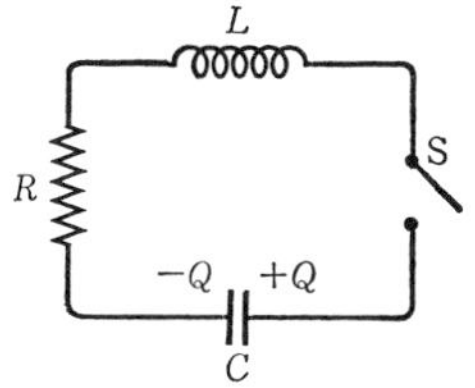

One Point ——複素数と複素平面

複素数 $w=u+iv$ は，右図のように，実数部 u と虚数部 v をそれぞれ横と縦の座標軸にとった平面(**複素平面**という)上の点 $\mathrm{P}(u,v)$ に対応する．w の絶対値 $|w|=\sqrt{u^2+v^2}$ は，原点Oと点Pの間の距離に等しい．また，OPと実数軸とのなす角を θ とすると，

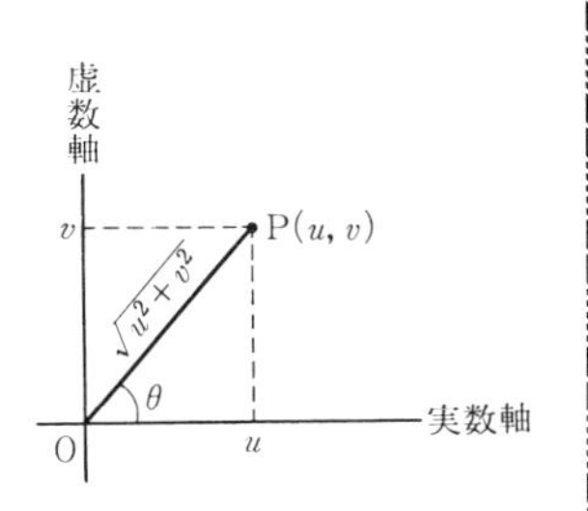

$$u = |w|\cos\theta, \qquad v = |w|\sin\theta$$

となるので，複素数 w は

$$w = |w|\cos\theta+i|w|\sin\theta = |w|e^{i\theta}$$

と表わすことができる．角 $\theta=\tan^{-1}(v/u)$ を複素数 w の**位相**という．

光の速さ

池の水面を波が伝わっているとき，岸の上を歩く人からは波の伝わる速さは歩く速さや向きによって異なって見える．光の場合はどうだろうか．

空間を目に見えない媒質が満たしていて，光は水の波が水面を伝わるようにこの媒質を伝わるのだとすれば，同じことが起こるはずだ．かつてはこのように考えられていて，この媒質は**エーテル**と呼ばれた．もしそうだとすると，動いている地球上で測定される光速は，エーテルに対して静止している人が測定する光速の値から少しずれるだろう．

光源と鏡をおき，光がその間を往復する時間を測定できたとしよう．地球が，静止したエーテルに対して動いているとすれば，往復に要する時間は装置のおき方によって異なるはずだ．1887年マイケルソンとモーリーは光の干渉を使ってこのような実験を行なった．結果は，往復の時間は装置の向きによらず，「静止したエーテルに対する地球の運動」は見出されない，というものであった．

光が真空中を速さ $c=1/\sqrt{\varepsilon_0\mu_0}$ で伝わるということはマクスウェルの方程式(8.6)〜(8.9)式から導かれる．もしもエーテルが存在するなら，この方程式も，エーテルに対して静止した座標系でのみ成り立ち，エーテルに対して運動している座標系では方程式を書き換えなければならない．マイケルソンとモーリーの実験は，座標系が動いていても光の速さは変わらず，したがって，マクスウェルの方程式もそのまま成り立つことを示したことになる．

光速が座標系によらず一定だという事実に立脚し，物理法則は座標系によらず同じ形で成り立つはずだとする原理(相対性原理)から出発して展開されたのが，アインシュタインの相対性理論であった．19世紀末マクスウェルによって完成した電磁気学は，20世紀はじめのアインシュタインの理論へとつながったのである．

マクスウェルの方程式と電磁波

時間変化する電場は，電流と同じようにまわりに磁場をつくる．電流と磁場との関係を与えるアンペールの法則は，この効果を含むように拡張されることになる．これによって，電磁場の基本法則であるマクスウェルの方程式が完成する．この方程式から，時間変化する電磁場が波として空間を伝わることがわかる．

8-1 変位電流

変位電流 磁場の時間変化によって電場が誘導されるのと対称的に，電場が時間変化すると磁場が誘導される．すなわち

$$\boldsymbol{i}_{\mathrm{d}}(\boldsymbol{r}, t) = \varepsilon_0 \frac{\partial \boldsymbol{E}(\boldsymbol{r}, t)}{\partial t} \tag{8.1}$$

が，磁場をつくる点で電流と同じはたらきをする．これを**変位電流**という．

マクスウェル-アンペールの法則 変位電流をつけ加えて修正されたアンペールの法則は，積分形で

$$\int_C \{\boldsymbol{B}(\boldsymbol{r}, t)\cdot\boldsymbol{t}(\boldsymbol{r})\}\, ds = \mu_0 \int_S \left\{\boldsymbol{i}(\boldsymbol{r}, t) + \varepsilon_0 \frac{\partial \boldsymbol{E}(\boldsymbol{r}, t)}{\partial t}\right\}\cdot\boldsymbol{n}(\boldsymbol{r}) dS \tag{8.2}$$

微分形で

$$\nabla\times\boldsymbol{B}(\boldsymbol{r}, t) = \mu_0 \left\{\boldsymbol{i}(\boldsymbol{r}, t) + \varepsilon_0 \frac{\partial \boldsymbol{E}(\boldsymbol{r}, t)}{\partial t}\right\} \tag{8.3}$$

電荷の保存 電流密度，電荷密度が時間変化するとき，任意の閉曲面を流れ出す電流は閉曲面の内部に含まれる電荷の減少に等しい．したがって，定常電流のときの電荷の保存則(5.7)はつぎのように修正される．

$$\int_S \{\boldsymbol{i}(\boldsymbol{r}, t)\cdot\boldsymbol{n}(\boldsymbol{r})\}\, dS = -\frac{\partial}{\partial t}\int_V \rho(\boldsymbol{r}, t) dV \tag{8.4}$$

微分形に書き直すと，

$$\nabla\cdot\boldsymbol{i}(\boldsymbol{r}, t) = -\frac{\partial \rho(\boldsymbol{r}, t)}{\partial t} \tag{8.5}$$

(8.3)の両辺の発散をとると，左辺は恒等的に0になり，さらに右辺で $\nabla\cdot\boldsymbol{E}=\rho/\varepsilon_0$(ガウスの法則)を使うことにより，(8.5)が得られる．変位電流を考慮しないアンペールの法則は電荷の保存則と矛盾することがわかる．

準定常電流の条件 電流を準定常電流と見なしうるのは変位電流が無視できる場合である．ふつうの導体に流れる交流では，この条件は十分満たされている．

例題 8.1 右図のように，半径 a の円形状の極板をもつ平行板コンデンサーを充電したのち，極板間を導線でつないで放電させるとき，極板の間に生じる磁束密度を求めよ ただし，極板は十分に広く，極板間の電場は一様に生じると見なしてよいものとする．

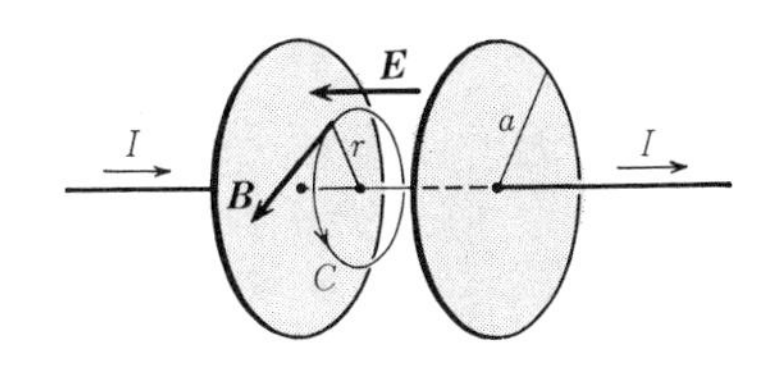

［解］ コンデンサーが蓄えている電荷を Q とすると，極板上の電荷の面密度は $\pm\sigma=\pm Q/\pi a^2$ になり，極板間に一様に生じる電場の強さは，例題 4.6 の(1)で求めたように，$E=\sigma/\varepsilon_0=Q/\pi\varepsilon_0 a^2$ と表わされる．極板間を導線でつなぐと，電荷 Q は時間 t とともに減少し，導線に $I(t)=dQ(t)/dt$ の電流が流れる．また，極板間の電場 E も時間変化し，そのため極板間の空間には，密度

$$i_{\mathrm{d}}(t)=\varepsilon_0\frac{\partial E(t)}{\partial t}=\frac{1}{\pi a^2}\frac{dQ(t)}{dt}=\frac{1}{\pi a^2}I(t)$$

の変位電流が極板の中心軸に平行に生じる．

コンデンサーの形のもつ対称性から明らかなように，極板間の磁束密度 $\boldsymbol{B}$ は中心軸のまわりを回転する向きに生じ，その大きさは軸からの距離 r のみに依存する．そこで，軸を中心とし軸に垂直な半径 r の円周 C を考え，その C に沿ってマクスウェル-アンペールの法則を適用することにしよう．円周 C 上の点における磁束密度の大きさを $B(r)$ とおくと，C 上の各点で $\boldsymbol{B}(\boldsymbol{r})\cdot\boldsymbol{t}(\boldsymbol{r})=B(r)$ となる．よって，C に沿っての $\boldsymbol{B}$ の線積分は

$$\int_C\{\boldsymbol{B}(\boldsymbol{r})\cdot\boldsymbol{t}(\boldsymbol{r})\}\,ds=B(r)\int_C ds=B(r)\cdot 2\pi r$$

となる．マクスウェル-アンペールの法則によれば，この線積分は円周 C を貫く電流 I' に μ_0 を掛けたものに等しい．C を貫くのは変位電流だけだから，その密度 $i_{\mathrm{d}}(t)$ に C の囲む面積 πr^2 を掛けて，

$$I'=i_{\mathrm{d}}(t)\cdot\pi r^2=\frac{I(t)}{\pi a^2}\cdot\pi r^2=\frac{r^2}{a^2}I(t)$$

となる．したがって，

$$B(r)\cdot 2\pi r=\mu_0 I'=\frac{\mu_0 r^2}{a^2}I(t)$$

となり，磁束密度の大きさは

$$B(r)=\frac{\mu_0 r}{2\pi a^2}I(t)$$

問　題 8-1

[1]　電気伝導率σの媒質に角振動数ωの振動電場がかかったとき，生じる伝導電流と変位電流の大きさの比を求めよ．また，振動数 $50\ \mathrm{s^{-1}}$ の交流では，その比が具体的にどの程度になるか，金属($\sigma \cong 10^7\ \Omega^{-1}\cdot\mathrm{m^{-1}}$)およびガラス($\sigma \cong 10^{-15}\ \Omega^{-1}\cdot\mathrm{m^{-1}}$)についてそれぞれ計算せよ．

[2]　強さIの定常電流が点 A$(0, 0, a)$ から点 B$(0, 0, b)$ に向かって流れるとき，マクスウェル-アンペールの法則を用いて，xy 面上の点 P に生じる磁束密度を求めよ．さらに，例題 6.3 において，ビオ-サバールの法則を用いて得た結果と一致することを示せ．ただし，$a<b$ とする．

[ヒント]　定常電流Iが有限区間 AB を流れるということは，2 点 A, B に電荷があって，その電荷が単位時間当りIの割合で時間変化することを意味する．この電荷の時間変化に伴い，まわりの電場が時間変化し，そのため変位電流が生じることを考えなければならない．

[3]　点電荷qが一定の速さvでz軸上を運動するとき，点 $\boldsymbol{r}=(x, y, z)$ に生じる電場ならびに磁束密度を求めよ．ただし，速さvは光速cに比べて十分に小さく，電場は静止した点電荷のつくる静電場と同じと考えてよいものとする．

[注意]　厳密にいえば，点電荷qが運動するとともに，まわりの空間につくられる磁場は時間変化し，そのため誘導起電力が生じる．したがって，電場を求めるとき，その誘導起電力による電場E'を含めて考えなければならないが，$v \ll c$ であれば，E'は静電場に比べ $(v/c)^2$ の程度だけ小さく，無視しても差し支えない．

[4]　無限に広い平らな導体の表面から正の点電荷qが一定の速さvでゆっくり遠ざかるとき，導体の表面上にはどのような変位電流が生じるか．

8-2　マクスウェルの方程式

マクスウェルの方程式　電荷密度 $\rho(\boldsymbol{r}, t)$，電流密度 $\boldsymbol{i}(\boldsymbol{r}, t)$ があるときの真空中の電場 $\boldsymbol{E}(\boldsymbol{r}, t)$，磁束密度 $\boldsymbol{B}(\boldsymbol{r}, t)$ に対する基本法則はつぎの 4 式にまとめられる．

$$\nabla\cdot\boldsymbol{E}(\boldsymbol{r}, t) = \frac{1}{\varepsilon_0}\rho(\boldsymbol{r}, t) \tag{8.6}$$

$$\nabla\cdot\boldsymbol{B}(\boldsymbol{r}, t) = 0 \tag{8.7}$$

$$\nabla\times\boldsymbol{B}(\boldsymbol{r}, t)-\varepsilon_0\mu_0\frac{\partial\boldsymbol{E}(\boldsymbol{r}, t)}{\partial t} = \mu_0\boldsymbol{i}(\boldsymbol{r}, t) \tag{8.8}$$

$$\nabla\times\boldsymbol{E}(\boldsymbol{r}, t)+\frac{\partial\boldsymbol{B}(\boldsymbol{r}, t)}{\partial t} = 0 \tag{8.9}$$

(8.6)～(8.9)の方程式の組を**マクスウェルの方程式**という．

(8.8), (8.9)の発散をつくり，(8.5)を用いると，つぎの式が得られる．

$$\frac{\partial}{\partial t}\left\{\nabla\cdot\boldsymbol{E}(\boldsymbol{r}, t)-\frac{1}{\varepsilon_0}\rho(\boldsymbol{r}, t)\right\} = 0 \tag{8.10}$$

$$\frac{\partial}{\partial t}\{\nabla\cdot\boldsymbol{B}(\boldsymbol{r}, t)\} = 0 \tag{8.11}$$

これより，(8.6), (8.7)が初期条件として成り立っていれば，(8.8), (8.9)によって時間変化する電場，磁場はつねに(8.6), (8.7)を満たすことがわかる．

例題 8.2　電荷密度が $\rho(\boldsymbol{r}, t)$, 電流密度が $\boldsymbol{i}(\boldsymbol{r}, t)$ で分布するとき生じる電磁場 $\boldsymbol{E}(\boldsymbol{r}, t)$, $\boldsymbol{B}(\boldsymbol{r}, t)$ は，方程式

$$\nabla^2 \boldsymbol{A}(\boldsymbol{r}, t) - \varepsilon_0 \mu_0 \frac{\partial^2 \boldsymbol{A}(\boldsymbol{r}, t)}{\partial t^2} = -\mu_0 \boldsymbol{i}(\boldsymbol{r}, t) \tag{1}$$

$$\nabla^2 \phi(\boldsymbol{r}, t) - \varepsilon_0 \mu_0 \frac{\partial^2 \phi(\boldsymbol{r}, t)}{\partial t^2} = -\frac{1}{\varepsilon_0} \rho(\boldsymbol{r}, t) \tag{2}$$

$$\nabla \cdot \boldsymbol{A}(\boldsymbol{r}, t) + \varepsilon_0 \mu_0 \frac{\partial \phi(\boldsymbol{r}, t)}{\partial t} = 0 \tag{3}$$

を満たすベクトル関数 $\boldsymbol{A}(\boldsymbol{r}, t)$ ならびにスカラー関数 $\phi(\boldsymbol{r}, t)$ を用いて，

$$\boldsymbol{E}(\boldsymbol{r}, t) = -\frac{\partial \boldsymbol{A}(\boldsymbol{r}, t)}{\partial t} - \nabla \phi(\boldsymbol{r}, t) \tag{4}$$

$$\boldsymbol{B}(\boldsymbol{r}, t) = \nabla \times \boldsymbol{A}(\boldsymbol{r}, t) \tag{5}$$

と表わされることを示せ．

［解］　マクスウェルの方程式(8.6)～(8.9)に，(4), (5)式を代入すると，

$$\nabla \cdot \left\{ \frac{\partial \boldsymbol{A}(\boldsymbol{r}, t)}{\partial t} + \nabla \phi(\boldsymbol{r}, t) \right\} = -\frac{1}{\varepsilon_0} \rho(\boldsymbol{r}, t) \tag{6}$$

$$\nabla \cdot \{\nabla \times \boldsymbol{A}(\boldsymbol{r}, t)\} = 0 \tag{7}$$

$$\nabla \times \{\nabla \times \boldsymbol{A}(\boldsymbol{r}, t)\} + \varepsilon_0 \mu_0 \frac{\partial}{\partial t} \left\{ \frac{\partial \boldsymbol{A}(\boldsymbol{r}, t)}{\partial t} + \nabla \phi(\boldsymbol{r}, t) \right\} = \mu_0 \boldsymbol{i}(\boldsymbol{r}, t) \tag{8}$$

$$\nabla \times \left\{ \frac{\partial \boldsymbol{A}(\boldsymbol{r}, t)}{\partial t} + \nabla \phi(\boldsymbol{r}, t) \right\} - \frac{\partial}{\partial t} \{\nabla \times \boldsymbol{A}(\boldsymbol{r}, t)\} = 0 \tag{9}$$

となる．以下，これらの式が満たされていることを示す．

まず，(6)式の左辺は(2), (3)式により，

$$\frac{\partial}{\partial t} \{\nabla \cdot \boldsymbol{A}(\boldsymbol{r}, t)\} + \nabla^2 \phi(\boldsymbol{r}, t) = -\varepsilon_0 \mu_0 \frac{\partial^2 \phi(\boldsymbol{r}, t)}{\partial t^2} + \nabla^2 \phi(\boldsymbol{r}, t) = -\frac{1}{\varepsilon_0} \rho(\boldsymbol{r}, t)$$

となり，これは右辺に等しい．

つぎに，(7)式が満たされることは 99 ページのワンポイントの(2)によって明らか．また，同じワンポイントの(3)を使うと(8)式の左辺は

$$\begin{aligned} &\nabla \{\nabla \cdot \boldsymbol{A}(\boldsymbol{r}, t)\} - \nabla^2 \boldsymbol{A}(\boldsymbol{r}, t) + \varepsilon_0 \mu_0 \frac{\partial^2 \boldsymbol{A}(\boldsymbol{r}, t)}{\partial t^2} + \varepsilon_0 \mu_0 \frac{\partial}{\partial t} \{\nabla \phi(\boldsymbol{r}, t)\} \\ &= -\nabla^2 \boldsymbol{A}(\boldsymbol{r}, t) + \varepsilon_0 \mu_0 \frac{\partial^2 \boldsymbol{A}(\boldsymbol{r}, t)}{\partial t^2} + \nabla \left\{ \nabla \cdot \boldsymbol{A}(\boldsymbol{r}, t) + \varepsilon_0 \mu_0 \frac{\partial \phi(\boldsymbol{r}, t)}{\partial t} \right\} \end{aligned}$$

と書き直される．ところが，この式は(1), (3)式によれば $\mu_0 \boldsymbol{i}(\boldsymbol{r}, t)$ に等しい．すなわち，

(8)式も満たされている．

(9)式についても，かならず $\nabla\times\{\nabla\phi(\boldsymbol{r},t)\}=0$ が成り立ち，また $\boldsymbol{r}$ の微分と t の微分の順序を入れ換えてよいので $\boldsymbol{A}(\boldsymbol{r},t)$ を含む項が互いに打ち消しあい，左辺は恒等的に0に等しいことがわかる．

問　題 8-2

[1]　空間座標 $\boldsymbol{r}$ を $-\boldsymbol{r}$ におき換える操作を**空間反転**，時間座標 t を $-t$ におき換える操作を**時間反転**という．電荷密度 $\rho(\boldsymbol{r},t)$ が空間反転ならびに時間反転に対し不変であるとき，つぎのおのおのの操作をすると，電場 $\boldsymbol{E}(\boldsymbol{r},t)$ と磁場 $\boldsymbol{B}(\boldsymbol{r},t)$ はそれぞれどのように変換されるか．マクスウェルの方程式をもとにして考えよ．

(1)　空間反転のみ

(2)　時間反転のみ

(3)　空間反転と時間反転

［ヒント］　電荷の保存則(8.5)式により，空間反転または時間反転の操作をすると，電流密度 $\boldsymbol{i}(\boldsymbol{r},t)$ は符号を変えることがわかる．マクスウェルの方程式に対し反転の操作をしたとき，$\boldsymbol{E}(\boldsymbol{r},t)$ と $\boldsymbol{B}(\boldsymbol{r},t)$ の符号がおのおの変わるかどうか調べればよい．

[2]　例題8.2で考えたベクトル関数 $\boldsymbol{A}(\boldsymbol{r},t)$ およびスカラー関数 $\phi(\boldsymbol{r},t)$ は，それぞれ電磁場が変動する場合のベクトル・ポテンシャル，電位(静電ポテンシャル)である．これらのポテンシャル $\boldsymbol{A}(\boldsymbol{r},t)$，$\phi(\boldsymbol{r},t)$ に対し，

$$\nabla^2\chi(\boldsymbol{r},t)-\varepsilon_0\mu_0\frac{\partial^2\chi(\boldsymbol{r},t)}{\partial t^2}=0 \tag{1}$$

の方程式を満たす任意のスカラー関数 $\chi(\boldsymbol{r},t)$ を用いて，

$$\boldsymbol{A}'(\boldsymbol{r},t)=\boldsymbol{A}(\boldsymbol{r},t)+\nabla\chi(\boldsymbol{r},t) \tag{2}$$

$$\phi'(\boldsymbol{r},t)=\phi(\boldsymbol{r},t)-\frac{\partial\chi(\boldsymbol{r},t)}{\partial t} \tag{3}$$

と定義される $\boldsymbol{A}'(\boldsymbol{r},t)$，$\phi'(\boldsymbol{r},t)$ も，例題8.2の(1)～(5)式と同様の式を満たすことを示せ．

［注意］　このように，電磁場を表わす $\boldsymbol{A}(\boldsymbol{r},t)$，$\phi(\boldsymbol{r},t)$ の組は1通りではなく関数 $\chi(\boldsymbol{r},t)$ だけの任意性がある．しかし，$\chi(\boldsymbol{r},t)$ のいかんによらず，それらが表わす電磁場は同じである．上の(2)，(3)式で与えられる変換を，電磁場が変動する場合に拡張された**ゲージ変換**という(6-6節参照)．

8-3　電磁場のエネルギー

電磁場のエネルギー　電場 $\boldsymbol{E}(\boldsymbol{r}, t)$ と磁場 $\boldsymbol{B}(\boldsymbol{r}, t)$ が同時にあるとき，単位体積当りのエネルギーはつぎのように表わされる．

$$u(\boldsymbol{r}, t) = \frac{1}{2}\varepsilon_0|\boldsymbol{E}(\boldsymbol{r}, t)|^2 + \frac{1}{2\mu_0}|\boldsymbol{B}(\boldsymbol{r}, t)|^2 \tag{8.12}$$

ポインティング・ベクトル　エネルギー密度 $u(\boldsymbol{r}, t)$ の時間微分をつくると，マクスウェルの方程式を用いてつぎの関係が証明できる．

$$\frac{\partial u(\boldsymbol{r}, t)}{\partial t} + \nabla\cdot\boldsymbol{S}(\boldsymbol{r}, t) = -\boldsymbol{i}(\boldsymbol{r}, t)\cdot\boldsymbol{E}(\boldsymbol{r}, t) \tag{8.13}$$

$$\boldsymbol{S}(\boldsymbol{r}, t) = \frac{1}{\mu_0}\boldsymbol{E}(\boldsymbol{r}, t)\times\boldsymbol{B}(\boldsymbol{r}, t) \tag{8.14}$$

(8.13)の右辺は電場が電流に対してする仕事(5.10)の符号を変えたもの，すなわち，この仕事によって生じる電磁場のエネルギーの減少を表わす．左辺第1項はエネルギー密度の変化であるから，エネルギーの保存則により，左辺第2項は点 $\boldsymbol{r}$ から流れ出すエネルギーを表わすことがわかる．したがって，$\boldsymbol{S}(\boldsymbol{r}, t)$ はエネルギーの流れの密度である．$\boldsymbol{S}(\boldsymbol{r}, t)$ を**ポインティング・ベクトル**という．

One Point ——**電磁場の運動量**

荷電粒子が電磁場を媒介にして力を及ぼしあっているとき，粒子が動いていると，粒子の間でエネルギーと運動量のやりとりが起こる．このことは，近接作用の立場からすれば，電磁場が粒子から粒子へエネルギーと運動量を運ぶ役割をしていることを意味する．電磁場自身がエネルギーと運動量を持っていなければ，こういう役割を果たすことはできない．(8.12)がそのエネルギー密度である．またポインティング・ベクトル $\boldsymbol{S}$ はエネルギーの流れの密度であるが，同時に $\boldsymbol{S}/c^2$ (c は光速(8.21))は電磁場の運動量密度を表わすことがわかっている．

例題 8.3　半径 a の円形状の極板をもった平行板コンデンサーがある．極板の間に起電力 ϕ の電池をつないだまま，極板の間隔をゆっくりと広げるとき，極板間に生じるポインティング・ベクトルを求めよ．また，間隔が x から Δx だけ広がる間に，極板間の空間から外へ流れ出る電磁場のエネルギーはいくらか．ただし，$x \gg \Delta x$ とし，極板間に生じる電場は一様であるとする．

［**解**］　時刻 t での極板の間隔を $x(t)$ とすると，電位差 ϕ の極板間に一様に生じる電場の強さは $E(t)=\phi/x(t)$ となる．間隔 $x(t)$ が時間 t とともに変化するので，電場 $E(t)$ も時間変化し，そのため極板間の空間には密度

$$i_{\mathrm{d}}(t) = \varepsilon_0 \frac{\partial E(t)}{\partial t} = \varepsilon_0 \phi \frac{d}{dt} \frac{1}{x(t)} = -\frac{\varepsilon_0 \phi}{x(t)^2} \frac{dx}{dt}$$

の変位電流が生じる．間隔が広がるとき $dx/dt>0$ だから，$i_{\mathrm{d}}(t)<0$ となり変位電流は電場 $E(t)$ と逆向きである．

例題 8.1 で計算したように，マクスウェル-アンペールの法則を用いると，極板間において中心軸から $r\,(<a)$ の距離にある点に生じる磁束密度の大きさは

$$B(r,t) = \frac{\mu_0 i_{\mathrm{d}}(t)\cdot \pi r^2}{2\pi r} = -\frac{\varepsilon_0 \mu_0 \phi r}{2x(t)^2} \frac{dx}{dt}$$

となる．右図のように，磁束密度 $\boldsymbol{B}$ は中心軸のまわりに回転する向きにあり，$\boldsymbol{B}$ の向きに右ねじを回転させると，その右ねじは電場 $\boldsymbol{E}$ と逆の向きに進む．このように，$\boldsymbol{E}$ と $\boldsymbol{B}$ の向きはかならず互いに垂直になるので，ポインティング・ベクトル $\boldsymbol{S}=\mu_0{}^{-1}\boldsymbol{E}\times\boldsymbol{B}$ はその両者に垂直で，中心軸から放射状に外側を向いて生じる．その大きさは

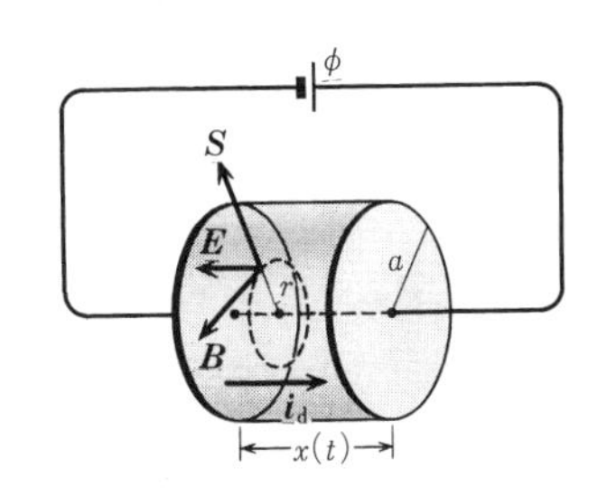

$$S(r,t) = \mu_0{}^{-1}|\boldsymbol{E}(t)\times\boldsymbol{B}(r,t)| = \mu_0{}^{-1}E(t)\cdot|\boldsymbol{B}(r,t)| = \frac{\varepsilon_0 \phi^2 r}{2x(t)^3} \frac{dx}{dt}$$

単位時間当り極板間の空間から外へ流れ出る電磁場のエネルギーは，極板と同じ中心軸をもつ半径 a，長さ $x(t)$ の円筒の側面の面積 $2\pi a\cdot x(t)$ に，その側面を垂直に外側に通りぬけるポインティング・ベクトル $S(a,t)$ を掛けたものに等しい．したがって，時間 Δt の間に極板の間隔が x から $x+\Delta x$ まで広がるとすると，その間に外へ流れ出る電磁場のエネルギー ΔU は

$$\begin{aligned}\Delta U &= \int_t^{t+\Delta t} 2\pi a \cdot x(t) \cdot S(a, t) dt \\ &= \pi\varepsilon_0 a^2 \phi^2 \int_t^{t+\Delta t} \frac{1}{x(t)^2} \frac{dx}{dt} dt = \varepsilon_0 A \phi^2 \int_x^{x+\Delta x} \frac{1}{x^2} dx \\ &= \varepsilon_0 A \phi^2 \left(\frac{1}{x} - \frac{1}{x+\Delta x} \right) \cong \frac{\varepsilon_0 A \phi^2}{x^2} \Delta x\end{aligned}$$

となる．ここで，$A=\pi a^2$ は極板の面積である．問題4-5 問[5]で調べたように，この ΔU はコンデンサーが電池にする仕事 $-\Delta W_{\mathrm{e}}$ に等しい．

問　題 8-3

[1]　マクスウェルの方程式を用いて，(8.13)式が成り立つことを示せ．

[2]　半径 a，長さ l の円筒状の導線に起電力 ϕ の電池をつないで強さ I の定常電流を流したとき，導線の表面に生じるポインティング・ベクトルを求めよ．さらに，外から導線に流れこむ電磁場のエネルギーが，導線内に発生するジュール熱に等しいことを示せ．

[3]　例題8.1で考えた平行板コンデンサーについて，コンデンサーを放電させるとき，極板間の空間に生じるポインティング・ベクトルを求めよ．さらに，放電が完全に終わるまでに外へ流れ出る電磁場のエネルギーが，はじめコンデンサーに蓄えられていたエネルギーに等しいことを示せ．

[4]　問題8-1 問[2]のように，有限な区間ABを強さ I の定常電流が流れるとき，まわりの空間に生じる電磁場のエネルギーの流れの様子を図に示せ．

[5]　問題8-1 問[3]で求めたように，z 軸上を一定の速さ v で運動する点電荷 q が点 $\boldsymbol{r}$ につくる電磁場は，v が光速 c に比べて十分に小さいとき，

$$\boldsymbol{E}(\boldsymbol{r}, t) = \frac{q}{4\pi\varepsilon_0} \frac{\boldsymbol{r}-\boldsymbol{r}_q}{|\boldsymbol{r}-\boldsymbol{r}_q|^3}, \qquad \boldsymbol{B}(\boldsymbol{r}, t) = \frac{\mu_0 q}{4\pi} \frac{\boldsymbol{v}\times(\boldsymbol{r}-\boldsymbol{r}_q)}{|\boldsymbol{r}-\boldsymbol{r}_q|^3}$$

と表わされる．ここで，$\boldsymbol{r}_q=\boldsymbol{v}t$ は時刻 t における点電荷 q の位置を表わし，$\boldsymbol{v}=(0, 0, v)$ である．

(1)　電磁場のエネルギー密度 $u(\boldsymbol{r}, t)$ ならびにポインティング・ベクトル $\boldsymbol{S}(\boldsymbol{r}, t)$ を求めよ．

(2)　$\partial u(\boldsymbol{r}, t)/\partial t + \nabla\cdot\boldsymbol{S}(\boldsymbol{r}, t)=0$ が成り立つことを示せ．

［ヒント］　次節の(8.25)式によれば，$c=1/\sqrt{\varepsilon_0\mu_0}$．よって，$\boldsymbol{B}(\boldsymbol{r}, t)=c^{-2}\boldsymbol{v}\times\boldsymbol{E}(\boldsymbol{r}, t)$．

8-4 電磁波

真空中の電磁場 電荷も電流もない真空中で，電磁場が z 軸方向にのみ空間変化するものと仮定すれば，マクスウェル方程式(8.6)～(8.9)より，電磁場の z 成分について

$$E_z(z,t) = 一定, \qquad B_z(z,t) = 一定 \tag{8.15}$$

を得る．変動する x, y 成分については，

$$\begin{aligned} \frac{\partial E_x(z,t)}{\partial z} + \frac{\partial B_y(z,t)}{\partial t} &= 0 \\ \frac{\partial B_y(z,t)}{\partial z} + \varepsilon_0 \mu_0 \frac{\partial E_x(z,t)}{\partial t} &= 0 \end{aligned} \tag{8.16}$$

となる．E_y, B_x の組についても同様の式の組を得る．E_x に対する式にまとめると

$$\frac{\partial^2 E_x(z,t)}{\partial z^2} - \varepsilon_0 \mu_0 \frac{\partial^2 E_x(z,t)}{\partial t^2} = 0 \tag{8.17}$$

波動方程式 一般に，つぎの形をした偏微分方程式を**波動方程式**という．

$$\frac{\partial^2 F(z,t)}{\partial z^2} - \frac{1}{c^2} \frac{\partial^2 F(z,t)}{\partial t^2} = 0 \tag{8.18}$$

一般解は，任意の関数 $f(x), g(x)$ により

$$F(z,t) = f(z-ct) + g(z+ct) \tag{8.19}$$

と表わすことができる．第1項は z 軸の正の向き，第2項は負の向きに進む波を表わす．c は波が伝わる速さである．

電磁波 (8.16)の，角振動数 ω で振動し，z 軸の正の向きに進む波の解は

$$\begin{aligned} E_x(z,t) &= E_0 \cos(kz - \omega t) \\ B_y(z,t) &= B_0 \cos(kz - \omega t) \end{aligned} \tag{8.20}$$

$$\frac{\omega}{k} \equiv c = \frac{1}{\sqrt{\varepsilon_0 \mu_0}} \tag{8.21}$$

$$B_0 = \frac{E_0}{c} \tag{8.22}$$

この解は，z 軸の正の向きに進む，波長 $\lambda=2\pi/k$ の平面波の電磁波を表わす(図8-1)．c は電磁波の伝わる速さ(光速)である．電磁波は電場と磁場が互いに垂直な横波である．また，光は電磁波の一種である．

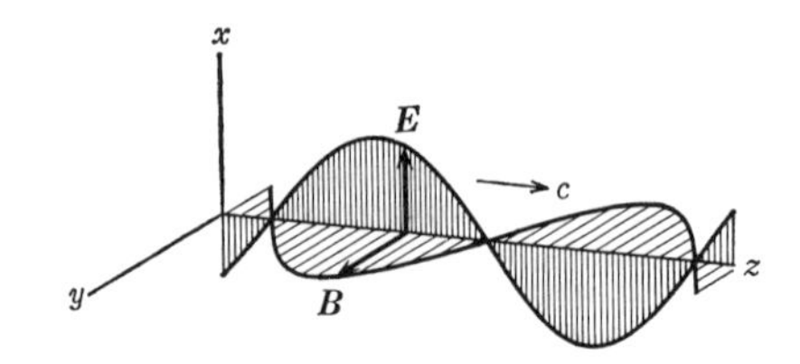

図 8-1　電磁波

エネルギーの流れ　電磁波(8.20)のエネルギー密度は

$$u(z,t)=\varepsilon_0 E_0{}^2\cos^2(kz-\omega t) \tag{8.23}$$

ポインティング・ベクトルは

$$S_z(z,t)=cu(z,t) \tag{8.24}$$

これはエネルギー u が波とともに光速 c で伝わることを示す．

光速　真空中の光速は

$$c=\frac{1}{\sqrt{\varepsilon_0\mu_0}}=2.99792458\times10^8\ \mathrm{m\cdot s^{-1}} \tag{8.25}$$

である．光速は非常に精密な測定が可能なので，現在では光速をもとにして長さの単位(m)を定義している．上記の値は定義値である．

例題 8.4 電荷も電流も存在しない真空中で，電磁場が z 軸方向にのみ空間変化するとして，変動する電場の x, y 成分をそれぞれ

$$E_x(z, t) = f_1(z-ct)+g_1(z+ct) \tag{1}$$

$$E_y(z, t) = f_2(z-ct)+g_2(z+ct) \tag{2}$$

と表わしたとき，磁場の x, y 成分 $B_x(z, t)$, $B_y(z, t)$ はどのように与えられるか．ただし，$c=1/\sqrt{\varepsilon_0\mu_0}$ であり，$f_{1,2}(u)$, $g_{1,2}(u)$ は 1 変数 u の関数とする．

［解］ 真空中に電荷や電流が存在しないとき，マクスウェルの方程式のうち，(8.8)式の x, y 成分を書くと，

$$-\frac{\partial B_y(z, t)}{\partial z}-\varepsilon_0\mu_0\frac{\partial E_x(z, t)}{\partial t} = 0 \tag{3}$$

$$\frac{\partial B_x(z, t)}{\partial z}-\varepsilon_0\mu_0\frac{\partial E_y(z, t)}{\partial t} = 0 \tag{4}$$

となる．$f_1(u)$ の u についての微分をダッシュで表わすことにすると，$f_1(z-ct)$ の t についての偏微分は

$$\begin{aligned}\frac{\partial f_1(z-ct)}{\partial t} &= \frac{\partial(z-ct)}{\partial t}\cdot f_1'(z-ct) = -c\cdot f_1'(z-ct)\\ &= -c\frac{\partial(z-ct)}{\partial z}\cdot f_1'(z-ct) = -c\frac{\partial f_1(z-ct)}{\partial z}\end{aligned} \tag{5}$$

と変形される．同様にして，

$$\frac{\partial g_1(z+ct)}{\partial t} = c\frac{\partial g_1(z+ct)}{\partial z} \tag{6}$$

よって，(1)式の t についての偏微分は(5), (6)式により，

$$\frac{\partial E_x(z, t)}{\partial t} = -c\frac{\partial}{\partial z}\{f_1(z-ct)-g_1(z+ct)\}$$

となる．これを(3)式に代入し，$c=1/\sqrt{\varepsilon_0\mu_0}$ の関係を用いれば，

$$\frac{\partial B_y(z, t)}{\partial z} = \frac{1}{c}\frac{\partial}{\partial z}\{f_1(z-ct)-g_1(z+ct)\}$$

を得る．したがって，磁場の y 成分は，上式を z で積分して，

$$B_y(z, t) = \frac{1}{c}\{f_1(z-ct)-g_1(z+ct)\} \tag{7}$$

と与えられる．ここで，変動する磁場にとって積分定数は意味がないので省略した．同様に，(2), (4)式により，磁場の x 成分は

$$B_x(z, t) = -\frac{1}{c}\{f_2(z-ct)-g_2(z+ct)\} \tag{8}$$

問　題 8-4

[1]　例題 8.4 において導入した関数 $f_{1,2}(z-ct)$, $g_{1,2}(z-ct)$ を用いて，電磁場のエネルギー密度 $u(z,t)$ およびポインティング・ベクトルの大きさ $S(z,t)$ をそれぞれ表わせ．

[2]　z 軸の正の向きに進む角振動数 ω の電磁波がある．電場は x 軸の方向に振幅 E_0 で振動し，

$$E(z,t) = E_0\cos(kz-\omega t)$$

で与えられるとして，つぎの問いに答えよ．ただし，$\omega=ck$ である．

(1)　磁場 $B(z,t)$ を求めよ．

(2)　電場および磁場のエネルギー密度 $u_{\mathrm{e}}(z,t)$, $u_{\mathrm{m}}(z,t)$ をそれぞれ求め，それらが互いに等しいことを示せ．

(3)　ポインティング・ベクトル $S(z,t)$を求めよ．

[3]　z 軸の正負の向きにそれぞれ進む 2 つの電磁波がある．電場は x 軸の方向に振動し，$\omega=ck$ として，

$$E_1(z,t) = E_0\sin(kz-\omega t)$$
$$E_2(z,t) = E_0\sin(kz+\omega t)$$

で与えられるとする．これらの電磁波の重ね合わせによって生じる電磁場の振動はどのようになるか，調べよ．また，このときの電磁場のエネルギー密度ならびにポインティング・ベクトルを求めよ．

[4]　電荷も電流も存在しない真空中の電磁場に対して，マクスウェルの方程式から，

$$\nabla^2\boldsymbol{E}(\boldsymbol{r},t)-\varepsilon_0\mu_0\frac{\partial^2\boldsymbol{E}(\boldsymbol{r},t)}{\partial t^2} = 0$$

$$\nabla^2\boldsymbol{B}(\boldsymbol{r},t)-\varepsilon_0\mu_0\frac{\partial^2\boldsymbol{B}(\boldsymbol{r},t)}{\partial t^2} = 0$$

の波動方程式が成り立つことを導け．

9

物質中の電場と磁場

電気を伝えにくい絶縁体であっても，静電場をかけると，正負の電荷密度にわずかなずれが生じ，物質中に電気双極子モーメントが現われる．また，物質に静磁場をかけると，磁気双極子モーメントが誘起される．これらの効果を考慮して，物質中の電束密度と磁場の強さを定義すると，物質中の静電場・静磁場の基本法則は，真空中の法則と同じ形になる．

9-1　分極と電束密度

誘電分極　絶縁体では電子はすべて分子(または原子)に結合しており，電場をかけても電流は流れない．しかし，電子は分子の中ではある程度移動できるので，電場をかけると分子内の電荷分布にずれが生じ，分子は電気双極子モーメントをもつようになる．その結果，物体にも電気双極子モーメントが現われる．分子に誘起されたモーメント $\boldsymbol{p}$ は，分子にかかる電場 $\boldsymbol{E}_{\mathrm{m}}$ に比例し，

$$\boldsymbol{p} = \alpha \boldsymbol{E}_{\mathrm{m}} \tag{9.1}$$

と表わされる．α を分子の**分極率**という．

物質によっては，分子がはじめから電気双極子モーメントをもつ場合がある．しかし，このような場合でも，分子は乱雑な熱運動を行なっているので，電場がないときは物体は全体としてみるとモーメントをもたない．電場がかかると，分子のモーメントの向きが電場の方向にそろい，物体が電気双極子モーメントをもつようになる．

これらの現象を**誘電分極**という．また，絶縁体のこのような性質に注目するとき，絶縁体を**誘電体**と呼ぶ．

分極ベクトル　分子1個当りの電気双極子モーメントを $\boldsymbol{p}$，分子の数密度を n とすれば，誘電体には単位体積当り

$$\boldsymbol{P} = n\boldsymbol{p} \tag{9.2}$$

の双極子モーメントが生じる．$\boldsymbol{P}$ を**分極ベクトル**という．

分極電荷　誘電体には正負の電荷が等しい密度で分布しているとみることができる．両者がずれた状態が**分極**である(図9-1)．電荷密度を $\pm\rho$，ずれを $\boldsymbol{u}$ とすれば，分極ベクトルは

$$\boldsymbol{P} = \rho \boldsymbol{u}$$

と表わされる．ずれが空間的に一様でないと，誘

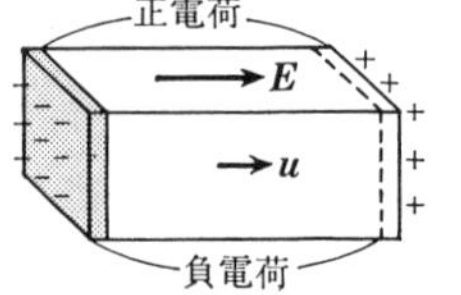

図9-1　正負の電荷がずれて分極が生じる

電体の中に電荷が現われる．これを**分極電荷**という．

誘電体の中に閉曲面 S を考える．電荷密度のずれによって曲面の内部に現われる全電荷は

$$-\int_S \rho\,\{\boldsymbol{u}(\boldsymbol{r})\cdot\boldsymbol{n}(\boldsymbol{r})\}\,dS$$

である．したがって，分極ベクトル $\boldsymbol{P}$ と分極電荷密度 $\rho_{\rm p}$ を用いて表わすと

$$\int_V \rho_{\rm p}(\boldsymbol{r})dV = -\int_S \{\boldsymbol{P}(\boldsymbol{r})\cdot\boldsymbol{n}(\boldsymbol{r})\}\,dS \tag{9.3}$$

ガウスの法則と同様にして微分形に書き直すと

$$\rho_{\rm p}(\boldsymbol{r}) = -\nabla\cdot\boldsymbol{P}(\boldsymbol{r}) \tag{9.4}$$

誘電体表面の分極電荷　分極が一様であっても，誘電体の表面には分極電荷が現われる．表面の分極電荷密度 $\sigma_{\rm p}$ は，(9.3)を表面の微小領域を含む曲面に適用すると，表面に垂直な外向きの単位ベクトルを $\boldsymbol{n}$ として，

$$\sigma_{\rm p} = \boldsymbol{P}\cdot\boldsymbol{n} \tag{9.5}$$

電束密度と誘電率　電束密度 $\boldsymbol{D}(\boldsymbol{r})$ はつぎのように定義される．

$$\boldsymbol{D}(\boldsymbol{r}) = \varepsilon_0\boldsymbol{E}(\boldsymbol{r})+\boldsymbol{P}(\boldsymbol{r}) \tag{9.6}$$

真空中($\boldsymbol{P}=0$)でも，$\boldsymbol{D}=\varepsilon_0\boldsymbol{E}$ を**電束密度**と呼ぶ．

電場が弱いとき，分極ベクトルは電場に比例する．

$$\boldsymbol{P} = \chi_{\rm e}\boldsymbol{E} \tag{9.7}$$

とおくとき，$\chi_{\rm e}$ を**電気感受率**という．電束密度は

$$\boldsymbol{D} = \varepsilon\boldsymbol{E}, \qquad \varepsilon = \varepsilon_0+\chi_{\rm e} \tag{9.8}$$

となる．ε を物質の誘電率，

$$\kappa = \frac{\varepsilon}{\varepsilon_0} \tag{9.9}$$

を**比誘電率**という(表 9-1)．

表 9-1　物質の比誘電率（気体は 20°C，1気圧の値．液体，固体は常温の値）

物　質	比誘電率
酸　素	1.000495
二酸化炭素	1.000922
水	80.36
パラフィン	1.9～2.4
石英ガラス	3.5～4.0

例題 9.1　極板面積 A の平行板コンデンサーに $\pm q$ の電荷を与え，極板間に誘電率 ε の誘電体を挿入したとき，誘電体の内部に生じる電場を求めよ．

［**解**］　右図のように，電荷 $\pm q$ がそれぞれ分布する極板を a, b とする．間隔に比べて極板が十分に広ければ，電荷は極板上に一様な面密度 $\pm\sigma=\pm q/A$ で分布すると見なしてよい．例題 4.6 の(1)で求めたように，それらの電荷による電場は極板間の空間のみに生じ，a から b への向きに

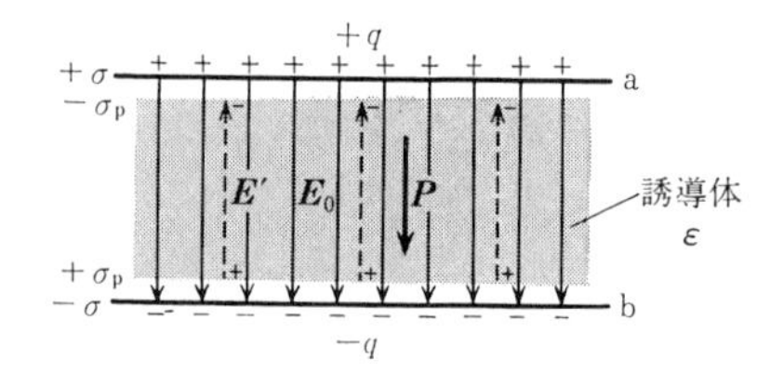

$$E_0=\frac{\sigma}{\varepsilon_0}=\frac{q}{\varepsilon_0 A}$$

の一様な強さである．

この電場 E_0 のため，極板間に挿入された誘電体は E_0 と同じ a→b の向きに一様に分極する．すなわち，極板に接した誘電体の表面に，極板のもつ電荷に引かれて，その電荷と逆符号の分極電荷が現われることになる．誘電体に生じる分極ベクトルの大きさを P とすると，(9.5)式により，分極電荷の面密度は a 側の表面で $-\sigma_p=-P$，b 側の表面で $+\sigma_p=P$ となる．よって，これらの分極電荷が誘電体の内部につくる電場は，上図のように，b→a の向きに一様であり，その強さは

$$E'=-\frac{\sigma_p}{\varepsilon_0}=-\frac{P}{\varepsilon_0}$$

したがって，誘電体の内部に生じる電場 E は，E_0 と E' の重ね合わせであり，

$$E=E_0+E'=E_0-P/\varepsilon_0$$

と得られる．分極ベクトル P と電場 E との間には(9.7), (9.8)式のように，$P=(\varepsilon-\varepsilon_0)E$ の関係がある．これを上式に代入して P を消去し，さらに $E_0=q/\varepsilon_0 A$ を用いると，

$$E=\frac{1}{1+(\varepsilon-\varepsilon_0)/\varepsilon_0}E_0=\frac{\varepsilon_0}{\varepsilon}E_0=\frac{q}{\varepsilon A}$$

となる．電場 E の向きは E_0 と同じ a→b である．一般に $\varepsilon>\varepsilon_0$ だから $E<E_0$ となり，誘電体内に生じる電場 E は E_0 に比べ $\varepsilon_0/\varepsilon$ だけ弱い．

例題 9.2 半径 a，誘電率 ε の誘電体の球を一様な電場 $\boldsymbol{E}_0$ の中においたとき，球の内部に生じる電場 $\boldsymbol{E}$ ならびに分極ベクトル $\boldsymbol{P}$ を求めよ．

［解］ 誘電体の球を，正負の電荷が一様な密度 $\pm\rho$ でそれぞれ分布した半径 a の 2 つの球からなると見なすことにする．外からの電場がなければ，2 つの球は完全に重なり合ったままで，正負の電荷分布が打ち消され分極は生じない．ところが，誘電体の球を一様な電場 $\boldsymbol{E}_0$ の中におくと，右図のように，正の電荷球は $\boldsymbol{E}_0$ の向きに負の電荷球は逆向きに移動し，2 つの球の重なり合わない領域が現われる．すなわち，分極が生じ，2 つの球の中心の位置が相対的に $\boldsymbol{u}$ だけずれているとすると，分極ベクトルは $\boldsymbol{P}=\rho\boldsymbol{u}$ と表わされることになる．

ずれの大きさ $|\boldsymbol{u}|$ が半径 a に比べて十分に小さければ，誘電体の球内の点 $\boldsymbol{r}$ はかならず 2 つの電荷球の内部に含まれると考えてよい．例題 2.6 で求めたように，中心が $\pm\boldsymbol{u}/2$ に位置する正負の一様な電荷球がおのおの点 $\boldsymbol{r}$ につくる電場は

$$\boldsymbol{E}_{\pm}(\boldsymbol{r}) = \pm\frac{\rho}{3\varepsilon_0}\left(\boldsymbol{r}\mp\frac{\boldsymbol{u}}{2}\right)$$

と表わされる．よって，分極ベクトル $\boldsymbol{P}$ によって球内に生じる電場 $\boldsymbol{E}'(\boldsymbol{r})$ は，$\boldsymbol{E}_+(\boldsymbol{r})$ と $\boldsymbol{E}_-(\boldsymbol{r})$ の和に等しく，

$$\boldsymbol{E}'(\boldsymbol{r}) = \boldsymbol{E}_+(\boldsymbol{r})+\boldsymbol{E}_-(\boldsymbol{r}) = -\frac{\rho}{3\varepsilon_0}\boldsymbol{u} = -\frac{\boldsymbol{P}}{3\varepsilon_0}$$

となる．このように，$\boldsymbol{E}'(\boldsymbol{r})$ は $\boldsymbol{r}$ によらず一様で，$\boldsymbol{P}$ と逆向きである．

したがって，点 $\boldsymbol{r}$ における全体の電場 $\boldsymbol{E}$ は，外からの電場 $\boldsymbol{E}_0$ と $\boldsymbol{P}$ による電場 $\boldsymbol{E}'$ を重ね合わせることにより，

$$\boldsymbol{E} = \boldsymbol{E}_0+\boldsymbol{E}' = \boldsymbol{E}_0-\boldsymbol{P}/3\varepsilon_0$$

となる．分極ベクトル $\boldsymbol{P}$ と電場 $\boldsymbol{E}$ の間に成り立つ関係式 $\boldsymbol{P}=(\varepsilon-\varepsilon_0)\boldsymbol{E}$ を上式に代入して $\boldsymbol{P}$ を消去すると，

$$\boldsymbol{E} = \frac{1}{1+(\varepsilon-\varepsilon_0)/3\varepsilon_0}\boldsymbol{E}_0 = \frac{3\varepsilon_0}{\varepsilon+2\varepsilon_0}\boldsymbol{E}_0$$

を得る．また，分極ベクトルは

$$\boldsymbol{P} = \frac{3\varepsilon_0(\varepsilon-\varepsilon_0)}{\varepsilon+2\varepsilon_0}\boldsymbol{E}_0$$

問　題 9-1

[1]　水素原子において，陽子が正の点電荷 e として中心に位置し，陽子を中心とする半径 a の球内に電子の負電荷 $-e$ が一様に分布していると仮定する．この水素原子のモデルについて，その分極率 α を求めよ．さらに，水素原子の分極率の実際の値 $\alpha=7.4\times10^{-41}\ \mathrm{C^2\cdot N^{-1}\cdot m}$ から，モデルの半径 a がどれほどになるか，計算せよ．

［ヒント］　下左図のように，水素原子のモデルに一様な電場 $\boldsymbol{E}_0$ をかけると，正の点電荷は $\boldsymbol{E}_0$ の向きに，負電荷は逆向きに移動し，両者の中心の間にずれが生じる．ずれの大きさを u とすると，電気双極子モーメントは $p=eu$ の大きさになる．電場 $\boldsymbol{E}_0$ および負電荷から，正の点電荷にはたらく力のつり合いの条件により，u を求めよ．

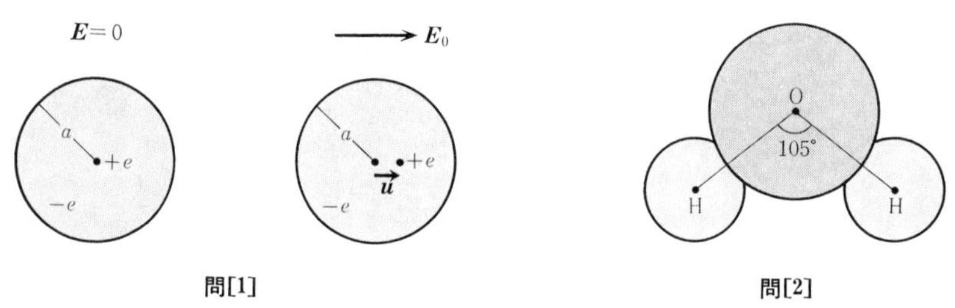

問[1]　　　　問[2]

[2]　水の分子 H_2O は上右図のような構造をしている．H–O–H のなす角は約 105°，H と O の原子核間の距離は約 9.6×10^{-11} m である．水の分子のもつ電気双極子は，6.14×10^{-30} C·m の大きさであるという．おのおのの原子内において電子の負電荷の平均分布が原子核のまわりに球対称であるとしたら，水素原子の電子の何パーセントが酸素原子に移っているということになるか．$\cos(105°/2)=0.609$ として計算せよ．

[3]　窒素分子の分極率は $1.93\times10^{-40}\ \mathrm{C^2\cdot N^{-1}\cdot m}$ である．これから窒素の比誘電率を計算せよ．ただし，アボガドロ定数は $N_\mathrm{A}=6.02\times10^{23}\ \mathrm{mol^{-1}}$，1 mol の気体の体積は 22.4 l である．

[4]　例題 9.2 において，誘電体の球に生じる電気双極子モーメントを求め，例題 4.3 で考えた導体球の場合と比較せよ．

9-2 誘電体と静電場

物質中のガウスの法則 分極電荷もふつうの電荷(真電荷)と同じように電場をつくる．そこで，ガウスの法則(3.1)に分極電荷の寄与をつけ加えると，

$$\nabla\cdot\boldsymbol{E}(\boldsymbol{r}) = \frac{1}{\varepsilon_0}\{\rho(\boldsymbol{r})+\rho_{\mathrm{p}}(\boldsymbol{r})\}$$

(9.4), (9.6)を使って書き直すと

$$\nabla\cdot\boldsymbol{D}(\boldsymbol{r}) = \rho(\boldsymbol{r}) \tag{9.10}$$

積分形にすれば

$$\int_S \{\boldsymbol{D}(\boldsymbol{r})\cdot\boldsymbol{n}(\boldsymbol{r})\}\,dS = \int_V \rho(\boldsymbol{r})dV \tag{9.11}$$

真空中のガウスの法則も，$\boldsymbol{D}=\varepsilon_0\boldsymbol{E}$ とおくと，(9.10), (9.11)と同じ形になる．

また，物質中においても，保存力の条件

$$\nabla\times\boldsymbol{E}(\boldsymbol{r}) = 0 \tag{9.12}$$

$$\int_C \{\boldsymbol{E}(\boldsymbol{r})\cdot\boldsymbol{t}(\boldsymbol{r})\}\,ds = 0 \tag{9.13}$$

が成り立つ．

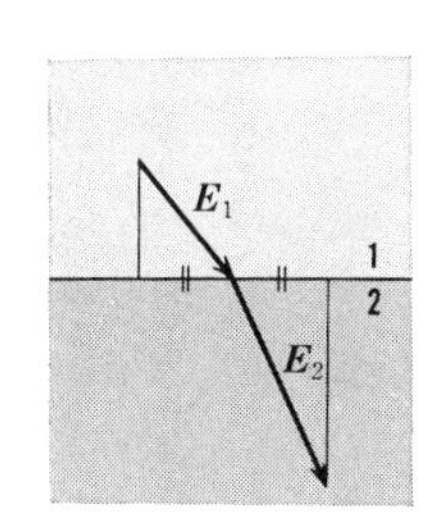

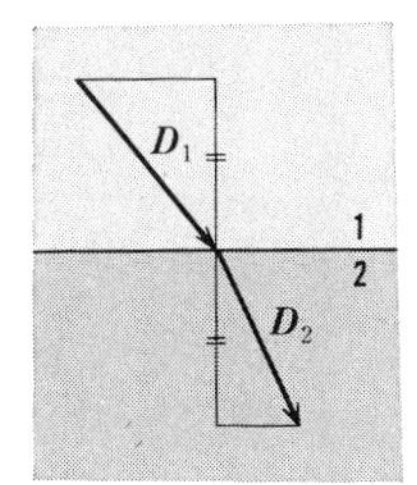

図 9-2 誘電体界面の境界条件

誘電体界面の境界条件 誘電率の異なる 2 種の誘電体 1, 2(一方は真空でもよい)が接している場合，境界条件としてつぎの関係が成り立つ．

(1) 境界面に真電荷が存在しないとき($\rho(\boldsymbol{r})=0$)，電場の境界面に平行な成分が連続である．境界面に平行な単位ベクトルを $\boldsymbol{t}$ とすれば

$$\boldsymbol{E}_1\cdot\boldsymbol{t} = \boldsymbol{E}_2\cdot\boldsymbol{t} \tag{9.14}$$

(2) 電束密度の境界面に垂直な成分が連続である．境界面に垂直な単位ベクトルを $\boldsymbol{n}$ とすれば

$$\boldsymbol{D}_1\cdot\boldsymbol{n} = \boldsymbol{D}_2\cdot\boldsymbol{n} \tag{9.15}$$

例題 9.3　誘電体界面の境界条件として，(9. 14)，(9. 15)式が成り立つことを示せ．

［**解**］　下図(a)のように，境界面にまたがった細長い，小さな長方形abcdをとり，(9. 13)式を適用する．辺ab, cdは境界面に平行，辺bc, daは十分短いとする．長方形が十分小さければ，電場は辺ab, cd上でそれぞれ一定値$\boldsymbol{E}_1, \boldsymbol{E}_2$をとるとしてよい．辺ab, cdの長さを$\Delta s$，境界面に平行な単位ベクトルを図(a)のように$\boldsymbol{t}$とすれば，

$$\int_{\mathrm{ab}} \{\boldsymbol{E}(\boldsymbol{r})\cdot\boldsymbol{t}(\boldsymbol{r})\}\, ds = (\boldsymbol{E}_1\cdot\boldsymbol{t})\Delta s$$

$$\int_{\mathrm{cd}} \{\boldsymbol{E}(\boldsymbol{r})\cdot\boldsymbol{t}(\boldsymbol{r})\}\, ds = -(\boldsymbol{E}_2\cdot\boldsymbol{t})\Delta s$$

辺bc, da上の積分を無視すれば，(9. 13)式により，

$$\int_{\mathrm{abcda}} \{\boldsymbol{E}(\boldsymbol{t})\cdot\boldsymbol{t}(\boldsymbol{r})\}\, ds = (\boldsymbol{E}_1\cdot\boldsymbol{t}-\boldsymbol{E}_2\cdot\boldsymbol{t})\Delta s = 0$$

これより，(9. 14)式が得られる．

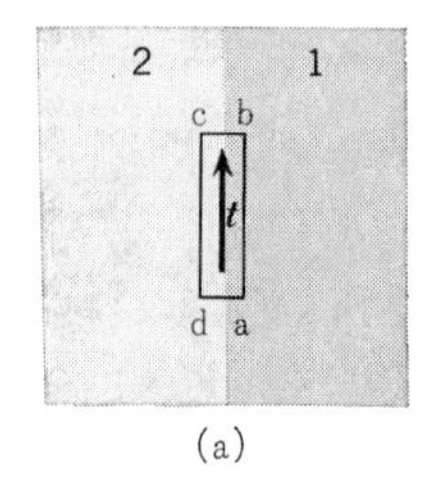

(a)

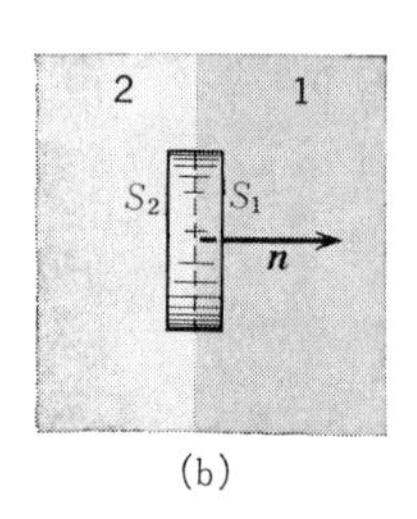

(b)

上図(b)のように，境界面にまたがる薄く小さな筒状の立体を考え，(9. 11)式を適用する．両底面は境界面に平行で，筒の厚みは十分薄いとする．立体が十分に小さければ，電束密度は両底面S_1, S_2上でそれぞれ一定値$\boldsymbol{D}_1, \boldsymbol{D}_2$をとるとしてよい．底面積を$\Delta S$，境界面に垂直な単位ベクトルを図(b)のように$\boldsymbol{n}$とすれば，

$$\int_{S_1} \{\boldsymbol{D}(\boldsymbol{r})\cdot\boldsymbol{n}(\boldsymbol{r})\}\, dS = (\boldsymbol{D}_1\cdot\boldsymbol{n})\Delta S$$

$$\int_{S_2} \{\boldsymbol{D}(\boldsymbol{r})\cdot\boldsymbol{n}(\boldsymbol{r})\}\, dS = -(\boldsymbol{D}_2\cdot\boldsymbol{n})\Delta S$$

側面上の積分を無視すれば，(9. 11)式により，$\rho=0$として，

$$\int_{S} \{\boldsymbol{D}(\boldsymbol{r})\cdot\boldsymbol{n}(\boldsymbol{r})\}\, dS = (\boldsymbol{D}_1\cdot\boldsymbol{n}-\boldsymbol{D}_2\cdot\boldsymbol{n})\Delta S = 0$$

これより，(9. 15)式が得られる．

例題 9.4 誘電率 ε の誘電体の平らな表面から a の距離にある真空中の点に点電荷 q をおいたとき，真空中ならびに誘電体内の領域にはどのような電場が生じるか.

［解］ 点電荷 q のつくる電場に引かれて誘電体の表面に q と逆符号の分極電荷が現われる. この分極電荷による電場を，導体のときの電気鏡像法(4-2 節)と同様に，仮想的な点電荷のつくる電場におき換えて考える.

右図のように，誘電体の表面上に x, y 軸，表面に垂直に点電荷 q の位置を通るように z 軸をとり，$z>0$ の領域を真空，$z<0$ の領域を誘電体とする. q の座標は $(0, 0, a)$ である. 電気鏡像法にならって，xy 面に関し q と対称な位置 $(0, 0, -a)$ に $-q'$ の点電荷があるとし，表面上の分極電荷が真空中につくる電場は，$-q'$ による電場と同じであると仮定する. また，誘電体内の電場は，仮の点電荷 q'' が点 $(0, 0, a)$ にあるとして，その q'' のみにより生じると考える.

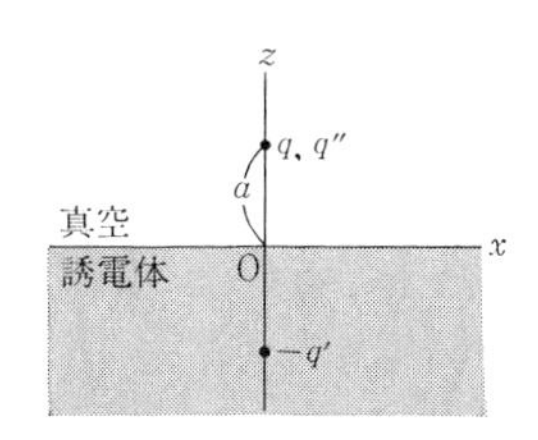

これらの仮定によれば，$z>0$，$z<0$ の各領域における電位 ϕ_1, ϕ_2 はそれぞれ

$$\phi_1(x, y, z) = \frac{1}{4\pi\varepsilon_0}\left\{\frac{q}{[x^2+y^2+(z-a)^2]^{1/2}} - \frac{q'}{[x^2+y^2+(z+a)^2]^{1/2}}\right\}$$

$$\phi_2(x, y, z) = \frac{1}{4\pi\varepsilon_0}\frac{q''}{[x^2+y^2+(z-a)^2]^{1/2}}$$

となる. 誘電体の表面上$(z=0)$での真空側の電場を $\boldsymbol{E}_1(x, y, 0)$，誘電体側の電場を $\boldsymbol{E}_2(x, y, 0)$ とすると，$\boldsymbol{E}_{1,2}(x, y, 0) = -[\nabla\phi_{1,2}(x, y, z)]_{z=0}$ の関係により，それらの各成分は

$$E_{1x}(x, y, 0) = \frac{q-q'}{4\pi\varepsilon_0}\frac{x}{r^3}, \qquad E_{2x}(x, y, 0) = \frac{q''}{4\pi\varepsilon_0}\frac{x}{r^3}$$

$$E_{1y}(x, y, 0) = \frac{q-q'}{4\pi\varepsilon_0}\frac{y}{r^3}, \qquad E_{2y}(x, y, 0) = \frac{q''}{4\pi\varepsilon_0}\frac{y}{r^3}$$

$$E_{1z}(x, y, 0) = -\frac{q+q'}{4\pi\varepsilon_0}\frac{a}{r^3}, \qquad E_{2z}(x, y, 0) = -\frac{q''}{4\pi\varepsilon_0}\frac{a}{r^3}$$

となる. ただし，$r=(x^2+y^2+a^2)^{1/2}$ である.

電場 $\boldsymbol{E}_1$ と $\boldsymbol{E}_2$ の接線成分(x, y 成分)が互いに等しいことから,

$$q-q' = q''$$

また，法線成分(z 成分)に対し，$\varepsilon_0 E_{1z}(x, y, 0)=\varepsilon E_{2z}(x, y, 0)$ が成り立つことにより,

$$\varepsilon_0(q+q') = \varepsilon q''$$

したがって，仮想的な点電荷の大きさとして,

$$q' = \frac{\varepsilon - \varepsilon_0}{\varepsilon + \varepsilon_0} q, \qquad q'' = \frac{2\varepsilon_0}{\varepsilon + \varepsilon_0} q$$

を得る．電場は q, $-q'$ または q'' の点電荷によるものと同じである．

問　題 9-2

[1]　誘電率 ε の十分に広い平らな誘電体の板が一様な電場 $\boldsymbol{E}_0$ の中におかれている．板の法線と $\boldsymbol{E}_0$ のなす角を θ として，板の両面に現われる分極電荷密度を求めよ．

[2]　誘電率 ε の誘電体内に一様な電場 $\boldsymbol{E}$ が生じている．その誘電体の中に，つぎのような形の空洞をつくったとき，空洞内に生じる電場 $\boldsymbol{E}'$ を求めよ．

(1)　$\boldsymbol{E}$ に平行な，細長い円筒状の空洞(図(a))．

(2)　$\boldsymbol{E}$ に垂直な，薄くて広い円板状の空洞(図(b))．

(3)　球状の空洞(図(c))．

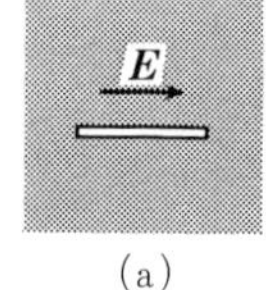

(a)

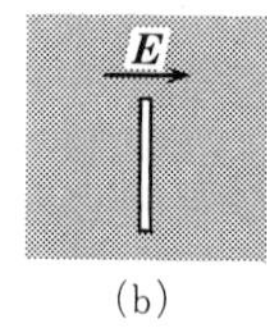

(b)

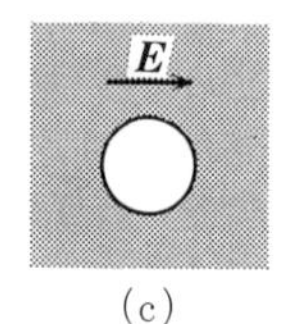

(c)

［ヒント］　(3)の場合，空洞をつくっても誘電体内の一様な分極ベクトル $\boldsymbol{P}=(\varepsilon-\varepsilon_0)\boldsymbol{E}$ が変化しないと見なしてよいならば，球の中心から見て電場 $\boldsymbol{E}$ と角 θ をなす方向にある空洞面上の点に現われる分極電荷密度は $\sigma_{\mathrm{p}}=-|\boldsymbol{P}|\cos\theta$ と表わされる．しかし，実際には空洞をつくると分極ベクトル $\boldsymbol{P}$ は変化する．そこで，$\boldsymbol{P}$ が $\boldsymbol{P}'$ に変化して，空洞面上に面密度 $\sigma_{\mathrm{p}}'=-|\boldsymbol{P}'|\cos\theta$ の分極電荷が生じたと仮定し，この分極電荷による電場と $\boldsymbol{E}$ とを重ね合わせた全体の電場が空洞面上で(9.14)と(9.15)式の境界条件を満たすことから，$\boldsymbol{P}'$ ならびに $\boldsymbol{E}'$ を求めよ．

[3]　右図のように，平行板コンデンサーの極板間が，誘電率 ε_1，厚さ d_1 の誘電体1と ε_2, d_2 の誘電体2とで満たされている．極板間の電位差を $\Delta\phi$ として，おのおのの誘電体の内部に生じる電場ならびに電束密度を求めよ．また，誘電体1と2の境界面に現われる分極電荷の面密度はいくらか．

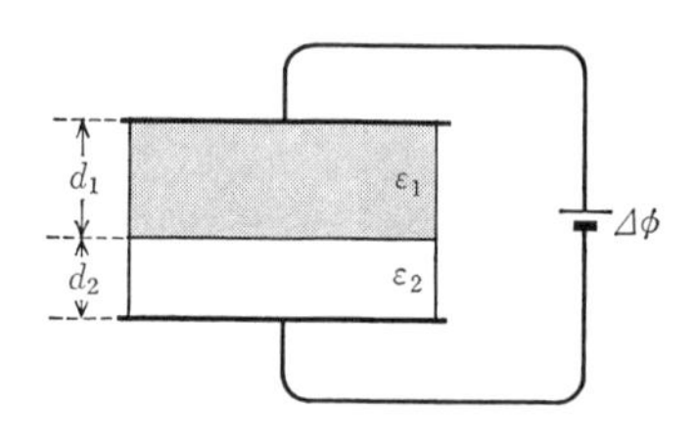

[4]　前問において，コンデンサーの電気容量ならびにコンデンサーに蓄えられているエネルギーを求めよ．ただし，極板面積を A とする．

[5]　例題9.4において，真空中ならびに誘電体内の領域に生じる電場の様子を図に示せ．また，誘電体の表面に現われる分極電荷の面密度を求めよ．

9–3 磁性体と静磁場

磁化 物質を磁場中におくと，物質に磁気双極子モーメントが誘起される．これを**磁化**といい，単位体積中に生じる双極子モーメント $\boldsymbol{M}(\boldsymbol{r})$ を**磁化ベクトル**という．鉄やニッケルでは，磁場と同じ向きに非常に大きな磁化が現われる．このような物質を**強磁性体**という．生じる磁化が小さい物質のうち，磁化が磁場と同じ向きになるものを**常磁性体**，逆向きになるものを**反磁性体**という．

磁化電流 磁気双極子モーメントは回転する電流と等価である(6–4 節)．物質が磁化した場合も，物質中にはそれに伴う電流が流れるとみることができる．この電流を**磁化電流**という．磁化 $\boldsymbol{M}(\boldsymbol{r})$ が生じたとき，磁化電流の電流密度は

$$\boldsymbol{i}_{\mathrm{m}}(\boldsymbol{r}) = \frac{1}{\mu_0}\nabla\times\boldsymbol{M}(\boldsymbol{r}) \tag{9.16}$$

物質中のアンペールの法則 物質中では，ふつうの電流と同じように磁化電流も磁場をつくる．アンペールの法則(6.25)に磁化電流の寄与をつけ加えると

$$\nabla\times\boldsymbol{B}(\boldsymbol{r}) = \mu_0\{\boldsymbol{i}(\boldsymbol{r})+\boldsymbol{i}_{\mathrm{m}}(\boldsymbol{r})\}$$

物質中で**磁場の強さ** $\boldsymbol{H}(\boldsymbol{r})$ を

$$\boldsymbol{H}(\boldsymbol{r}) = \frac{1}{\mu_0}\{\boldsymbol{B}(\boldsymbol{r})-\boldsymbol{M}(\boldsymbol{r})\} \tag{9.17}$$

により定義すると，アンペールの法則は

$$\nabla\times\boldsymbol{H}(\boldsymbol{r}) = \boldsymbol{i}(\boldsymbol{r}) \tag{9.18}$$

積分形に直すと，

$$\int_C\{\boldsymbol{H}(\boldsymbol{r})\cdot\boldsymbol{t}(\boldsymbol{r})\}\,ds = \int_S\{\boldsymbol{i}(\boldsymbol{r})\cdot\boldsymbol{n}(\boldsymbol{r})\}\,dS \tag{9.19}$$

物質中においても，ガウスの法則

$$\nabla\cdot\boldsymbol{B}(\boldsymbol{r}) = 0 \tag{9.20}$$

$$\int_S\{\boldsymbol{B}(\boldsymbol{r})\cdot\boldsymbol{n}(\boldsymbol{r})\}\,dS = 0 \tag{9.21}$$

が成り立つ．

物質の透磁率 磁場が弱いとき，磁化 $\boldsymbol{M}$ は磁場の強さ $\boldsymbol{H}$ に比例する．

$$\boldsymbol{M} = \chi_{\mathrm{m}}\boldsymbol{H} \tag{9.22}$$

と書くとき，χ_{m} を**磁化率**という．このとき

$$\boldsymbol{B} = \mu\boldsymbol{H}, \qquad \mu = \mu_0 + \chi_{\mathrm{m}} \tag{9.23}$$

μ を物質の**透磁率**という．ふつうの物質では μ は真空の透磁率に近い．

磁性体界面の境界条件 異なる2種の磁性体(一方は真空でもよい)1,2の境界面では，境界条件としてつぎの関係が成り立つ．

(1) 磁場の強さの境界面に平行な成分が連続である．境界面に平行な単位ベクトルを $\boldsymbol{t}$ とすれば

$$\boldsymbol{H}_1\cdot\boldsymbol{t} = \boldsymbol{H}_2\cdot\boldsymbol{t} \tag{9.24}$$

(2) 磁束密度の境界面に垂直な成分が連続である．境界面に垂直な単位ベクトルを $\boldsymbol{n}$ とすれば

$$\boldsymbol{B}_1\cdot\boldsymbol{n} = \boldsymbol{B}_2\cdot\boldsymbol{n} \tag{9.25}$$

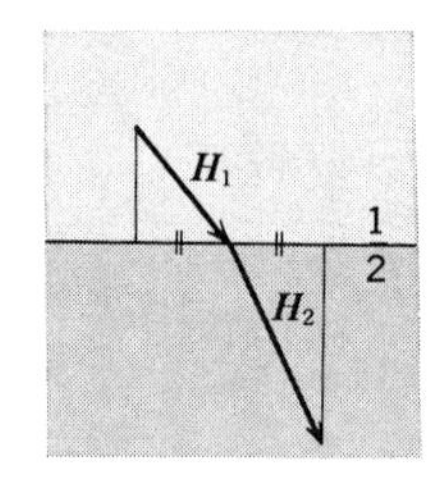

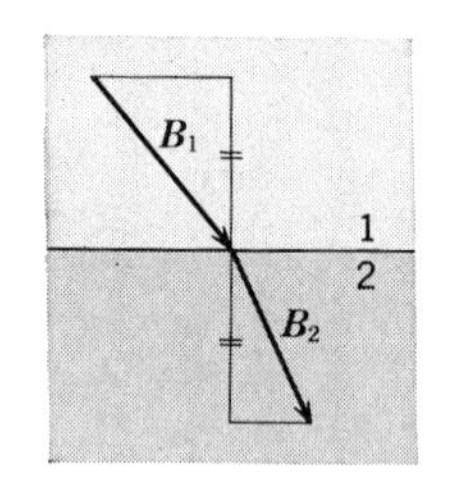

図 9-3 磁性体界面の境界条件

例題 9.5　幅 x の非常に狭い隙間をもつ，軸の長さ l のドーナツ状の鉄心がある．右図のように，この鉄心にコイルを N 回巻きつけ強さ I の定常電流を流したとき，鉄の透磁率を μ として，鉄心内ならびに隙間に生じる磁場を求めよ．とくに，$\mu x \gg \mu_0 l$ の場合はどうか．また，コイルの自己インダクタンスはいくらか．ただし，鉄心の太さは一様であり，その断面積を A とする．

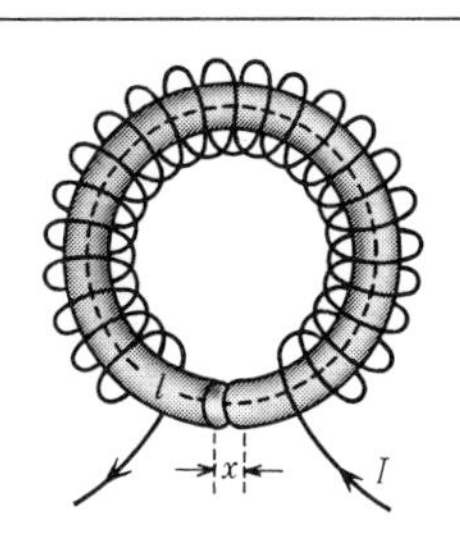

［**解**］　隙間がきわめて狭いから，磁束は外へもれることなく，隙間においても鉄心内と同じ面積 A の領域にわたり分布していると見なすことができる．したがって，鉄心と隙間の境界面で磁束密度の垂直成分が連続であることにより，鉄心内ならびに隙間に生じる磁束密度は互いに等しく，鉄心の軸に沿った方向にあるといえる．その大きさを B とすると，磁場の強さは，鉄心内で $H=B/\mu$，隙間で $H_0=B/\mu_0$ となる．そこで，鉄心の軸に沿ってアンペールの法則(9.19)式を適用すると，

$$Hl+H_0x = \left(\frac{l}{\mu}+\frac{x}{\mu_0}\right)B = NI$$

を得る．よって，磁束密度 B は

$$B = \frac{\mu\mu_0 NI}{\mu_0 l+\mu x}$$

となり，磁場の強さ H および H_0 はそれぞれ

$$H = \frac{\mu_0 NI}{\mu_0 l+\mu x}, \qquad H_0 = \frac{\mu NI}{\mu_0 l+\mu x}$$

鉄の透磁率 μ は μ_0 に比べて非常に大きいが，とくに，$\mu x \gg \mu_0 l$ が成り立つ場合，

$$B \cong \frac{\mu_0 NI}{x}, \qquad H \cong \frac{\mu_0 NI}{\mu x}, \qquad H_0 \cong \frac{NI}{x}$$

となる．このように，磁束密度 B は軸の長さ l によらない．また，鉄心内の磁場の強さ H は，隙間の H_0 に比べ μ_0/μ だけ弱い．

コイル全体を貫く磁束は $\Phi=N\cdot BA$ であるから，コイルの自己インダクタンス L は，$\Phi=LI$ により，

$$L = \frac{\mu\mu_0 N^2 A}{\mu_0 l+\mu x}$$

問　題 9-3

[1]　つぎのおのおののように，一様な磁化ベクトル $\boldsymbol{M}$ をもつ磁石を真空中においたとき，どのような磁場が生じるか．一様な分極ベクトル $\boldsymbol{P}$ をもつ誘電体の問題と対応させて考えよ．

(1)　広くて平らな面に垂直に磁化した板磁石．

(2)　広くて平らな面に平行に磁化した板磁石．

(3)　半径 a の球状の磁石．

[2]　右図のように，一様な磁化ベクトル $\boldsymbol{M}$ をもつ棒磁石がある．棒磁石が十分細長いと見なして，図の P_1～P_5 の各点における磁場の強さ $\boldsymbol{H}$ ならびに磁束密度 $\boldsymbol{B}$ を求めよ．また，$\boldsymbol{H}$ と $\boldsymbol{B}$ の大体の様子を磁力線または磁束線でそれぞれ図に示せ．

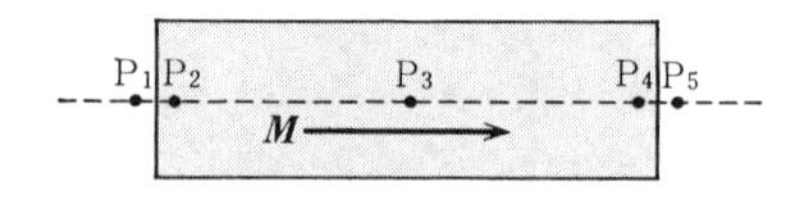

[3]　例題 9.5 において，$l=50$ cm，$x=1$ cm，$A=10$ cm²，$N=1000$，$I=1$ A としたとき，磁束密度はどれほどになるか計算せよ．また，隙間の両面が引きあう力は何 N か．ただし，鉄心の透磁率を $\mu=500\mu_0$ とする．

[4]　半径 a のドーナツ状の磁石があり，右図のように，幅 x の狭い隙間をつくった．このとき，隙間に生じる磁場を求めよ．ただし，磁石は中心軸に沿って磁化しており，その磁化ベクトルの大きさを M とする．

[5]　超伝導体の内部では，磁束密度 $\boldsymbol{B}$ はつねに 0 である．これは**マイスナー効果**と呼ばれる現象で，超伝導体が磁化率 $-\mu_0$ の「完全反磁性体」であることを意味している．十分に広い平らな表面をもつ超伝導体があり，その表面から a だけ離れた真空中の位置に，面に平行に強さ I の定常電流が流れるとしたとき，真空中にはどのような磁場が生じるか．磁束密度の大体の様子を磁束線で示せ．また，電流 I が超伝導体から単位長さ当り受ける力を求めよ．

［ヒント］　外部の磁束密度が超伝導体の内部に侵入しないよう，表面に磁化電流が流れる．この磁化電流による磁場を，4-2 節の電気鏡像法にならい，仮想的な電流のつくる磁場におき換えて考えよ．

10

変動する電磁場と物質

物質中で電場や磁場が時間的に変化する場合も，物質中で定義された電束密度や磁場の強さを用いて表わせば，マクスウェルの方程式は真空中の場合と同じ形になる．しかし，物質中の電磁場の伝わり方は単純でない．とくに導体中では，電磁波は大きく減衰しほとんど伝わらない．

10-1　物質中のマクスウェルの方程式

物質中のマクスウェルの方程式　(9.6)の電束密度 $\boldsymbol{D}(\boldsymbol{r},t)$, (9.17)の磁場の強さ $\boldsymbol{H}(\boldsymbol{r},t)$ を用いると，物質中のマクスウェルの方程式はつぎのように表わされる．

$$\nabla\cdot\boldsymbol{D}(\boldsymbol{r},t)=\rho(\boldsymbol{r},t) \tag{10.1}$$

$$\nabla\cdot\boldsymbol{B}(\boldsymbol{r},t)=0 \tag{10.2}$$

$$\nabla\times\boldsymbol{H}(\boldsymbol{r},t)-\frac{\partial\boldsymbol{D}(\boldsymbol{r},t)}{\partial t}=\boldsymbol{i}(\boldsymbol{r},t) \tag{10.3}$$

$$\nabla\times\boldsymbol{E}(\boldsymbol{r},t)+\frac{\partial\boldsymbol{B}(\boldsymbol{r},t)}{\partial t}=0 \tag{10.4}$$

真空中でも $\boldsymbol{D}=\varepsilon_0\boldsymbol{E}, \boldsymbol{H}=\boldsymbol{B}/\mu_0$ とおけば，真空中のマクスウェルの方程式(8.6)～(8.9)は(10.1)～(10.4)と同じ形になる．

電磁場のエネルギー　物質中の電磁場のエネルギー密度 $u(\boldsymbol{r},t)$, ポインティング・ベクトル $\boldsymbol{S}(\boldsymbol{r},t)$ は，電束密度，磁場の強さを用いてつぎのように表わされる．

$$u(\boldsymbol{r},t)=\frac{1}{2}\boldsymbol{E}(\boldsymbol{r},t)\cdot\boldsymbol{D}(\boldsymbol{r},t)+\frac{1}{2}\boldsymbol{B}(\boldsymbol{r},t)\cdot\boldsymbol{H}(\boldsymbol{r},t) \tag{10.5}$$

$$\boldsymbol{S}(\boldsymbol{r},t)=\boldsymbol{E}(\boldsymbol{r},t)\times\boldsymbol{H}(\boldsymbol{r},t) \tag{10.6}$$

$u(\boldsymbol{r},t)$ と $\boldsymbol{S}(\boldsymbol{r},t)$ はエネルギー保存則(8.13)を満たす．

例題 10.1 誘電率 ε，透磁率 μ，電気伝導率 σ が一様な物質の中を，平面波として z 軸方向に進む角振動数 ω の電磁波がある．複素数を用いて，電場の x 成分を

$$E_x(z,t) = E_0 \exp[i(\omega t - \tilde{k} z)] \tag{1}$$

と表わしたとき，ω と $\tilde{k}$ の間にはどのような関係が成り立つか．また，磁場の y 成分 $B_y(z,t)$ を求めよ．

［解］ 物質中のマクスウェルの方程式のうち，(10.3)式を(9.8)，(9.23)式を用いて書き直すと，

$$\nabla \times \boldsymbol{B}(z,t) - \varepsilon\mu \frac{\partial \boldsymbol{E}(z,t)}{\partial t} = \mu \boldsymbol{i}(z,t) \tag{2}$$

となる．電流密度が $\boldsymbol{i}(z,t) = \sigma \boldsymbol{E}(z,t)$ で与えられ，磁場 $\boldsymbol{B}(z,t)$ が y によらないことに注意すれば，(2)式の x 成分は

$$-\frac{\partial B_y(z,t)}{\partial z} - \varepsilon\mu \frac{\partial E_x(z,t)}{\partial t} = \mu\sigma E_x(z,t) \tag{3}$$

となることがわかる．同様に，(10.4)式の y 成分は

$$\frac{\partial E_x(z,t)}{\partial z} + \frac{\partial B_y(z,t)}{\partial t} = 0 \tag{4}$$

(3)式を t で，(4)式を z でそれぞれ偏微分すると，

$$-\frac{\partial^2 B_y(z,t)}{\partial t \partial z} - \varepsilon\mu \frac{\partial^2 E_x(z,t)}{\partial t^2} = \mu\sigma \frac{\partial E_x(z,t)}{\partial t} \tag{5}$$

$$\frac{\partial^2 E_x(z,t)}{\partial z^2} + \frac{\partial^2 B_y(z,t)}{\partial z \partial t} = 0 \tag{6}$$

となる．よって，これら 2 式から $B_y(z,t)$ を消去すれば，$E_x(z,t)$ が満たすべき方程式として，

$$\frac{\partial^2 E_x(z,t)}{\partial z^2} - \varepsilon\mu \frac{\partial^2 E_x(z,t)}{\partial t^2} - \mu\sigma \frac{\partial E_x(z,t)}{\partial t} = 0 \tag{7}$$

を得る．そこで，(1)式を上式に代入すると，

$$-(\tilde{k}^2 - \varepsilon\mu\omega^2 + i\mu\sigma\omega) E_0 \exp[i(\omega t - \tilde{k} z)] = 0 \tag{8}$$

となり，(1)式の $E_x(z,t)$ が(7)式の解であるためには，(8)式の $E_0 \exp[i(\omega t - \tilde{k} z)]$ の係数が 0 であればよいことになる．すなわち，ω と $\tilde{k}$ の間には

$$\tilde{k}^2 = \varepsilon\mu\omega^2 - i\mu\sigma\omega \tag{9}$$

の関係が成り立つ．また，(4)式を変形し，(1)式を代入すると，

$$\frac{\partial B_y(z,t)}{\partial t} = -\frac{\partial E_x(z,t)}{\partial z} = i\tilde{k} E_0 \exp[i(\omega t - \tilde{k} z)] \tag{10}$$

となる．よって，この式を t で積分し積分定数を無視すれば，磁場の y 成分は

$$B_y(z,t) = \frac{\tilde{k}}{\omega}E_0 \exp[i(\omega t - \tilde{k}z)] = \frac{\tilde{k}}{\omega}E_x(z,t) \tag{11}$$

$\tilde{k}$ が(9)式のように複素数になり，電場と磁束密度の比も(11)式のように複素数になることの物理的な意味は次節で明らかになる．

問　題 10-1

[1]　例題 10.1 で用いた複素数 $\tilde{k}$ の実数部 k および虚数部 k' がそれぞれ

$$k = \pm\omega\left[\frac{\varepsilon\mu}{2}\left\{\sqrt{1+\left(\frac{\sigma}{\omega\varepsilon}\right)^2}+1\right\}\right]^{1/2}$$

$$k' = \mp\omega\left[\frac{\varepsilon\mu}{2}\left\{\sqrt{1+\left(\frac{\sigma}{\omega\varepsilon}\right)^2}-1\right\}\right]^{1/2}$$

で与えられることを示せ(複号同順)．

[2]　例題 10.1 において，電場のエネルギー密度 $u_{\mathrm{e}}=\varepsilon|E_x(z,t)|^2/2$ と磁場のエネルギー密度 $u_{\mathrm{m}}=|B_y(z,t)|^2/2\mu$ の比はいくらになるか．

[3]　銅とガラスの中をそれぞれ進む振動数 $50\ \mathrm{s}^{-1}$ の電磁波について，前問で求めた電場と磁場のエネルギー密度の比を計算せよ．また，振動数が $1\times10^{10}\ \mathrm{s}^{-1}$ の場合はどうか．ただし，銅の誘電率 ε，透磁率 μ，電気伝導率 σ は $\varepsilon\cong\varepsilon_0$，$\mu\cong\mu_0$，$\sigma=5.8\times10^7\ \Omega^{-1}\cdot\mathrm{m}^{-1}$ であり，ガラスのそれらは $\varepsilon\cong5\varepsilon_0$，$\mu\cong\mu_0$，$\sigma\cong1\times10^{-15}\Omega^{-1}\cdot\mathrm{m}^{-1}$ である．

[4]　電荷の分布が空間座標 $\boldsymbol{r}$ によらず，誘電率 ε，透磁率 μ，電気伝導率 σ が一様な物質中の電場 $\boldsymbol{E}(\boldsymbol{r},t)$ ならびに磁場 $\boldsymbol{B}(\boldsymbol{r},t)$ に対し，

$$\nabla^2\boldsymbol{E}(\boldsymbol{r},t)-\varepsilon\mu\frac{\partial^2\boldsymbol{E}(\boldsymbol{r},t)}{\partial t^2}-\mu\sigma\frac{\partial\boldsymbol{E}(\boldsymbol{r},t)}{\partial t} = 0$$

$$\nabla^2\boldsymbol{B}(\boldsymbol{r},t)-\varepsilon\mu\frac{\partial^2\boldsymbol{B}(\boldsymbol{r},t)}{\partial t^2}-\mu\sigma\frac{\partial\boldsymbol{B}(\boldsymbol{r},t)}{\partial t} = 0$$

が成り立つことを，マクスウェルの方程式((10.1)～(10.4)式)から導け．

10-2 物質中の振動電場と電磁波

振動電場と誘電率 物質の誘電分極はイオンや電子などの荷電粒子の移動によって起こる．粒子は有限の速さでしか運動できないから，振動する電場をかけたとき，荷電粒子の運動が電場の変化に追随できるとは限らない．このため，物質の分極は電場の振動数 ω に依存し，したがって，誘電率も ω に依存する．$\omega \to \infty$ の極限では，すべての荷電粒子の運動が追随できなくなり，誘電率 $\varepsilon(\omega)$ は真空の誘電率に近づく(例題 10.2 の(9)式参照)．

誘電体中の光速 誘電率 ε，透磁率 μ が一様な誘電体中のマクスウェルの方程式は，電場，磁場があまり強くない場合，真空中のマクスウェル方程式で ε_0 を ε に，μ_0 を μ におき換えたものに一致する．したがって，(8.21)より，誘電体中を伝わる電磁波の速さ v は

$$v = \frac{1}{\sqrt{\varepsilon\mu}} \tag{10.7}$$

絶対屈折率 誘電体中の光速 v と真空中の光速 c との比

$$n = \frac{c}{v} \tag{10.8}$$

をその物質の**絶対屈折率**という．物質の μ は真空の μ_0 に近く，物質の ε はふつう真空の ε_0 より大きく，振動数に依存する．したがって，絶対屈折率 n は 1 より大きく，振動数に依存する(表 10-1)．

表 10-1 物質の絶対屈折率(波長 5.89×10^{-7} m の光に対する値)

物　質	屈 折 率
空気(0°C，1 気圧)	1.00029
水(20°C)	1.333
石英ガラス(20°C)	1.458

導体中の電磁波 導体に電磁波が入射すると，電場により電流が流れ，ジュール熱が生じる．このため，電磁波はエネルギーが吸収されて，導体の内部まで入ることができない．

例題 10.2 誘電体内の電子は分子に強く束縛されていて自由に動けない．その電子が分子内で「バネの力」ならびに速度に比例する抵抗力を受けると考える．誘電体の中に角振動数 ω で振動する電場

$$\boldsymbol{E}(t) = \boldsymbol{E}_0 \cos(\omega t + \alpha) \tag{1}$$

がかかったとき，誘電率を求めよ．ただし，各分子にはたらく電場は $\boldsymbol{E}(t)$ と同じであると見なしてよいものとする．

［解］ 分子内での電子(質量 m，電荷 $-e$)の変位を $\boldsymbol{u}(t)$ とし，「バネの力」を $-k\boldsymbol{u}(t)$，抵抗力を $-(m/\tau)d\boldsymbol{u}(t)/dt$ と表わすと，電子の運動方程式は

$$m\frac{d^2\boldsymbol{u}(t)}{dt^2} + \frac{m}{\tau}\frac{d\boldsymbol{u}(t)}{dt} + k\boldsymbol{u}(t) = -e\boldsymbol{E}(t) \tag{2}$$

となる．この方程式の解を求めるには，変動する回路の問題のように，複素数を用いる方法が便利である(7-5 節参照)．すなわち，変位 $\boldsymbol{u}(t)$ も角振動数 ω で

$$\boldsymbol{u}(t) = \boldsymbol{u}_0 \cos(\omega t + \beta) \tag{3}$$

のように振動するとして，電場 $\boldsymbol{E}(t)$ や $\boldsymbol{u}(t)$ を

$$\tilde{\boldsymbol{E}}(t) = \tilde{\boldsymbol{E}} e^{i\omega t}, \qquad \tilde{\boldsymbol{E}} = \boldsymbol{E}_0 e^{i\alpha} \tag{4}$$

$$\tilde{\boldsymbol{u}}(t) = \tilde{\boldsymbol{u}} e^{i\omega t}, \qquad \tilde{\boldsymbol{u}} = \boldsymbol{u}_0 e^{i\beta} \tag{5}$$

と表わす．$\tilde{\boldsymbol{E}}(t), \tilde{\boldsymbol{u}}(t)$ の実数部が物理的に意味のある電場(1)式と変位(3)式である．

(4)，(5)式を(2)式の $\boldsymbol{E}(t)$ と $\boldsymbol{u}(t)$ に代入すると，$(-m\omega^2 + im\omega/\tau + k)\tilde{\boldsymbol{u}} = -e\tilde{\boldsymbol{E}}$ となり，したがって，

$$\tilde{\boldsymbol{u}} = \frac{-e}{m({\omega_0}^2 - \omega^2 + i\omega/\tau)}\tilde{\boldsymbol{E}} \tag{6}$$

を得る．ここで，$\omega_0 = (k/m)^{1/2}$ は，「バネの力」のみがはたらくとき電子の行なう単振動の固有振動数である．

電場 $\boldsymbol{E}(t)$ に引かれて分極を起こす電子が各分子に z 個ずつあるとすると，1 個の分子に生じる電気双極子モーメントは $\tilde{\boldsymbol{p}} = -ze\tilde{\boldsymbol{u}}$ となる．よって，分極ベクトルは

$$\tilde{\boldsymbol{P}} = N\tilde{\boldsymbol{p}} = -Nze\tilde{\boldsymbol{u}} = \tilde{\chi}_{\mathrm{e}}(\omega)\tilde{\boldsymbol{E}} \tag{7}$$

$$\tilde{\chi}_{\mathrm{e}}(\omega) = \frac{Nze^2}{m({\omega_0}^2 - \omega^2 + i\omega/\tau)} \tag{8}$$

と得られる．ただし，N は単位体積あたりの分子数，$\tilde{\chi}_{\mathrm{e}}(\omega)$ は角振動数 ω に対する電気感受率である．したがって，(9.8)式により，誘電率は

$$\varepsilon(\omega) = \varepsilon_0 + \tilde{\chi}_{\mathrm{e}}(\omega) = \varepsilon_0 + \frac{Nze^2}{m}\frac{1}{{\omega_0}^2 - \omega^2 + i\omega/\tau} \tag{9}$$

例題 10.3 誘電率 ε，透磁率 μ，電気伝導率 σ が一様な導体の平らな表面に向かって，角振動数 ω の電磁波が平面波として垂直に入射するとき，導体内にはどのような電磁場が生じるか．ただし，$\sigma \gg \omega\varepsilon$ とする．

［解］ 電場および磁場の振動する方向にそれぞれx, y軸をとり，導体の表面を $z=0$，導体の領域を $z>0$ とする．一様な導体内でも電磁波は平面波として z 軸に平行に進むので，電磁場は z 軸方向にのみ空間変化する．すなわち，電場は $E(z,t)$，磁場は $B(z,t)$ と表わされる．

例題 10.1 によれば，$E(z,t)$ と $B(z,t)$ はそれぞれ

$$E(z,t) = E_0 e^{i(\omega t - \tilde{k}z)} \tag{1}$$

$$B(z,t) = (\tilde{k}/\omega)E_0 e^{i(\omega t - \tilde{k}z)} \tag{2}$$

のように複素数を用いて表わすことができる．ここで，$\tilde{k}$ は複素数であり，前節の問題 10-1 問[1]で示したように，

$$\tilde{k} = \pm\omega\sqrt{\frac{\varepsilon\mu}{2}}\left[\left\{\sqrt{1+\left(\frac{\sigma}{\omega\varepsilon}\right)^2}+1\right\}^{1/2} - i\left\{\sqrt{1+\left(\frac{\sigma}{\omega\varepsilon}\right)^2}-1\right\}^{1/2}\right] \tag{3}$$

$\sigma \gg \omega\varepsilon$ のとき，この $\tilde{k}$ は $l=(2/\mu\sigma\omega)^{1/2}$ として，

$$\tilde{k} \cong \pm(1-i)/l \tag{4}$$

と近似される．(4)式を(1)，(2)式に代入すると，

$$E(z,t) = E_0 e^{i(\omega t \mp z/l) \mp z/l} \tag{5}$$

$$B(z,t) = \pm\frac{1-i}{\omega l}E_0 e^{i(\omega t \mp z/l) \mp z/l} \tag{6}$$

となる．$z\to\infty$ のとき電場 E や磁場 B は無限大になるはずがないので，上式の複号のうち下の符号は考えなくてよい．また，E, B を複素数で表わしたが，物理的に意味のあるのは実数部である．そこで，119 ページのワンポイントを参考にして，(5)，(6)式の実数部をとると，

$$E(z,t) = E_0\cos\left(\frac{z}{l}-\omega t\right)e^{-z/l} \tag{7}$$

$$\begin{aligned} B(z,t) &= \frac{E_0}{\omega l}\left[\cos\left(\frac{z}{l}-\omega t\right)-\sin\left(\frac{z}{l}-\omega t\right)\right]e^{-z/l} \\ &= \sqrt{\frac{\mu\sigma}{\omega}}E_0\cos\left(\frac{z}{l}-\omega t+\frac{\pi}{4}\right)e^{-z/l} \end{aligned} \tag{8}$$

となる．これらの式が示すように，電磁波が導体の表面に入射し内部に進むにつれて，電磁場 E, B の大きさは指数関数的に減少し，電磁波は減衰する．この現象を**表皮効果**という．通常の金属では，電磁波が表面から内部に入りこめる距離は非常に短い．

問　題 10-2

[1]　例題 10.2 において，(1)式の電場が誘電体の単位体積中の電子に対して行なう仕事の時間平均を求めよ．

[2]　絶対屈折率 n_1, n_2 の 2 つの誘電体 1, 2 が平面で接している．平面波の電磁波が 1 から 2 へ斜めに入射したとき，入射波，屈折波の進行方向と境界面の法線とのなす角をそれぞれ θ_1, θ_2 とすると，

$$\frac{\sin\theta_1}{\sin\theta_2} = \frac{n_2}{n_1}$$

となることを示せ(**屈折の法則**)．

[3]　誘電率，透磁率がそれぞれ ε_1, μ_1 と ε_2, μ_2 の 2 つの誘電体 1, 2 が平面で接している．平面波の電磁波が 1 から 2 へ境界面に対し垂直に入射するときの反射率ならびに透過率を求めよ．とくに，$\mu_1=\mu_2=\mu_0$ としてよい場合はどうか．なお，**反射率**(**透過率**)とは，入射波のエネルギーの流れに対する反射波(透過波)のエネルギーの流れの割合である．

[4]　つぎのおのおのの振動数 f の電磁波について，銅における表皮効果の深さ l がどれほどになるか計算し，さらに l を真空中での波長 λ と比べよ．ただし，銅の電気伝導率は $\sigma=5.8\times10^7\ \Omega^{-1}\cdot\mathrm{m}^{-1}$ であり，$\mu=\mu_0$ として計算せよ．

(1)　$f=1.0\times10^6\ \mathrm{s}^{-1}$　(中波)

(2)　$f=1.0\times10^{10}\ \mathrm{s}^{-1}$　(マイクロ波)

(3)　$f=1.0\times10^{15}\ \mathrm{s}^{-1}$　(紫外線)

[5]　導体内の伝導電子(質量 m，電荷 $-e$，数密度 n)に角振動数 ω で振動する電場

$$\boldsymbol{E}(t) = \boldsymbol{E}_0\cos(\omega t+\alpha)$$

がかかったとき，例題 5.1 のように，電子が導体内の原子から速度 $\boldsymbol{v}$ に比例する抵抗力 $\boldsymbol{f}=-m\boldsymbol{v}/\tau$ を受けるとすると，電子の運動方程式は

$$m\frac{d\boldsymbol{v}(t)}{dt}+\frac{m}{\tau}\boldsymbol{v}(t) = -e\boldsymbol{E}_0\cos(\omega t+\alpha)$$

となる．複素数を用いて上式を解き，電流密度 $\boldsymbol{i}(t)=-en\boldsymbol{v}(t)$ を求めよ．また，1 周期 $T=2\pi/\omega$ の間に単位体積当り発生するジュール熱はいくらか．

問題解答

第 1 章

問題 1-1

[1] 1個の電子の電荷は -1.6×10^{-19} C だから，-4.6×10^{5} C の電荷は $-4.6\times10^{5}\div(-1.6\times10^{-19})=2.9\times10^{24}$ 個の電子数に相当する．また，1 ml ($=1$ g)の水には$(1\div18)\times6.0\times10^{23}\times10=3.3\times10^{23}$ 個の電子が含まれているので，この電子数は $2.9\times10^{24}\div(3.3\times10^{23})=8.8$ ml の水に含まれる電子数と同じ．

[2] 陽子間の距離を R とすると，クーロン力の大きさは $F_{\mathrm{C}}=e^2/4\pi\varepsilon_0R^2=(1.6\times10^{-19})^2\div(4\times3.14\times8.85\times10^{-12})\div(1.0\times10^{-15})^2=2.3\times10^2$ N．万有引力の大きさは $F_{\mathrm{G}}=Gm_{\mathrm{p}}{}^2/R^2=6.7\times10^{-11}\times(1.7\times10^{-27})^2\div(1.0\times10^{-15})^2=1.9\times10^{-34}$ N．その比は $F_{\mathrm{C}}/F_{\mathrm{G}}=1.2\times10^{36}$ となり，クーロン力は万有引力に比べ桁違いに大きい．

[3] ばねが 2 cm 伸びたとき，ばねにはたらく力は質量 10 g のおもりが受ける重力の大きさに等しい．重力の加速度は $9.8\ \mathrm{m\cdot s^{-2}}$ だから，求める電荷の大きさを q とすると，$q^2/4\pi\varepsilon_0R^2=0.01\times9.8$ となる．$R=10\ \mathrm{cm}=0.1$ m とおいて，$q=(4\times3.14\times8.85\times10^{-12}\times0.1^2\times0.01\times9.8)^{1/2}=3.3\times10^{-7}$ C.

問題 1-2

[1] $\boldsymbol{A}+2\boldsymbol{B}=(-8, 15, 0)$．$\boldsymbol{A}\cdot\boldsymbol{B}=2\times(-5)+3\times6+4\times(-2)=0$．$(\boldsymbol{A}\times\boldsymbol{B})_x=3\times(-2)-4\times6=-30$．$(\boldsymbol{A}\times\boldsymbol{B})_y=4\times(-5)-2\times(-2)=-16$．$(\boldsymbol{A}\times\boldsymbol{B})_z=2\times6-3\times(-5)=27$．よって，$\boldsymbol{A}\times\boldsymbol{B}=(-30, -16, 27)$．$\boldsymbol{A}\cdot\boldsymbol{B}=0$ だから，$\boldsymbol{A}$ と $\boldsymbol{B}$ のなす角度は $90°$．

[2] AB, AD, AE 方向の単位ベクトルをそれぞれ $\boldsymbol{i}, \boldsymbol{j}, \boldsymbol{k}$ とし，立方体の辺の長さを a とすると，A から G に引いたベクトルは $\boldsymbol{G}=a\boldsymbol{i}+a\boldsymbol{j}+a\boldsymbol{k}$，A から B に引いたベクトルは $\boldsymbol{B}=a\boldsymbol{i}$ となる．AG が AB となす角を θ とすると，$\boldsymbol{G}\cdot\boldsymbol{B}=|\boldsymbol{G}|\cdot|\boldsymbol{B}|\cos\theta$．$\boldsymbol{G}\cdot\boldsymbol{B}=a^2$，$|\boldsymbol{G}|=\sqrt{3}a$，$|\boldsymbol{B}|=a$ だから，$a^2=\sqrt{3}a^2\cos\theta$．よって，$\cos\theta=1/\sqrt{3}=0.577$ となり $\theta \fallingdotseq 54.8°$．同様に，A から C に引いたベクトルは $\boldsymbol{C}=a\boldsymbol{i}+a\boldsymbol{j}$．AG が AC となす角を θ' とすると，$\boldsymbol{G}\cdot\boldsymbol{C}=2a^2$，$|\boldsymbol{C}|=\sqrt{2}a$ により，$2a^2=\sqrt{3}a\cdot\sqrt{2}a\cos\theta'$．よって，$\cos\theta'=2/\sqrt{6}=0.816$ となり，$\theta' \fallingdotseq 35.3°$．

[3] A から C に引いたベクトルを $\boldsymbol{b}$，A から B に引いたベクトルを $\boldsymbol{c}$ と表わすと，B から C に引いたベクトルは $\boldsymbol{a}=\boldsymbol{b}-\boldsymbol{c}$ となる．明らかに，ベクトル $\boldsymbol{a}, \boldsymbol{b}, \boldsymbol{c}$ の大きさはそれぞれ a, b, c であり，$\boldsymbol{b}\cdot\boldsymbol{c}=bc\cos\theta$．よって，スカラー積の分配法則(1.11)式により，

$$a^2 = \boldsymbol{a}\cdot\boldsymbol{a} = (\boldsymbol{b}-\boldsymbol{c})\cdot(\boldsymbol{b}-\boldsymbol{c}) = \boldsymbol{b}\cdot\boldsymbol{b}+\boldsymbol{c}\cdot\boldsymbol{c}-2\boldsymbol{b}\cdot\boldsymbol{c} = b^2+c^2-2bc\cos\theta$$

[4] (1) k をスカラーとして，$\boldsymbol{B}'=\boldsymbol{B}-k\boldsymbol{A}$ が $\boldsymbol{A}$ に垂直なベクトルになったとすると，$\boldsymbol{A}\cdot\boldsymbol{B}'=\boldsymbol{A}\cdot\boldsymbol{B}-k|\boldsymbol{A}|^2=0$．したがって，$k=(\boldsymbol{A}\cdot\boldsymbol{B})/|\boldsymbol{A}|^2$ となり，下の問[5]の(2)で示す式を用いると，

$$\boldsymbol{B} = \frac{(\boldsymbol{A}\cdot\boldsymbol{B})}{|\boldsymbol{A}|^2}\boldsymbol{A}+\left\{\boldsymbol{B}-\frac{(\boldsymbol{A}\cdot\boldsymbol{B})}{|\boldsymbol{A}|^2}\boldsymbol{A}\right\} = \frac{(\boldsymbol{A}\cdot\boldsymbol{B})}{|\boldsymbol{A}|^2}\boldsymbol{A}+\frac{\boldsymbol{A}\times(\boldsymbol{B}\times\boldsymbol{A})}{|\boldsymbol{A}|^2}$$

最後の式の第1項は $\boldsymbol{A}$ に平行なベクトル，第2項は垂直なベクトルである．

(2) ベクトル積の分配法則(1.15)式により，$(\boldsymbol{A}-\boldsymbol{B})\times(\boldsymbol{A}+\boldsymbol{B})=\boldsymbol{A}\times\boldsymbol{A}+\boldsymbol{A}\times\boldsymbol{B}-\boldsymbol{B}\times\boldsymbol{A}-\boldsymbol{B}\times\boldsymbol{B}$．よって，$\boldsymbol{A}\times\boldsymbol{A}=\boldsymbol{B}\times\boldsymbol{B}=0$，$\boldsymbol{B}\times\boldsymbol{A}=-\boldsymbol{A}\times\boldsymbol{B}$ となるから，$(\boldsymbol{A}-\boldsymbol{B})\times(\boldsymbol{A}+\boldsymbol{B})=2(\boldsymbol{A}\times\boldsymbol{B})$．

(3) $\boldsymbol{A}$ と $\boldsymbol{B}$ のなす角を θ とすると，$|\boldsymbol{A}+\boldsymbol{B}|^2=(\boldsymbol{A}+\boldsymbol{B})\cdot(\boldsymbol{A}+\boldsymbol{B})=\boldsymbol{A}\cdot\boldsymbol{A}+\boldsymbol{B}\cdot\boldsymbol{B}+2\boldsymbol{A}\cdot\boldsymbol{B}=|\boldsymbol{A}|^2+|\boldsymbol{B}|^2+2|\boldsymbol{A}||\boldsymbol{B}|\cos\theta$ となる．$\cos\theta$ の最大値は 1 だから，$|\boldsymbol{A}+\boldsymbol{B}|^2\leqq|\boldsymbol{A}|^2+|\boldsymbol{B}|^2+2|\boldsymbol{A}||\boldsymbol{B}|=(|\boldsymbol{A}|+|\boldsymbol{B}|)^2$．よって，$|\boldsymbol{A}+\boldsymbol{B}|\leqq|\boldsymbol{A}|+|\boldsymbol{B}|$．等号が成り立つのは $\theta=0$ すなわち $\boldsymbol{A}$ と $\boldsymbol{B}$ が平行な場合．

[5] (1) 成分で表わすと，$(\boldsymbol{A}\times\boldsymbol{B})\cdot\boldsymbol{C}=(A_yB_z-A_zB_y)C_x+(A_zB_x-A_xB_z)C_y+(A_xB_y-A_yB_x)C_z=(A_xB_yC_z+B_xC_yA_z+C_xA_yB_z)-(C_xB_yA_z+B_xA_yC_z+A_xC_yB_z)$．$A, B, C$ を順次入れ換えても結果は変わらないから，$(\boldsymbol{A}\times\boldsymbol{B})\cdot\boldsymbol{C}=(\boldsymbol{B}\times\boldsymbol{C})\cdot\boldsymbol{A}=(\boldsymbol{C}\times\boldsymbol{A})\cdot\boldsymbol{B}$ が成り立つ．

(2) $\boldsymbol{A}\times(\boldsymbol{B}\times\boldsymbol{C})$ の x 成分を書くと，$A_y(B_xC_y-B_yC_x)-A_z(B_zC_x-B_xC_z)=(A_yC_y+A_zC_z)B_x-(A_yB_y+A_zB_z)C_x=(A_xC_x+A_yC_y+A_zC_z)B_x-(A_xB_x+A_yB_y+A_zB_z)C_x=(\boldsymbol{A}\cdot\boldsymbol{C})B_x-(\boldsymbol{A}\cdot\boldsymbol{B})C_x$．$y, z$ 成分についても同様．したがって，$\boldsymbol{A}\times(\boldsymbol{B}\times\boldsymbol{C})=(\boldsymbol{A}\cdot\boldsymbol{C})\boldsymbol{B}-(\boldsymbol{A}\cdot\boldsymbol{B})\boldsymbol{C}$ が成り立つ．

(3) 前問の式において，$\boldsymbol{A}, \boldsymbol{B}, \boldsymbol{C}$ を順次入れ換えることにより，$\boldsymbol{A}\times(\boldsymbol{B}\times\boldsymbol{C})+\boldsymbol{B}\times(\boldsymbol{C}\times\boldsymbol{A})+\boldsymbol{C}\times(\boldsymbol{A}\times\boldsymbol{B})=(\boldsymbol{A}\cdot\boldsymbol{C})\boldsymbol{B}-(\boldsymbol{A}\cdot\boldsymbol{B})\boldsymbol{C}+(\boldsymbol{B}\cdot\boldsymbol{A})\boldsymbol{C}-(\boldsymbol{B}\cdot\boldsymbol{C})\boldsymbol{A}+(\boldsymbol{C}\cdot\boldsymbol{B})\boldsymbol{A}-(\boldsymbol{C}\cdot\boldsymbol{A})\boldsymbol{B}=0$．

問題 1-3

[1]　右図のように，2×10^{-7} C と 3×10^{-7} C の点電荷の位置の中点を原点 O とし，O から 3×10^{-7} C の点電荷の位置への向きを x 軸の正の向き，-6×10^{-7} C への向きを y 軸の正の向きにとる．2×10^{-7} C の点電荷が他の点電荷から受ける力の x, y 成分 F_x, F_y は(1. 21)式により

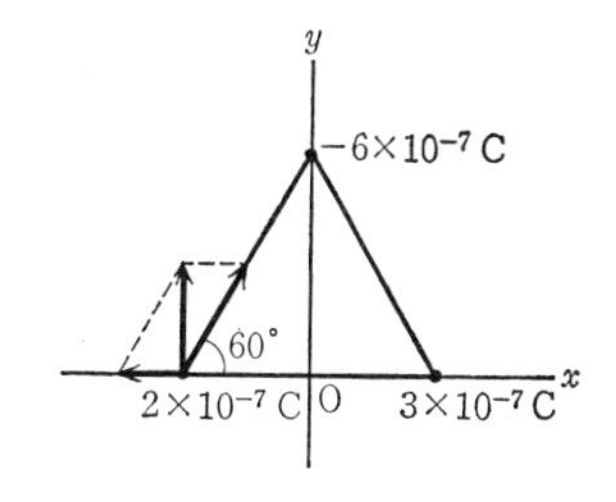

$$F_x = \frac{2\times10^{-7}}{4\times3.14\times8.85\times10^{-12}\times0.1^2}\times(-3\times10^{-7}+6\times10^{-7}\times\cos 60°) = 0 \text{ N}$$

$$F_y = \frac{2\times10^{-7}\times6\times10^{-7}}{4\times3.14\times8.85\times10^{-12}\times0.1^2}\times\sin 60° = 9.4\times10^{-2} \text{ N}$$

となり，求める力の大きさは 9.4×10^{-2} N である．向きは y 軸の正の向き．

[2]　AB 間の距離を x，BC 間の距離を y とする．点電荷 q_A が $-q_B$ と q_C からそれぞれ受ける力が互いにつり合うとき，$q_Aq_B/4\pi\varepsilon_0x^2=q_Aq_C/4\pi\varepsilon_0(x+y)^2$ が成り立つので，

$$x/(x+y) = \sqrt{q_B/q_C} \tag{1}$$

同様に，q_C が q_A と $-q_B$ からそれぞれ受ける力が互いにつり合うことにより，

$$y/(x+y) = \sqrt{q_B/q_A} \tag{2}$$

よって，(1), (2)式の左辺の和は 1 に等しいので，$\sqrt{q_B/q_C}+\sqrt{q_B/q_A}=1$ となり，問題の関係式が成り立つ．

[3]　(1)　下図(a)のように，頂点 A に位置する点電荷 $+q$ には他の点電荷から $\boldsymbol{f}_1\sim\boldsymbol{f}_4$ の力がはたらく．それらの大きさは $f_1=f_3=q^2/4\pi\varepsilon_0a^2$，$f_2=q^2/4\pi\varepsilon_0(\sqrt{2}\,a)^2$，$f_4=qQ/4\pi\varepsilon_0(a/\sqrt{2})^2$．正方形の中心 O から頂点 A への向きを正の向きとすると，$\boldsymbol{f}_1\sim\boldsymbol{f}_4$ の合力の大きさは

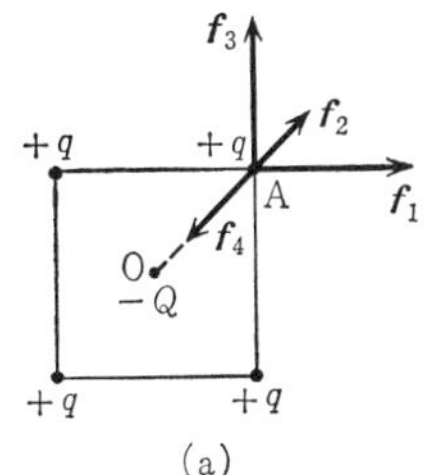

(a)

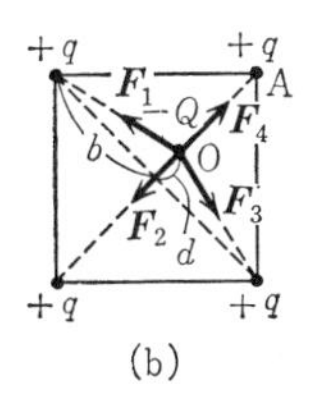

(b)

$$f = \frac{q^2}{4\pi\varepsilon_0}\left\{\frac{1}{a^2}\times2\cos45°+\frac{1}{(\sqrt{2}\,a)^2}\right\}-\frac{qQ}{4\pi\varepsilon_0}\frac{1}{(a/\sqrt{2})^2} = \frac{q}{8\pi\varepsilon_0a^2}\{(2\sqrt{2}+1)q-4Q\}$$

(2)　上図(b)のように，点電荷 $-Q$ の位置を中心 O から頂点 A の方へ d だけずらしたとすると，$-Q$ には $\boldsymbol{F}_1\sim\boldsymbol{F}_4$ の力がはたらき，それらの大きさは $F_1=F_3=qQ/4\pi\varepsilon_0(b^2+d^2)$，$F_2=qQ/4\pi\varepsilon_0(b+d)^2$，$F_4=qQ/4\pi\varepsilon_0(b-d)^2$．ただし，$b=a/\sqrt{2}$．$\boldsymbol{F}_1\sim\boldsymbol{F}_4$ の合力は

O と A を結ぶ直線の方向にあり，O→A を正の向きとして，

$$F = -2F_1\frac{d}{\sqrt{b^2+d^2}}-F_2+F_4$$

$$= \frac{qQ}{4\pi\varepsilon_0}\left\{-\frac{2d}{(b^2+d^2)^{3/2}}-\frac{1}{(b+d)^2}+\frac{1}{(b-d)^2}\right\}$$

$$= \frac{qQd}{2\pi\varepsilon_0 b^3}\left\{\frac{2}{(1-d^2/b^2)^2}-\frac{1}{(1+d^2/b^2)^{3/2}}\right\}$$

$d/b \ll 1$ だから最後の式の{ }内の d^2/b^2 を無視でき，

$$F \cong \frac{qQd}{2\pi\varepsilon_0 b^3}$$

と近似される．かならず $F>0$ となるから，$-Q$ が受ける力は O→A の向き，すなわち，ずれと同じ向きを向いており，中心 O は安定なつり合いの位置といえない．

[4] 立方体の中心を原点とし，3 辺に平行に x, y, z 軸をとる．頂点 $(a/2, a/2, a/2)$ にある点電荷 $-q$ にはたらく力を求める．$x=-a/2$ の面内にある 4 個の点電荷が力の x 成分 F_x に寄与し，(1.21)式により，

$$F_x = \frac{q^2}{4\pi\varepsilon_0}\left\{-\frac{1}{a^2}+\frac{1}{(\sqrt{2}a)^2}\times\frac{1}{\sqrt{2}}\times 2-\frac{1}{(\sqrt{3}a)^2}\times\frac{1}{\sqrt{3}}\right\}$$

$$= -\left(1-\frac{\sqrt{2}}{2}+\frac{\sqrt{3}}{9}\right)\frac{q^2}{4\pi\varepsilon_0 a^2}$$

y, z 成分も F_x に等しい．$F_x<0$ だから，力は立方体の中心に向いている．$+q$ の点電荷にはたらく力についても同様．

第 2 章

問題 2-1

[1] 油滴が一定の速さで落下するとき，空気から受ける抵抗力 f は重力 W とつり合い，重力の加速度が $9.8\ \mathrm{m\cdot s^{-2}}$ だから，$f=W=5.7\times10^{-15}\times9.8=5.6\times10^{-14}$ N．油滴の電荷の大きさを q とすると，電場 E をかけたとき上昇している油滴には重力 W と空気の抵抗力 f' が鉛直下向きに，E からの力 qE が鉛直上向きにはたらく．油滴の速さが一定になったとき，これらの力がつり合い $W+f'=qE$ となる．空気の抵抗力は速さに比例するとしたから，上昇の速さが落下の速さと同じならば $f=f'$．よって，$qE=W+f=2W$ となり，$q=2\times5.6\times10^{-14}\div(1.4\times10^5)=8.0\times10^{-19}$ C．この電荷は電気素量に対して $8.0\times10^{-19}\div(1.6\times10^{-19})=5$ 倍である．また，鉛直下向きの電場から受ける力が上向きで電場と逆向きだから，油滴の電荷は負である．

[2] $1.6\times10^{-19}\div(4\times3.14\times8.85\times10^{-12})\div(5.3\times10^{-11})^2=5.1\times10^{11}$ N/C.

[3] 2×10^{-7} C と -2×10^{-7} C の点電荷を結ぶ直線の中点を原点Oとし，Oから -2×10^{-7} C の点電荷の位置への向きを x 軸の正の向き，1×10^{-7} C への向きを y 軸の正の向きにとる．各頂点から正3角形の中心までの距離は $10/\sqrt{3}$ cm だから，中心に生じる電場の x, y 成分は

$$E_x = \frac{1}{4\times3.14\times8.85\times10^{-12}\times(0.1/\sqrt{3})^2}\times2\times10^{-7}\cos30°\times2 = 9.35\times10^5\ \mathrm{N/C}$$

$$E_y = \frac{1}{4\times3.14\times8.85\times10^{-12}\times(0.1/\sqrt{3})^2}\times(-1\times10^{-7}) = -2.70\times10^5\ \mathrm{N/C}$$

電場の強さは $(E_x{}^2+E_y{}^2)^{1/2}=9.7\times10^5$ N/C，向きは x 軸の正の向きに対し $\tan^{-1}(E_y/E_x)=-16°$ の角度をなしている．

[4] (1) 3個の点電荷を通る直線上，$+2q$ の点電荷から r の距離にある点での電場は，直線に平行であり，その大きさは

$$E(r) = \frac{1}{4\pi\varepsilon_0}\left\{\frac{2q}{r^2}-\frac{q}{(r-d)^2}-\frac{q}{(r+d)^2}\right\}$$

$r\gg d$ のとき，$(r\mp d)^{-2}\cong r^{-2}(1\pm2d/r+3d^2/r^2)$ のように近似できるので，これを上の $E(r)$ の表式に代入すると，

$$E(r)\cong\frac{q}{4\pi\varepsilon_0r^2}\left\{2-\left(1+\frac{2d}{r}+\frac{3d^2}{r^2}\right)-\left(1-\frac{2d}{r}+\frac{3d^2}{r^2}\right)\right\} = -\frac{q}{4\pi\varepsilon_0}\frac{6d^2}{r^4}$$

(2) 点電荷 $+q$ を通る対角線上，正方形の中心から r の距離にある点での電場は，対角線に平行であり，

$$E(r) = \frac{1}{4\pi\varepsilon_0}\left\{\frac{q}{(r-d/\sqrt{2})^2}+\frac{q}{(r+d/\sqrt{2})^2}-2\frac{qr}{(r^2+d^2/2)^{3/2}}\right\}$$

の大きさである．$r\gg d$ のとき，$(r\mp d/\sqrt{2})^{-2}\cong r^{-2}(1\pm2d/\sqrt{2}r+3d^2/2r^2)$，$(r^2+d^2/2)^{-3/2}\cong r^{-3}(1-3d^2/4r^2)$ と近似されるから，上の電場 $E(r)$ は

$$E(r)\cong\frac{q}{4\pi\varepsilon_0r^2}\left\{1+\frac{2d}{\sqrt{2}r}+\frac{3d^2}{2r^2}+1-\frac{2d}{\sqrt{2}r}+\frac{3d^2}{2r^2}-2\left(1-\frac{3d^2}{4r^2}\right)\right\} = \frac{q}{4\pi\varepsilon_0}\frac{9d^2}{2r^4}$$

問題 2-2

[1] 電場 $\boldsymbol{E}$ が垂線POとなす角を φ とすると，例題2.2の(1)，(2)式により，

$$\tan\varphi = \frac{E_{//}}{E_\perp} = \frac{\cos\beta-\cos\alpha}{\sin\alpha-\sin\beta} = \frac{\sin\dfrac{\alpha+\beta}{2}\sin\dfrac{\alpha-\beta}{2}}{\cos\dfrac{\alpha+\beta}{2}\sin\dfrac{\alpha-\beta}{2}} = \tan\frac{\alpha+\beta}{2}$$

となり，$\varphi=(\alpha+\beta)/2$．すなわち，$\boldsymbol{E}$ は $\angle$APB を2等分する方向にある．

[2] 例題 2.2 において $\alpha\to\pi/2$, $\beta\to-\pi/2$ とすれば，直線が無限に長い場合になる．このとき，例題 2.2 の(1), (2)式はそれぞれ

$$E_\perp = \frac{\lambda}{2\pi\varepsilon_0 r}, \qquad E_{//} = 0$$

となる．電場は直線に対し垂直な方向にあり，その強さは直線からの距離 r に反比例し $E(r)=\lambda/2\pi\varepsilon_0 r$.

[3] これは，例題 2.3 の(2)式において $R\to\infty$ とした場合に相当する．その(2)式で $R\to\infty$ とすると，電場の強さは $E=\sigma/2\varepsilon_0$ となり，平面からの距離によらず一定である．向きは平面に垂直．

[4] 円筒の中心軸を z 軸とし，x 軸上の点 $\mathrm{P}(r, 0, 0)$ に生じる電場 $E(r)$ を求める．円筒の側面を中心軸に平行に幅 Δs で微小部分に分割する．電荷が中心軸方向の単位長さ当り λ の割合で側面上に一様に分布しているとすると，おのおのの微小部分は電荷が線密度 $\lambda\Delta s/2\pi R$ で分布した無限に長い直線と見なせる．右図のように，x 軸からの中心角が $\varphi\sim\varphi+\Delta\varphi$ の間にある微小部分 Q が点 P につくる電場の x, y 成分は，問[2]で得た結果を用いると，

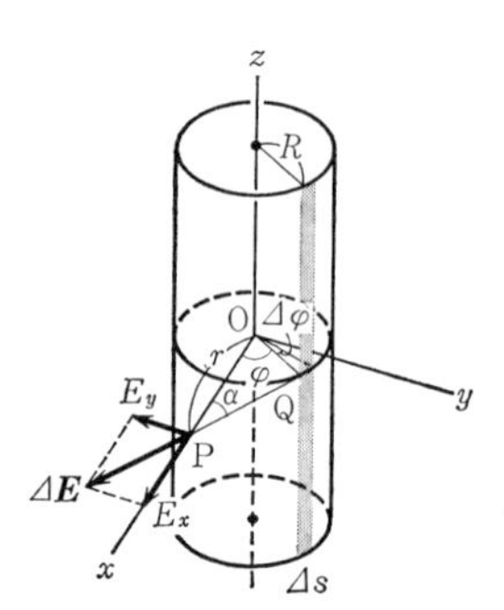

$$\Delta E_x = \frac{\lambda\Delta s/2\pi R}{2\pi\varepsilon_0(R^2+r^2-2Rr\cos\varphi)^{1/2}}\cos\alpha$$

$$\Delta E_y = \frac{\lambda\Delta s/2\pi R}{2\pi\varepsilon_0(R^2+r^2-2Rr\cos\varphi)^{1/2}}\sin\alpha$$

ここで，α は QP と x 軸とがなす角である．上式をすべての微小部分からの寄与について加えあわせると，対称性により y 成分は 0．x 成分は $\Delta s = R\Delta\varphi$, $\cos\alpha=(r-R\cos\varphi)/(R^2+r^2-2Rr\cos\varphi)^{1/2}$ を用いて，

$$E(r) = \frac{\lambda}{(2\pi)^2\varepsilon_0}\int_0^\pi \frac{2\cos\alpha}{(R^2+r^2-2Rr\cos\varphi)^{1/2}}d\varphi = \frac{\lambda}{2\pi^2\varepsilon_0}\int_0^\pi \frac{r-R\cos\varphi}{R^2+r^2-2Rr\cos\varphi}d\varphi \qquad (1)$$

$r>R$ のとき，$\tan\theta=-r\sin\varphi/(R-r\cos\varphi)$ とおいて積分変数を φ から θ に変えると，$\sec^2\theta d\theta = r(r-R\cos\varphi)d\varphi/(R-r\cos\varphi)^2$, $\sec^2\theta=(R^2+r^2-2Rr\cos\varphi)/(R-r\cos\varphi)^2$ となり，$d\theta = r(r-R\cos\varphi)d\varphi/(R^2+r^2-2Rr\cos\varphi)$. $d\theta$ と $d\varphi$ は同符号だから θ は φ とともに単調に増加する．よって，$r>R$ のとき，(1)式は

$$E(r) = \frac{\lambda}{2\pi^2\varepsilon_0 r}\int_0^\pi d\theta = \frac{\lambda}{2\pi\varepsilon_0 r}$$

$r<R$ のとき，(1)式を

$$E(r) = \frac{\lambda}{2\pi^2\varepsilon_0 r}\int_0^\pi \left(1 - R\frac{R - r\cos\varphi}{R^2 + r^2 - 2Rr\cos\varphi}\right)d\varphi$$

と変形し，第2項の積分に対し $\tan\theta' = -R\sin\varphi/(r - R\cos\varphi)$ とおいて積分変数を φ から θ' に変えると，$r>R$ のときと同様に，$d\theta' = R(R - r\cos\varphi)d\varphi/(R^2 + r^2 - 2Rr\cos\varphi)$ となり，θ' は φ とともに単調に増加する．よって，$r<R$ のとき，

$$E(r) = \frac{\lambda}{2\pi^2\varepsilon_0 r}\left(\int_0^\pi d\varphi - \int_0^\pi d\theta\right) = 0$$

$r=R$ のとき，(1)式は

$$E(R) = \frac{\lambda}{4\pi^2\varepsilon_0 R}\int_0^\pi d\varphi = \frac{\lambda}{4\pi\varepsilon_0 R}$$

以上をまとめて書くと，

$$E(r) = \begin{cases} 0 & (r<R) \\ \lambda/4\pi\varepsilon_0 R & (r=R) \\ \lambda/2\pi\varepsilon_0 r & (r>R) \end{cases}$$

[5]　球の中心を原点とし，z 軸上の点 P$(0, 0, r)$ に生じる電場 $E(r)$ を求める．電荷の一様な面密度を σ とし，球面を z 軸に垂直に幅 Δs で微小部分に分割すると，右図のように，z 軸からの中心角が $\theta \sim \theta + \Delta\theta$ の間にある微小部分 Q は電荷が線密度 $\sigma\Delta s = \sigma R\Delta\theta$ で分布した半径 $R' = R\sin\theta$ の輪と見なせる．例題 2.3 の(1)で得た結果によれば，Q が点 P につくる電場は z 軸に平行，その強さは Q の中心から点 P までの距離が $r' = r - R\cos\theta$ だから，

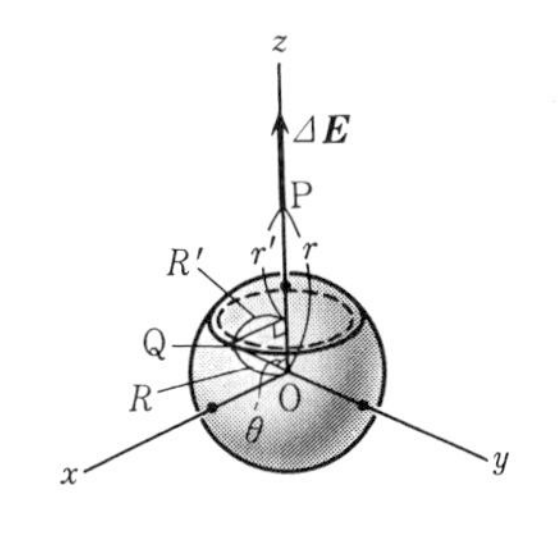

$$\Delta E = \frac{\sigma R\Delta\theta}{2\varepsilon_0}\frac{r'R'}{(r'^2 + R'^2)^{3/2}} = \frac{\sigma R^2\Delta\theta}{2\varepsilon_0}\frac{(r - R\cos\theta)\sin\theta}{(R^2 + r^2 - 2Rr\cos\theta)^{3/2}}$$

すべての微小部分からの寄与を加えあわせて，

$$E(r) = \frac{\sigma R^2}{2\varepsilon_0}\int_0^\pi \frac{r - R\cos\theta}{(R^2 + r^2 - 2Rr\cos\theta)^{3/2}}\sin\theta d\theta \tag{1}$$

$r \neq R$ のとき，積分変数を θ から $t = (R^2 + r^2 - 2Rr\cos\theta)^{1/2}$ に変えると，$r - R\cos\theta = (r^2 - R^2 + t^2)/2r$，$tdt = Rr\sin\theta d\theta$ となるから，

$$E(r) = \frac{\sigma R^2}{2\varepsilon_0}\int_{|R-r|}^{R+r} \frac{r^2 - R^2 + t^2}{2r\cdot t^3}\frac{t}{Rr}dt = \frac{\sigma R}{4\varepsilon_0 r^2}\int_{|R-r|}^{R+r}\left(1 + \frac{r^2 - R^2}{t^2}\right)dt$$

$$= \frac{\sigma R}{4\varepsilon_0 r^2}\left\{R + r - |R - r| - (r^2 - R^2)\left(\frac{1}{R+r} - \frac{1}{|R-r|}\right)\right\}$$

$$= \begin{cases} 0 & (r<R) \\ \sigma R^2/\varepsilon_0 r^2 & (r>R) \end{cases}$$

$r=R$ のとき，(1)式は

$$E(R) = \frac{\sigma}{2\varepsilon_0}\int_0^\pi \frac{\sin\theta}{4\sin(\theta/2)}d\theta = \frac{\sigma}{4\varepsilon_0}\int_0^\pi \cos\frac{\theta}{2}d\theta = \frac{\sigma}{2\varepsilon_0}$$

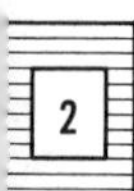

[6] 一様な電荷密度を ρ として，球の中心から r の距離にある点 P での電場 $E(r)$ を求める．球を厚さ $\Delta R'$ の同心の球殻で細かく分割すると，半径 R' の球殻に面密度 $\rho\Delta R'$ で分布する電荷が点 P につくる電場の強さは，前問で得た結果によれば，$r<R'$ のとき $\Delta E=0$，$r>R'$ のとき $\Delta E=\rho\Delta R'\cdot R'^2/\varepsilon_0 r^2$．よって，$\Delta E$ を半径 R の球全体にわたって加えあわせると，$r\leqq R$ のとき，

$$E(r) = \frac{\rho}{\varepsilon_0 r^2}\int_0^r R'^2 dR' = \frac{\rho}{3\varepsilon_0}r$$

となり，$r>R$ のとき，

$$E(r) = \frac{\rho}{\varepsilon_0 r^2}\int_0^R R'^2 dR' = \frac{\rho}{3\varepsilon_0}\frac{R^3}{r^2}$$

問題 2-3

[1] 一様な電場を電気力線で表わすと，互いに等間隔に同じ向きに並んだ平行な直線になる．一様な電場の中におかれた正の点電荷 q のまわりに生じる電場を，q を含む平面内で示すと右図のようになる．

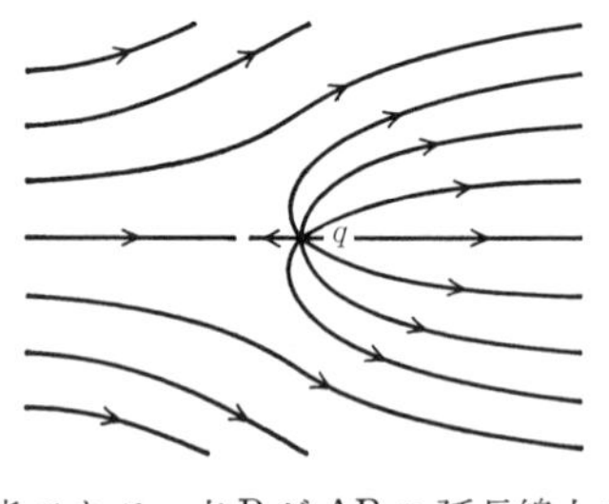

[2] (1) 電場の強さが 0 になるのは，それぞれの点電荷による電場が互いに逆向きの場合であり，線分 AB の延長線上の点においてのみ可能である．点 P が AB の延長線上で点 B から x の距離にあるとすると $(q/4\pi\varepsilon_0)\{2/(a+x)^2-1/x^2\}=0$．これを解いて $x=(1+\sqrt{2})a$．

(2) 1個の点電荷から出る(に入る)電気力線の総数はその電荷の大きさに比例するので，$+2q$ と $-q$ による電気力線の総数の比は 2：1．求める割合は 1/2.

(3) AB と α 以下の角をなして $+2q$ から出る電気力線の数 N_A は，AB と β 以上の角をなして $-q$ に入る電気力線の数 N_B に等しい．点 A を頂点とし AB を軸とする頂角 α の十分に小さな直円錐を考えると，その底面を貫くのは $+2q$ による電気力線だけであり，$-q$ による電気力線は貫かない．よって，例題 2.4 ならびに 23 ページのワンポイントによれば，c を定数として $N_A=c\cdot 2q(1-\cos\alpha)$．同様に，$N_B=c\cdot q(1-\cos(\pi-\beta))$

$=c\cdot q(1+\cos\beta)$. $N_A=N_B$ により $2(1-\cos\alpha)=1+\cos\beta$ となり，α と β の間に $2\cos\alpha+\cos\beta=1$ の関係が成り立つ．また，$\alpha<\pi/2$ のとき $0<\cos\alpha\leqq 1$ だから，$-1\leqq\cos\beta<1$，$0<\beta\leqq 2\pi$ となり，$+2q$ から出た電気力線はかならず $-q$ に入る．

(4) 点電荷を含む平面内で示すと右図のようになる．

[3] いずれの場合も点電荷を含む平面内で示すと，下図(a), (b), (c)のようになる．

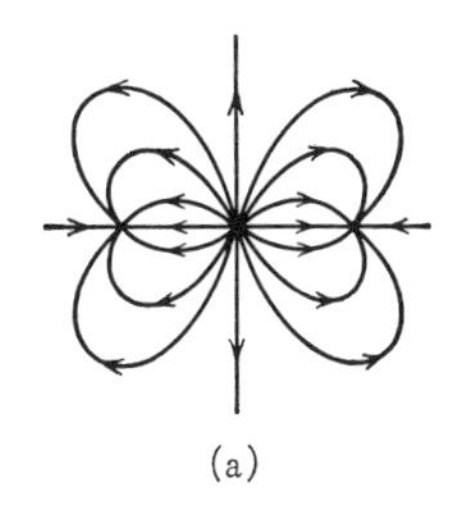

(a)

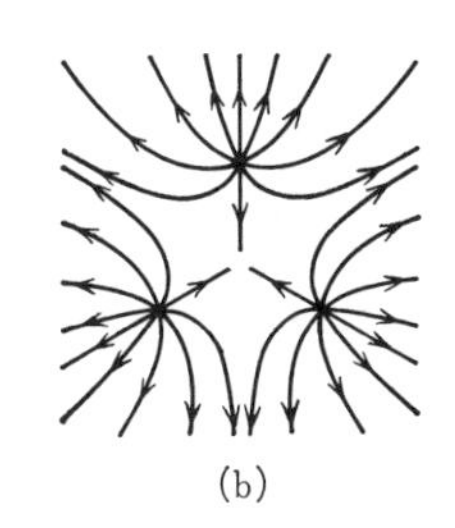

(b)

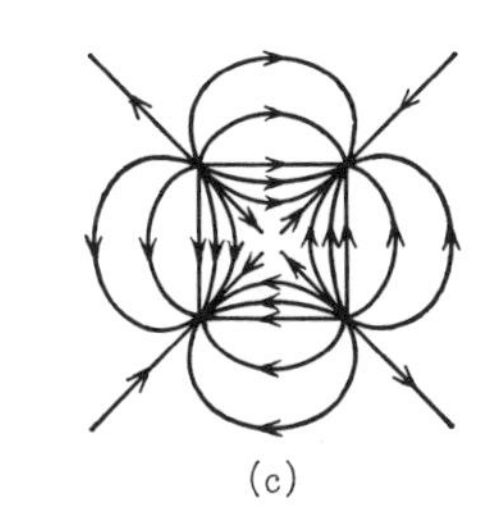

(c)

問題 2-4

[1] (1) 対称性からわかるように，電場は電荷の分布する平面に垂直で，平面の両側で互いに逆向き，大きさは等しい．ガウスの法則を適用する閉曲面 S として，平面に平行な 2 つの底面(面積 A)と垂直な側面とからなる柱面(高さは任意)を選び，その柱面が平面の両側の領域にまたがっているとする．S についての電場 $\boldsymbol{E}$ の面積分は，両底面では $\boldsymbol{E}$ が面に垂直だから $\boldsymbol{E}\cdot\boldsymbol{n}=E$，側面では面に平行だから $\boldsymbol{E}\cdot\boldsymbol{n}=0$．$S$ の内部に含まれる電荷は σA．したがって，ガウスの法則(2.9)式により，$2EA=\sigma A/\varepsilon_0$ となり，$E=\sigma/2\varepsilon_0$．

(2) 対称性から，電場は円筒の軸に垂直に放射状に生じ，その強さは軸からの距離 r のみの関数 $E(r)$ となることがわかる．閉曲面 S として，電荷の分布する円筒と同軸の半径 r，長さ l の円筒面を選ぶ．例題 2.5 と同様に，S についての電場 $\boldsymbol{E}$ の面積分は $E(r)\cdot 2\pi rl$．S の内部に含まれる電荷は $r<R$ のとき 0，$r>R$ のとき $\sigma\cdot 2\pi Rl$．よって，ガウスの法則(2.9)式により，$E(r)=0\ (r<R)$，$\sigma R/\varepsilon_0 r\ (r>R)$．

(3) 閉曲面として前問と同じ S を選ぶ．電場 $\boldsymbol{E}$ の面積分は $E(r)\cdot 2\pi rl$，S の内部に含まれる電荷は $r\leqq R$ のとき $\rho\cdot\pi r^2 l$，$r>R$ のとき $\rho\cdot\pi R^2 l$．よって，ガウスの法則(2.9)式により，$E(r)=\rho r/2\varepsilon_0\ (r\leqq R)$，$\rho R^2/2\varepsilon_0 r\ (r>R)$．

[2] 例題 2.6 で求めたように，球の中心から $r(<R)$ の距離にある点での電場の強さは，電荷密度が $\rho=Q/(4\pi R^3/3)$ だから，$E(r)=\rho r/3\varepsilon_0=Qr/4\pi\varepsilon_0 R^3$．したがって，質点に

は $-qE(r)=-qQr/4\pi\varepsilon_0 R^3$ の力がはたらき，運動方程式は

$$m\frac{d^2r}{dt^2} = -\frac{qQ}{4\pi\varepsilon_0 R^3}r$$

この解は固有振動数 $\omega=(qQ/4\pi\varepsilon_0 mR^3)^{1/2}$ の単振動の運動であり，その周期は $2\pi/\omega=2\pi(4\pi\varepsilon_0 mR^3/qQ)^{1/2}$.

[3]　(1)　C を定数として $\rho(r)=C\cdot\exp(-2r/a_0)$. 陽子を中心とする半径 r', $r'+\Delta r'$ の 2 つの球にはさまれた球殻に分布する電荷は $\rho(r')\cdot 4\pi r'^2\Delta r'$. これを空間全体にわたって積分すると $-e$ に等しくなるから,

$$\int_0^\infty \rho(r')\cdot 4\pi r'^2 dr' = C\cdot 4\pi\int_0^\infty r'^2 e^{-2r'/a_0}dr' = C\cdot 4\pi\left(\frac{a_0}{2}\right)^3\int_0^\infty x^2 e^{-x}dx$$

$$= C\cdot\frac{\pi {a_0}^3}{2}\Big[-(x^2+2x+2)e^{-x}\Big]_0^\infty = C\cdot\pi {a_0}^3 = -e$$

よって，$C=-e/\pi {a_0}^3$ となり $\rho(r)=-(e/\pi {a_0}^3)\exp(-2r/a_0)$.

(2)　陽子を中心とする半径 r の球面の内部に含まれる電荷は,

$$Q = e+\int_0^r \rho(r')\cdot 4\pi r'^2 dr' = e\left\{1-\frac{4\pi}{\pi {a_0}^3}\int_0^r r'^2 e^{-2r'/a_0}dr'\right\} = e\left\{1-\frac{4}{{a_0}^3}\left(\frac{a_0}{2}\right)^3\int_0^{2r/a_0} x^2 e^{-x}dx\right\}$$

$$= e\left\{1-\frac{1}{2}\Big[-(x^2+2x+2)e^{-x}\Big]_0^{2r/a_0}\right\} = e\left(1+\frac{2r}{a_0}+\frac{2r^2}{{a_0}^2}\right)e^{-2r/a_0}$$

点 P での電場の強さを $E(r)$ とすると，ガウスの法則(2.9)式により，$E(r)\cdot 4\pi r^2=Q/\varepsilon_0$. したがって,

$$E(r) = \frac{e}{4\pi\varepsilon_0 r^2}\left(1+\frac{2r}{a_0}+\frac{2r^2}{{a_0}^2}\right)e^{-2r/a_0}$$

(3)　$r\gg a_0$ のとき，$E(r)=(e/2\pi\varepsilon_0 {a_0}^2)\exp(-2r/a_0)$ となり，r が a_0 に比べて大きくなるにつれて $E(r)$ は 0 に近づく.

[4]　球の中心を原点 O とし点 A を通るように z 軸をとる．球面 S 上の点 P を図のように角 θ,φ で表わすと，点 P のまわりの微小な領域の面積は $\Delta S=R\Delta\theta\cdot R\sin\theta\Delta\varphi=R^2\sin\theta\Delta\theta\Delta\varphi$, AP 間の距離は $(R^2+r^2-2Rr\cos\theta)^{1/2}$. よって，点 A の点電荷 q が点 P につくる電場 $\boldsymbol{E}$ の強さは $E=q/4\pi\varepsilon_0(R^2+r^2-2Rr\cos\theta)$. また $\boldsymbol{E}$ が点 P での球面の法線方向の単位ベクトル $\boldsymbol{n}$ となす角を α とすると，△OAP に余弦定理を用いて $\cos\alpha=(\mathrm{AP}^2+\mathrm{OP}^2-\mathrm{AO}^2)/2\mathrm{AP}\cdot\mathrm{OP}=(R-r\cos\theta)/(R^2+r^2-2Rr\cos\theta)^{1/2}$. したがって，問題の面積分は $\boldsymbol{E}\cdot\boldsymbol{n}=E\cos\alpha$ により,

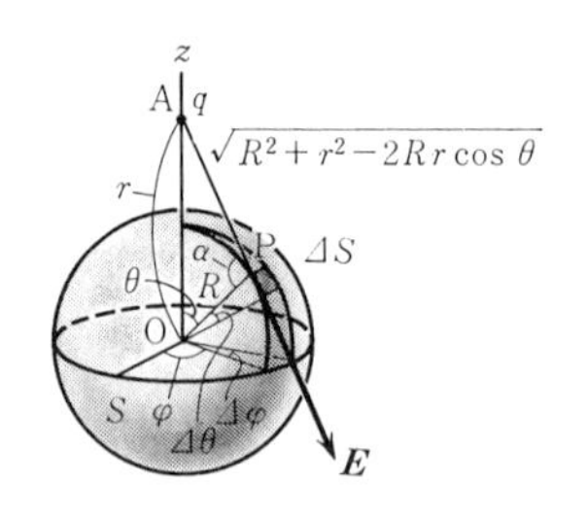

$$\int_S \{\boldsymbol{E}(\boldsymbol{r})\cdot\boldsymbol{n}(\boldsymbol{r})\}\,dS$$

$$= \frac{q}{4\pi\varepsilon_0}\int_0^{2\pi}\int_0^{\pi}\frac{R-r\cos\theta}{(R^2+r^2-2Rr\cos\theta)^{3/2}}R^2\sin\theta d\theta d\varphi$$

$$= \frac{qR^2}{2\varepsilon_0}\int_0^{\pi}\frac{R-r\cos\theta}{(R^2+r^2-2Rr\cos\theta)^{3/2}}\sin\theta d\theta \tag{1}$$

$r \neq R$ のとき，積分変数を θ から $t=\cos\theta$ に変えると，

$$\int_S \{\boldsymbol{E}(\boldsymbol{r})\cdot\boldsymbol{n}(\boldsymbol{r})\}\,dS = \frac{qR^2}{2\varepsilon_0}\int_{-1}^{1}\frac{R-rt}{(R^2+r^2-2Rrt)^{3/2}}dt$$

$$= \frac{qR}{4\varepsilon_0}\int_{-1}^{1}\frac{R^2+r^2-2Rrt+R^2-r^2}{(R^2+r^2-2Rrt)^{3/2}}dt$$

$$= \frac{qR}{4\varepsilon_0}\int_{-1}^{1}\left\{\frac{1}{(R^2+r^2-2Rrt)^{1/2}}+\frac{R^2-r^2}{(R^2+r^2-2Rrt)^{3/2}}\right\}dt$$

$$= \frac{q}{4\varepsilon_0 r}\left[-(R^2+r^2-2Rrt)^{1/2}+\frac{R^2-r^2}{(R^2+r^2-2Rrt)^{1/2}}\right]_{-1}^{1}$$

$$= \frac{q}{4\varepsilon_0 r}\left\{-|R-r|+R+r+(R^2-r^2)\left(\frac{1}{|R-r|}-\frac{1}{R+r}\right)\right\}$$

$$= \begin{cases} q/\varepsilon_0 & (r<R) \\ 0 & (r>R) \end{cases}$$

となり，たしかにガウスの法則(2.9)式が成り立つ．$r=R$ のとき，(1)式は

$$\int_S \{\boldsymbol{E}(\boldsymbol{r})\cdot\boldsymbol{n}(\boldsymbol{r})\}\,dS = \frac{q}{2\varepsilon_0}\int_0^{\pi}\frac{\sin\theta}{4\sin(\theta/2)}d\theta = \frac{q}{4\varepsilon_0}\int_0^{\pi}\cos\frac{\theta}{2}d\theta = \frac{q}{2\varepsilon_0}$$

問題 2-5

[1] （経路 C_1） 原点 O の点電荷 q による電場は O を中心として放射状に生じるから，円弧 AQ 上で $\boldsymbol{E}\cdot\boldsymbol{t}=0$，直線 QP 上の Q から距離 s の点で $\boldsymbol{E}\cdot\boldsymbol{t}=q/4\pi\varepsilon_0(a+s)^2$．したがって，$r=(x^2+y^2)^{1/2}$ とおくと，

$$\int_{C_1}\{\boldsymbol{E}(\boldsymbol{r})\cdot\boldsymbol{t}(\boldsymbol{r})\}\,ds = \int_0^{r-a}\frac{q}{4\pi\varepsilon_0}\frac{1}{(a+s)^2}ds$$

$$= \frac{q}{4\pi\varepsilon_0}\left[-\frac{1}{a+s}\right]_0^{r-a} = \frac{q}{4\pi\varepsilon_0}\left(\frac{1}{a}-\frac{1}{r}\right)$$

（経路 C_2） 直線 AR 上の A から距離 s の点で $\boldsymbol{E}\cdot\boldsymbol{t}=q/4\pi\varepsilon_0(a+s)^2$．直線 RP 上では $\boldsymbol{E}\cdot\boldsymbol{t}$ は電場の y 成分に等しく，R から距離 s' の点で $\boldsymbol{E}\cdot\boldsymbol{t}=qs'/4\pi\varepsilon_0(x^2+s'^2)^{3/2}$．よって，

$$\int_{C_2}\{\boldsymbol{E}(\boldsymbol{r})\cdot\boldsymbol{t}(\boldsymbol{r})\}\,ds = \int_0^{x-a}\frac{q}{4\pi\varepsilon_0}\frac{1}{(a+s)^2}ds+\int_0^{y}\frac{q}{4\pi\varepsilon_0}\frac{s'}{(x^2+s'^2)^{3/2}}ds'$$

$$= \frac{q}{4\pi\varepsilon_0}\left[-\frac{1}{a+s}\right]_0^{x-a} + \frac{q}{4\pi\varepsilon_0}\left[-\frac{1}{(x^2+s'^2)^{1/2}}\right]_0^y = \frac{q}{4\pi\varepsilon_0}\left(\frac{1}{a}-\frac{1}{r}\right)$$

(経路 C_3)　直線APがx軸となす角をθとすると，AP方向の単位ベクトルは$\boldsymbol{t}=(\cos\theta, \sin\theta, 0)$. AP上のAから距離$s$の点$(a+s\cos\theta, s\sin\theta, 0)$における電場は，$(a+s\cos\theta)^2+(s\sin\theta)^2=a^2+2as\cos\theta+s^2$により，

$$\boldsymbol{E} = \frac{q}{4\pi\varepsilon_0}\frac{1}{(a^2+2as\cos\theta+s^2)^{3/2}}(a+s\cos\theta, s\sin\theta, 0)$$

したがって，$b=\text{AP}=\{(x-a)^2+y^2\}^{1/2}$とおいて，

$$\int_{C_3}\{\boldsymbol{E}(\boldsymbol{r})\cdot\boldsymbol{t}(\boldsymbol{r})\}\,ds = \int_0^b \frac{q}{4\pi\varepsilon_0}\frac{s+a\cos\theta}{(a^2+2as\cos\theta+s^2)^{3/2}}ds$$

$$= \frac{q}{4\pi\varepsilon_0}\left[-\frac{1}{(a^2+2as\cos\theta+s^2)^{1/2}}\right]_0^b$$

$$= \frac{q}{4\pi\varepsilon_0}\left\{\frac{1}{a}-\frac{1}{(a^2+2ab\cos\theta+b^2)^{1/2}}\right\}$$

△OAPに余弦定理を用いると$r=(a^2+2ab\cos\theta+b^2)^{1/2}$となり，この線積分は$(q/4\pi\varepsilon_0)(1/a-1/r)$に等しい.

以上のように，C_1, C_2, C_3のいずれの経路に対しても線積分は同じであり，その結果と(2.12)の定義式を比べれば点Pでの電位が(2.15)式のようになることがわかる.

[2]　電位0の等電位面上の点(x, y, z)に対し，(2.15)式により，

$$\frac{q}{4\pi\varepsilon_0}\left\{\frac{m}{[x^2+y^2+(z-d)^2]^{1/2}}-\frac{1}{[x^2+y^2+(z+d)^2]^{1/2}}\right\} = 0$$

が成り立つ. この式を変形すると，$(m^2-1)(x^2+y^2+z^2+d^2)+(m^2+1)\cdot 2zd=0$となり，

$$x^2+y^2+\left(z+\frac{m^2+1}{m^2-1}d\right)^2 = \frac{4m^2}{(m^2-1)^2}d^2$$

を得る. これは中心$(0, 0, -(m^2+1)d/(m^2-1))$, 半径$2md/|m^2-1|$の球面を表わす.

[3]　それぞれ下図(a), (b), (c)のようになる.

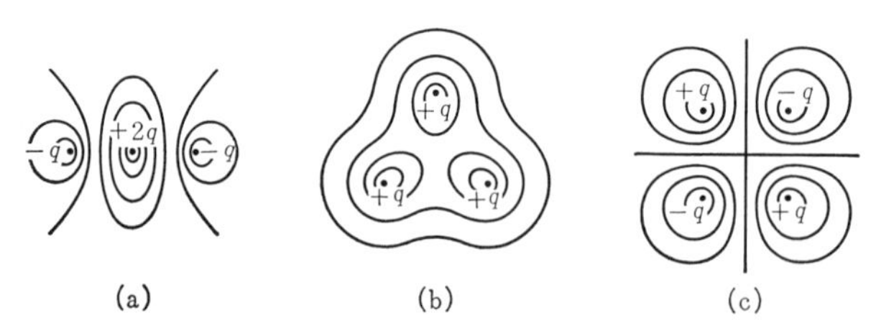

[4]　電荷の分布する直線をz軸に選ぶと，例題2.8で求めたように，点$\boldsymbol{r}=(x, y, z)$における電位$\phi(\boldsymbol{r})$は

$$\phi(\boldsymbol{r}) = \frac{\lambda}{2\pi\varepsilon_0}\log\frac{a}{(x^2+y^2)^{1/2}} = \frac{\lambda}{2\pi\varepsilon_0}\left\{\log a - \frac{1}{2}\log(x^2+y^2)\right\}$$

したがって，電場 $\boldsymbol{E}(\boldsymbol{r})=-\nabla\phi(\boldsymbol{r})$ の x, y 成分は

$$E_x(\boldsymbol{r}) = \frac{\lambda}{4\pi\varepsilon_0}\frac{\partial}{\partial x}\log(x^2+y^2) = \frac{\lambda}{2\pi\varepsilon_0}\frac{x}{x^2+y^2}$$

$$E_y(\boldsymbol{r}) = \frac{\lambda}{4\pi\varepsilon_0}\frac{\partial}{\partial y}\log(x^2+y^2) = \frac{\lambda}{2\pi\varepsilon_0}\frac{y}{x^2+y^2}$$

また，z 成分は明らかに 0．電場は z 軸に垂直，その強さは $E(\boldsymbol{r})=\lambda/2\pi\varepsilon_0(x^2+y^2)^{1/2}$ となり，例題 2.5 で得た結果と一致する．

[5]　電荷が球面上に分布するとき，問題 2-2 問[5]で求めたように，球の中心から r の距離にある点Pに生じる電場は $E(r)=0\ (r<R)$，$\sigma R^2/\varepsilon_0 r^2\ (r>R)$．よって，(2.12)式により，無限遠を基準とする点Pでの電位は

$$\phi(r) = -\int_\infty^r E(r')dr' = \begin{cases} \sigma R/\varepsilon_0 & (r\leqq R) \\ \sigma R^2/\varepsilon_0 r & (r>R) \end{cases}$$

また，電荷が球全体にわたって分布するときは，問題 2-2 問[6]（または例題 2.6）で求めたように，$E(r)=\rho r/3\varepsilon_0\ (r\leqq R)$，$\rho R^3/3\varepsilon_0 r^2\ (r>R)$．よって，$r>R$ のとき，

$$\phi(r) = -\int_\infty^r E(r')dr' = -\int_\infty^r \frac{\rho R^3}{3\varepsilon_0 r'^2}dr' = \frac{\rho R^3}{3\varepsilon_0 r}$$

となり，$r\leqq R$ のとき，

$$\phi(r) = -\int_\infty^r E(r')dr' = -\int_\infty^R \frac{\rho R^3}{3\varepsilon_0 r'^2}dr' - \int_R^r \frac{\rho r'}{3\varepsilon_0}dr'$$

$$= \frac{\rho R^2}{3\varepsilon_0} + \frac{\rho}{6\varepsilon_0}(R^2-r^2) = \frac{\rho}{2\varepsilon_0}\left(R^2 - \frac{1}{3}r^2\right)$$

[6]　問題 2-4 問[1]の(3)で求めたように，円筒の軸から r の距離にある点に生じる電場は $E(r)=\rho r/2\varepsilon_0\ (r\leqq R)$，$\rho R^2/2\varepsilon_0 r\ (r>R)$．よって，電位は

$$\phi(r) = -\int_R^r E(r')dr' = \begin{cases} \rho(R^2-r^2)/4\varepsilon_0 & (r\leqq R) \\ (\rho R^2/2\varepsilon_0)\log(R/r) & (r>R) \end{cases}$$

問題 2-6

[1]　$1\ \mathrm{eV}=1.60\times10^{-19}\ \mathrm{C}\times1\ \mathrm{V}=1.60\times10^{-19}\ \mathrm{J}$．電子間の距離を x とすると，$e^2/4\pi\varepsilon_0 x=1.60\times10^{-19}\ \mathrm{J}$．よって，$x=(1.60\times10^{-19})^2\div(4\times3.14\times8.85\times10^{-12}\times1.60\times10^{-19})=1.44\times10^{-9}\ \mathrm{m}$．

[2]　(1)　次ページの図(a)のように，正3角形ABCの頂点Aに位置する点電荷 $-q$ には $\boldsymbol{F}_1, \boldsymbol{F}_2, \boldsymbol{F}_3$ の力がはたらく．大きさは $F_1=F_2=q^2/4\pi\varepsilon_0 a^2$，$F_3=qQ/4\pi\varepsilon_0(a/\sqrt{3})^2$．$\boldsymbol{F}_1$

$\sim \boldsymbol{F}_3$ の 3 力が互いにつり合うとき，$2F_1\cos 30° - F_3 = q(\sqrt{3}\,q - 3Q)/4\pi\varepsilon_0 a^2 = 0$ となり，$q = \sqrt{3}\,Q$ が成り立つ.

(2) $-q$ どうしの間および $-q$ と $+Q$ の間の静電エネルギーはそれぞれ $q^2/4\pi\varepsilon_0 a$，$-qQ/4\pi\varepsilon_0(a/\sqrt{3})$. したがって，$q = \sqrt{3}\,Q$ により，全体の静電エネルギーは

$$U = \frac{3\cdot q^2}{4\pi\varepsilon_0 a} - \frac{3\cdot qQ}{4\pi\varepsilon_0(a/\sqrt{3})} = \frac{3q}{4\pi\varepsilon_0 a}(q - \sqrt{3}\,Q) = 0$$

$q = \sqrt{3}\,Q$ の関係式が成り立つとき，正 3 角形の各頂点に $-q$，中心に $+Q$ の点電荷をおいたまま辺の長さを変えても，おのおのの点電荷にはたらく合力はつねに 0 である. よって，辺の長さを無限大からしだいに小さくして a にすれば，問題の電荷分布を得ることができるが，そのとき必要な仕事の量は 0 である. すなわち，問題の電荷分布に蓄えられる静電エネルギーは 0 に等しい.

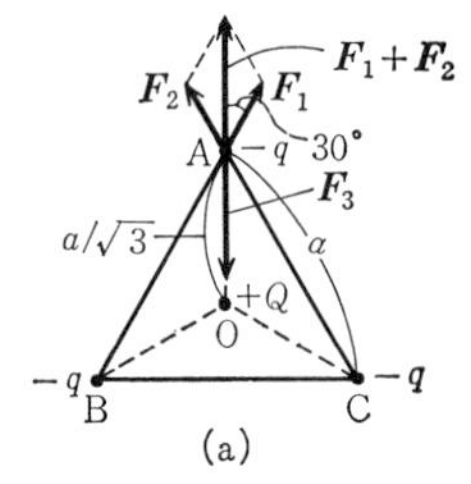

(a)

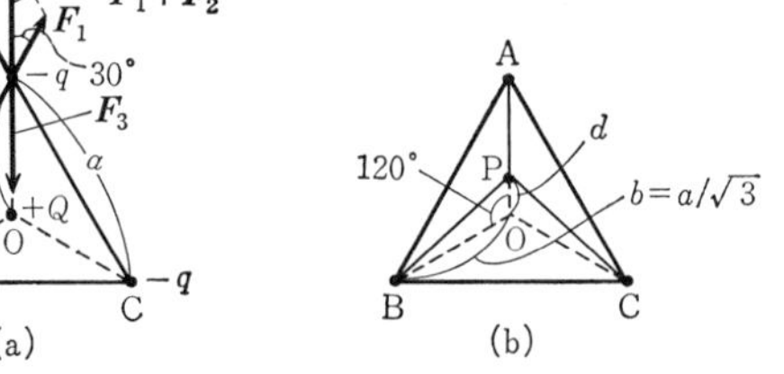

(b)

(3) 上図(b)のように，点電荷 $+Q$ の位置 P が中心 O から頂点 A の方へ d だけずれたとする. BP 間と CP 間の距離はともに $(b^2 + d^2 - 2bd\cos 120°)^{1/2} = (b^2 + d^2 + bd)^{1/2}$ だから($b = a/\sqrt{3}$)，このときの静電エネルギーは

$$U' = \frac{3q^2}{4\pi\varepsilon_0 a} - \frac{qQ}{4\pi\varepsilon_0}\left\{\frac{1}{b-d} + \frac{2}{(b^2+d^2+bd)^{1/2}}\right\}$$

$$= \frac{q^2}{4\pi\varepsilon_0 a}\left\{3 - \frac{b}{b-d} - \frac{2b}{(b^2+bd+d^2)^{1/2}}\right\}$$

$d/b \ll 1$ だから最後の式の{ }内の第 2, 3 項は

$$\frac{b}{b-d} \cong 1 + \frac{d}{b} + \left(\frac{d}{b}\right)^2$$

$$\frac{2b}{(b^2+bd+d^2)^{1/2}} \cong 2\left[1 - \frac{1}{2}\left\{\frac{d}{b} + \left(\frac{d}{b}\right)^2\right\} + \frac{3}{8}\left(\frac{d}{b}\right)^2\right] = 2 - \frac{d}{b} - \frac{1}{4}\left(\frac{d}{b}\right)^2$$

のように近似できる(16 ページのワンポイント参照). したがって，

$$U' \cong -\frac{3q^2}{16\pi\varepsilon_0 a}\left(\frac{d}{b}\right)^2 = -\frac{9q^2d^2}{16\pi\varepsilon_0 a^3}$$

となる. $U' < 0$ だから，$+Q$ をもとの位置にもどすためには $-U'$ の仕事が必要.

[3] 問題 2-5 問[5]で得たように，球の中心から $r(\leqq R)$ の距離にある点での電位は $\phi(r)=\rho(R^2-r^2/3)/2\varepsilon_0$. (2.24)式により，

$$U = \frac{1}{2}\int\rho(\boldsymbol{r})\phi(\boldsymbol{r})dV = \frac{\rho^2}{4\varepsilon_0}\int\left(R^2-\frac{r^2}{3}\right)dV$$

ここで，dV として半径 $r, r+dr$ の 2 つの同心球にはさまれた微小な球殻の体積 $4\pi r^2dr$ を用いると，

$$U = \frac{\rho^2}{4\varepsilon_0}\int_0^R\left(R^2-\frac{r^2}{3}\right)4\pi r^2dr = \frac{\pi\rho^2}{\varepsilon_0}\left[\frac{1}{3}R^2r^3-\frac{1}{15}r^5\right]_0^R$$

$$= \frac{4\pi\rho^2}{15\varepsilon_0}R^5 = \frac{4\pi}{15\varepsilon_0}\left(\frac{Q}{4\pi R^3/3}\right)^2R^5 = \frac{3Q^2}{20\pi\varepsilon_0 R}$$

となり，例題 2.9 の結果と一致する．

[4] 前問の結果を用いると $3e^2/20\pi\varepsilon_0 r_0=m_ec^2$ となり，$r_0=3e^2/20\pi\varepsilon_0 m_ec^2=3\times(1.6\times 10^{-19})^2\div(20\times3.14\times8.85\times10^{-12}\times9.1\times10^{-31})\div(3.0\times10^8)^2=1.7\times10^{-15}$ m.

[5] (第 1 の方法) まず，電荷が一様な密度 ρ で分布する円筒の半径が $R'(<R)$ のとき，問題 2-4 問[1]の(3)で求めたように，円筒の軸から $r(>R')$ の距離にある点に生じる電場は $E(r)=\rho R'^2/2\varepsilon_0 r$. $r=R$ での電位を基準とすると，$r=R'$ での電位は

$$\phi(R') = -\int_R^{R'}E(r)dr = \frac{\rho R'^2}{2\varepsilon_0}\log\frac{R}{R'}$$

円筒の長さを l とすると，半径をさらに $\varDelta R'$ だけ大きくしたとき，$\rho\cdot l\cdot 2\pi R'\varDelta R'$ の電荷が無限遠からあらたに運ばれることになり，そのために要する仕事は

$$\varDelta W = \rho\cdot l\cdot 2\pi R'\varDelta R'\cdot\phi(R') = \frac{\rho^2 l\pi R'^3}{\varepsilon_0}\log\frac{R}{R'}\cdot\varDelta R'$$

この $\varDelta W$ を R' について 0 から R まで積分して，

$$U = \int_0^R\frac{\rho^2 l\pi}{\varepsilon_0}R'^3\log\frac{R}{R'}dR' = \frac{\rho^2 l\pi R^4}{\varepsilon_0}\int_0^1(-x^3\log x)dx$$

$$= \frac{\rho^2 l\pi R^4}{\varepsilon_0}\left[-\frac{1}{4}x^4\left(\log x-\frac{1}{4}\right)\right]_0^1 = \frac{\rho^2 l\pi R^4}{16\varepsilon_0}$$

単位長さ当り蓄えられる静電エネルギーは $U/l=\rho^2\pi R^4/16\varepsilon_0$.

(第 2 の方法) 問題 2-5 問[6]で得たように，軸から $r(\leqq R)$ の距離にある点での電位は $\phi(r)=\rho(R^2-r^2)/4\varepsilon_0$. (2.24)式により，微小体積 $dV=l\cdot 2\pi rdr$ を用いて，

$$U = \frac{1}{2}\int_0^R\frac{\rho^2}{4\varepsilon_0}(R^2-r^2)\cdot l\cdot 2\pi rdr = \frac{\rho^2 l\pi}{4\varepsilon_0}\int_0^R(R^2-r^2)rdr$$

$$= \frac{\rho^2 l\pi}{4\varepsilon_0}\left[\frac{1}{2}R^2r^2-\frac{1}{4}r^4\right]_0^R = \frac{\rho^2 l\pi R^4}{16\varepsilon_0}$$

問題 2-7

[1]　電場 $\boldsymbol{E}=-\nabla\phi$ の x 成分を計算すると，$\boldsymbol{p}$ の x 成分を p_x として，

$$E_x = -\frac{\partial\phi}{\partial x} = -\frac{1}{4\pi\varepsilon_0}\left\{\frac{\partial(\boldsymbol{p}\cdot\boldsymbol{r})}{\partial x}r^{-3}+(\boldsymbol{p}\cdot\boldsymbol{r})\frac{\partial(r^{-3})}{\partial x}\right\}$$

$$= -\frac{1}{4\pi\varepsilon_0}\left\{\frac{p_x}{r^3}-\frac{3(\boldsymbol{p}\cdot\boldsymbol{r})x}{r^5}\right\}$$

この式は，問題に与えられた式の x 成分と一致する．y, z 成分についても同様．

[2]　(1)　点電荷 $-2q$ の位置を原点，$+q$ のそれぞれの位置を $(0, 0, \pm d)$ とする．点 $\boldsymbol{r}=(x, y, z)$ での電位は

$$\phi(\boldsymbol{r}) = \frac{q}{4\pi\varepsilon_0}\left\{\frac{1}{[x^2+y^2+(z-d)^2]^{1/2}}+\frac{1}{[x^2+y^2+(z+d)^2]^{1/2}}-\frac{2}{(x^2+y^2+z^2)^{1/2}}\right\}$$

$r=(x^2+y^2+z^2)^{1/2}\gg d$ として，$\{\quad\}$ 内の第 1, 2 項を近似すると，

$$[x^2+y^2+(z\mp d)^2]^{-1/2} = (x^2+y^2+z^2\mp 2zd+d^2)^{-1/2}$$

$$= r^{-1}\left(1+\frac{\mp 2zd+d^2}{r^2}\right)^{-1/2} \cong r^{-1}\left\{1-\frac{\mp 2zd+d^2}{2r^2}+\frac{3(zd)^2}{2r^4}\right\}$$

これを上の $\phi(\boldsymbol{r})$ の表式に代入すると，d について 0 次および 1 次の項は消えて，

$$\phi(\boldsymbol{r}) = \frac{qd^2}{4\pi\varepsilon_0}\left(-\frac{1}{r^3}+\frac{3z^2}{r^5}\right)$$

電場 $\boldsymbol{E}(\boldsymbol{r})=-\nabla\phi(\boldsymbol{r})$ の各成分は

$$E_x(\boldsymbol{r}) = -\frac{\partial\phi(\boldsymbol{r})}{\partial x} = \frac{qd^2}{4\pi\varepsilon_0}\left(-\frac{3x}{r^5}+\frac{15z^2x}{r^7}\right) = \frac{3qd^2}{4\pi\varepsilon_0}\frac{5z^2-r^2}{r^7}x$$

$$E_y(\boldsymbol{r}) = -\frac{\partial\phi(\boldsymbol{r})}{\partial y} = \frac{qd^2}{4\pi\varepsilon_0}\left(-\frac{3y}{r^5}+\frac{15z^2y}{r^7}\right) = \frac{3qd^2}{4\pi\varepsilon_0}\frac{5z^2-r^2}{r^7}y$$

$$E_z(\boldsymbol{r}) = -\frac{\partial\phi(\boldsymbol{r})}{\partial z} = \frac{qd^2}{4\pi\varepsilon_0}\left(-\frac{9z}{r^5}+\frac{15z^3}{r^7}\right) = \frac{3qd^2}{4\pi\varepsilon_0}\frac{5z^2-3r^2}{r^7}z$$

(2)　$+q$ の点電荷が $(\pm d/2, \pm d/2, 0)$ に，$-q$ が $(\pm d/2, \mp d/2, 0)$ にそれぞれおかれているとすると，点 $\boldsymbol{r}=(x, y, z)$ での電位は

$$\phi(\boldsymbol{r}) = \frac{q}{4\pi\varepsilon_0}\left\{\frac{1}{[(x-d/2)^2+(y-d/2)^2+z^2]^{1/2}}+\frac{1}{[(x+d/2)^2+(y+d/2)^2+z^2]^{1/2}}\right.$$

$$\left.-\frac{1}{[(x-d/2)^2+(y+d/2)^2+z^2]^{1/2}}-\frac{1}{[(x+d/2)^2+(y-d/2)^2+z^2]^{1/2}}\right\}$$

$r=(x^2+y^2+z^2)^{1/2}\gg d$ のとき，$\{\quad\}$ 内の第 1, 2 項は

$$[(x\mp d/2)^2+(y\mp d/2)^2+z^2]^{-1/2}=[x^2+y^2+z^2\mp(x+y)d+d^2/2]^{-1/2}$$
$$=r^{-1}\left\{1+\frac{\mp(x+y)d+d^2/2}{r^2}\right\}^{-1/2}\cong r^{-1}\left\{1-\frac{\mp(x+y)d+d^2/2}{2r^2}+\frac{3(x+y)^2d^2}{8r^4}\right\}$$

と近似される．同様に，第 3, 4 項は

$$[(x\mp d/2)^2+(y\pm d/2)^2+z^2]^{-1/2}\cong r^{-1}\left\{1-\frac{\mp(x-y)d+d^2/2}{2r^2}+\frac{3(x-y)^2d^2}{8r^4}\right\}$$

よって，電位ならびに電場の各成分は

$$\phi(\boldsymbol{r})=\frac{qd^2}{4\pi\varepsilon_0}\frac{3}{4}\left\{\frac{(x+y)^2}{r^5}-\frac{(x-y)^2}{r^5}\right\}=\frac{qd^2}{4\pi\varepsilon_0}\frac{3xy}{r^5}$$
$$E_x(\boldsymbol{r})=-\frac{\partial\phi(\boldsymbol{r})}{\partial x}=\frac{3qd^2}{4\pi\varepsilon_0}\left(-\frac{y}{r^5}+\frac{5x^2y}{r^7}\right)=\frac{3qd^2}{4\pi\varepsilon_0}\frac{5x^2-r^2}{r^7}y$$
$$E_y(\boldsymbol{r})=-\frac{\partial\phi(\boldsymbol{r})}{\partial y}=\frac{3qd^2}{4\pi\varepsilon_0}\left(-\frac{x}{r^5}+\frac{5xy^2}{r^7}\right)=\frac{3qd^2}{4\pi\varepsilon_0}\frac{5y^2-r^2}{r^7}x$$
$$E_z(\boldsymbol{r})=-\frac{\partial\phi(\boldsymbol{r})}{\partial z}=\frac{3qd^2}{4\pi\varepsilon_0}\frac{5xyz}{r^7}$$

［注意］ (1)や(2)の電荷分布は同じ大きさの電気双極子モーメントが 2 個逆向きに並んでいると考えることもできる．このような電荷分布を**電気四極子**という．

[3] 点 $\boldsymbol{r}=(x, y, z)$ における電位は

$$\phi(\boldsymbol{r})=\frac{1}{4\pi\varepsilon_0}\left\{\frac{q_1}{[x^2+y^2+(z-d)^2]^{1/2}}+\frac{q_2}{[x^2+y^2+(z+d)^2]^{1/2}}\right\}$$

前問の (1) のように，$r=(x^2+y^2+z^2)^{1/2}\gg d$ のとき，

$$[x^2+y^2+(z\mp d)^2]^{-1/2}\cong r^{-1}\left\{1-\frac{\mp 2zd+d^2}{2r^2}+\frac{3(zd)^2}{2r^4}\right\}$$

と近似でき，これを上の $\phi(\boldsymbol{r})$ の表式に代入すると，

$$\phi(\boldsymbol{r})=\frac{1}{4\pi\varepsilon_0}\left\{\frac{q_1+q_2}{r}+\frac{(q_1-q_2)zd}{r^3}+\frac{q_1+q_2}{2}\left(-\frac{1}{r^3}+\frac{3z^2}{r^5}\right)d^2\right\}$$

d について 0 次の項は原点に q_1+q_2 の点電荷があるときの電位，1 次の項は点 A, B にそれぞれ $\pm(q_1-q_2)/2$ の電荷があるときの電気双極子による電位，2 次の項は点 A と B に $(q_1+q_2)/2$，原点に $-(q_1+q_2)$ の電荷があるときの電気四極子による電位を表わす．

[4] $\boldsymbol{r}\pm\boldsymbol{d}$ にそれぞれ位置する 1 対の点電荷 $\pm q$ によって電気双極子 $\boldsymbol{p}$ がつくられると見なす．電場 $\boldsymbol{E}(\boldsymbol{r})$ から $\pm q$ が受ける力は $\boldsymbol{F}_\pm=\pm q\boldsymbol{E}(\boldsymbol{r}\pm\boldsymbol{d})$．$\boldsymbol{p}=2q\boldsymbol{d}$ だから電気双極子が受ける力は $\boldsymbol{F}=\boldsymbol{F}_++\boldsymbol{F}_-=q\{\boldsymbol{E}(\boldsymbol{r}+\boldsymbol{d})-\boldsymbol{E}(\boldsymbol{r}-\boldsymbol{d})\}=2q(\boldsymbol{d}\cdot\nabla)\boldsymbol{E}(\boldsymbol{r})=(\boldsymbol{p}\cdot\nabla)\boldsymbol{E}(\boldsymbol{r})$．また，力のモーメントは $\boldsymbol{N}=\boldsymbol{d}\times(\boldsymbol{F}_+-\boldsymbol{F}_-)=q\boldsymbol{d}\times\{\boldsymbol{E}(\boldsymbol{r}+\boldsymbol{d})+\boldsymbol{E}(\boldsymbol{r}-\boldsymbol{d})\}=2q\boldsymbol{d}\times\boldsymbol{E}(\boldsymbol{r})=\boldsymbol{p}\times\boldsymbol{E}(\boldsymbol{r})$．電位を $\phi(\boldsymbol{r})$ とすると，$\boldsymbol{E}(\boldsymbol{r})=-\nabla\phi(\boldsymbol{r})$ により，電気双極子の静電エネルギーは $U=q\{\phi(\boldsymbol{r}+\boldsymbol{d})-\phi(\boldsymbol{r}-\boldsymbol{d})\}=2q(\boldsymbol{d}\cdot\nabla)\phi(\boldsymbol{r})=-\boldsymbol{p}\cdot\boldsymbol{E}(\boldsymbol{r})$．

[5] 点Aに生じる電場はx軸方向にあり，$E(x)=q/4\pi\varepsilon_0 x^2$ の強さだから，前問の結果により，モーメント $\boldsymbol{p}=(p\cos\theta, p\sin\theta, 0)$ の電気双極子にはたらく力は $F_x=(\boldsymbol{p}\cdot\nabla)E(x)=p\cos\theta\cdot dE(x)/dx=-2pq\cos\theta/4\pi\varepsilon_0 x^3$，$F_y=F_z=0$. 力のモーメントは $N_x=N_y=0$，$N_z=-pq\sin\theta/4\pi\varepsilon_0 x^2$.

第 3 章

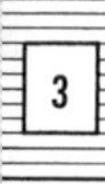

問題 3-1

[1] 電荷のない真空中の静電場と見なしうるには $\nabla\times\boldsymbol{F}=0$，$\nabla\cdot\boldsymbol{F}=0$ となることを示せばよい．電位は $\boldsymbol{F}=-\nabla\phi$ により求めることができる．

(1) $(\nabla\times\boldsymbol{F})_x=\partial F_z/\partial y-\partial F_y/\partial z=Ax-Ax=0$，$(\nabla\times\boldsymbol{F})_y=\partial F_x/\partial z-\partial F_z/\partial x=Ay-Ay=0$，$(\nabla\times\boldsymbol{F})_z=\partial F_y/\partial x-\partial F_x/\partial y=Az-Az=0$. $\nabla\cdot\boldsymbol{F}=\partial F_x/\partial x+\partial F_y/\partial y+\partial F_z/\partial z=0$. 電位は $\phi(x, y, z)=-Axyz$.

(2) $(\nabla\times\boldsymbol{F})_x=0$，$(\nabla\times\boldsymbol{F})_y=2Ax-2Ax=0$，$(\nabla\times\boldsymbol{F})_z=2Ax-2Ax=0$. $\nabla\cdot\boldsymbol{F}=2A(y+z)-2Ay-2Az=0$. 電位は $\phi(x, y, z)=-A\{x^2(y+z)-(y^3+z^3)/3\}$.

(3) $(\nabla\times\boldsymbol{F})_x=-6Ayz+6Ayz=0$，$(\nabla\times\boldsymbol{F})_y=-6Azx+6Azx=0$，$(\nabla\times\boldsymbol{F})_z=-6Axy+6Axy=0$. $\nabla\cdot\boldsymbol{F}=3A(2x^2-y^2-z^2)+3A(2y^2-z^2-x^2)+3A(2z^2-x^2-y^2)=0$. 電位は $\phi(x, y, z)=-A\{x^4+y^4+z^4-3(x^2y^2+y^2z^2+z^2x^2)\}/2$.

[2] 原点に点電荷qをおいたとき，$r=(x^2+y^2+z^2)^{1/2}$ として，$\boldsymbol{E}(\boldsymbol{r})=q\boldsymbol{r}/4\pi\varepsilon_0 r^3$. $\partial(r^n)/\partial x=nxr^{n-2}$ により，$\partial E_x/\partial x=(q/4\pi\varepsilon_0)\cdot\partial(xr^{-3})/\partial x=(q/4\pi\varepsilon_0)(r^{-3}-3x^2r^{-5})$. 同様に，$\partial E_y/\partial y=(q/4\pi\varepsilon_0)(r^{-3}-3y^2r^{-5})$，$\partial E_z/\partial z=(q/4\pi\varepsilon_0)(r^{-3}-3z^2r^{-5})$. よって，$\nabla\cdot\boldsymbol{E}=(q/4\pi\varepsilon_0)\{3r^{-3}-3(x^2+y^2+z^2)r^{-5}\}=0$. $(\nabla\times\boldsymbol{E})_x=\partial E_z/\partial y-\partial E_y/\partial z=(q/4\pi\varepsilon_0)\{\partial(zr^{-3})/\partial y-\partial(yr^{-3})/\partial z\}=(q/4\pi\varepsilon_0)(-3yzr^{-5}+3yzr^{-5})=0$. $\nabla\times\boldsymbol{E}$ の y, z 成分も同様に0に等しい．

原点に電気双極子モーメント$\boldsymbol{p}$をおいたとき，問題2-7 問[1]で示したように，$\boldsymbol{E}(\boldsymbol{r})=-\{\boldsymbol{p}-3(\boldsymbol{p}\cdot\boldsymbol{r})\boldsymbol{r}/r^2\}/4\pi\varepsilon_0 r^3$.

$$\frac{\partial E_x}{\partial x}=-\frac{1}{4\pi\varepsilon_0}\frac{\partial}{\partial x}\left\{\frac{p_x}{r^3}-\frac{3(\boldsymbol{p}\cdot\boldsymbol{r})x}{r^5}\right\}$$
$$=\frac{1}{4\pi\varepsilon_0}\left\{3\frac{2p_xx+(\boldsymbol{p}\cdot\boldsymbol{r})}{r^5}-15\frac{(\boldsymbol{p}\cdot\boldsymbol{r})x^2}{r^7}\right\}$$

同様にして，

$$\frac{\partial E_y}{\partial y}=\frac{1}{4\pi\varepsilon_0}\left\{3\frac{2p_yy+(\boldsymbol{p}\cdot\boldsymbol{r})}{r^5}-15\frac{(\boldsymbol{p}\cdot\boldsymbol{r})y^2}{r^7}\right\}$$
$$\frac{\partial E_z}{\partial z}=\frac{1}{4\pi\varepsilon_0}\left\{3\frac{2p_zz+(\boldsymbol{p}\cdot\boldsymbol{r})}{r^5}-15\frac{(\boldsymbol{p}\cdot\boldsymbol{r})z^2}{r^7}\right\}$$

したがって，$\nabla\cdot\boldsymbol{E}=0$. $\nabla\times\boldsymbol{E}$ の x 成分は

$$(\nabla\times\boldsymbol{E})_x = -\frac{1}{4\pi\varepsilon_0}\frac{\partial}{\partial y}\left\{\frac{p_z}{r^3}-\frac{3(\boldsymbol{p}\cdot\boldsymbol{r})z}{r^5}\right\}+\frac{1}{4\pi\varepsilon_0}\frac{\partial}{\partial z}\left\{\frac{p_y}{r^3}-\frac{3(\boldsymbol{p}\cdot\boldsymbol{r})y}{r^5}\right\}$$

$$= \frac{1}{4\pi\varepsilon_0}\left\{3\frac{p_z y+p_y z}{r^5}-15\frac{(\boldsymbol{p}\cdot\boldsymbol{r})yz}{r^7}-3\frac{p_y z+p_z y}{r^5}+15\frac{(\boldsymbol{p}\cdot\boldsymbol{r})yz}{r^7}\right\} = 0$$

同様に，$\nabla\times\boldsymbol{E}$ の y, z 成分も 0 に等しい．

[3] (1) $\sqrt{x^2+y^2}\leqq R$ のとき，$\partial E_x/\partial x=\rho/2\varepsilon_0$, $\partial E_y/\partial y=\rho/2\varepsilon_0$, $\partial E_z/\partial z=0$ となるので，$\nabla\cdot\boldsymbol{E}=\rho/\varepsilon_0$. $\nabla\times\boldsymbol{E}=0$ となることは明らか．$\sqrt{x^2+y^2}>R$ のとき，

$$\frac{\partial E_x}{\partial x} = \frac{\rho R^2}{2\varepsilon_0}\frac{\partial}{\partial x}\left(\frac{x}{x^2+y^2}\right) = \frac{\rho R^2}{2\varepsilon_0}\frac{(x^2+y^2)-x\cdot 2x}{(x^2+y^2)^2} = \frac{\rho R^2}{2\varepsilon_0}\frac{-x^2+y^2}{(x^2+y^2)^2}$$

$$\frac{\partial E_y}{\partial y} = \frac{\rho R^2}{2\varepsilon_0}\frac{\partial}{\partial y}\left(\frac{y}{x^2+y^2}\right) = \frac{\rho R^2}{2\varepsilon_0}\frac{(x^2+y^2)-y\cdot 2y}{(x^2+y^2)^2} = \frac{\rho R^2}{2\varepsilon_0}\frac{x^2-y^2}{(x^2+y^2)^2}$$

$$\frac{\partial E_z}{\partial z} = 0$$

となるので，$\nabla\cdot\boldsymbol{E}=0$. 明らかに，$(\nabla\times\boldsymbol{E})_x=0$, $(\nabla\times\boldsymbol{E})_y=0$ であり，

$$(\nabla\times\boldsymbol{E})_z = \frac{\rho R^2}{2\varepsilon_0}\frac{\partial}{\partial x}\left(\frac{y}{x^2+y^2}\right)-\frac{\rho R^2}{2\varepsilon_0}\frac{\partial}{\partial y}\left(\frac{x}{x^2+y^2}\right)$$

$$= \frac{\rho R^2}{2\varepsilon_0}\left\{-\frac{y\cdot 2x}{(x^2+y^2)^2}+\frac{x\cdot 2y}{(x^2+y^2)^2}\right\} = 0$$

(2) $r\leqq R$ のとき，$\partial E_x/\partial x=\rho/3\varepsilon_0$, $\partial E_y/\partial y=\rho/3\varepsilon_0$, $\partial E_z/\partial z=\rho/3\varepsilon_0$ となるので，$\nabla\cdot\boldsymbol{E}=\rho/\varepsilon_0$. $\nabla\times\boldsymbol{E}=0$ となることは明らか．$r>R$ のとき，$\partial E_x/\partial x=(\rho R^3/3\varepsilon_0)\cdot\partial(xr^{-3})/\partial x=(\rho R^3/3\varepsilon_0)(r^{-3}-3x^2r^{-5})$. 同様に，$\partial E_y/\partial y=(\rho R^3/3\varepsilon_0)(r^{-3}-3y^2r^{-5})$, $\partial E_z/\partial z=(\rho R^3/3\varepsilon_0)(r^{-3}-3z^2r^{-5})$. よって，$\nabla\cdot\boldsymbol{E}=0$. $(\nabla\times\boldsymbol{E})_x=(\rho R^3/3\varepsilon_0)\{\partial(zr^{-3})/\partial y-\partial(yr^{-3})/\partial z\}=(\rho R^3/3\varepsilon_0)(-3yzr^{-5}+3yzr^{-5})=0$. $\nabla\times\boldsymbol{E}$ の y, z 成分も同様に 0 に等しい．

問題 3-2

[1] $r=(x^2+y^2+z^2)^{1/2}$ とすると，$\phi(\boldsymbol{r})=q/4\pi\varepsilon_0 r$. $\partial(r^n)/\partial x=nxr^{n-2}$ により，$\partial(r^{-1})/\partial x=-xr^{-3}$, $\partial^2(r^{-1})/\partial x^2=-\partial(xr^{-3})/\partial x=-(r^{-3}-3x^2r^{-5})$. 同様に，$\partial^2(r^{-1})/\partial y^2=-(r^{-3}-3y^2r^{-5})$, $\partial^2(r^{-1})/\partial z^2=-(r^{-3}-3z^2r^{-5})$. よって，$\nabla^2\phi=-(q/4\pi\varepsilon_0)\{3r^{-3}-3(x^2+y^2+z^2)r^{-5}\}=0$.

[2] 例題 2.8 で求めたように，電荷の分布する直線を z 軸とし，$r=(x^2+y^2)^{1/2}$, a を定数とすると，$\phi(\boldsymbol{r})=(\lambda/2\pi\varepsilon_0)\log(a/r)$. $\partial r/\partial x=xr^{-1}$ により，$\partial(\log r)/\partial x=xr^{-2}$, $\partial^2(\log r)/\partial x^2=\partial(xr^{-2})/\partial x=r^{-2}-2x^2r^{-4}$. 同様に，$\partial^2(\log r)/\partial y^2=r^{-2}-2y^2r^{-4}$. $\partial^2(\log r)/\partial z^2=0$. よって，$\nabla^2\phi=-(\lambda/2\pi\varepsilon_0)\{2r^{-2}-2(x^2+y^2)r^{-4}\}=0$.

[3] $\partial r/\partial x=xr^{-1}$ により，

$$\frac{\partial \phi(r)}{\partial x}=\frac{d\phi(r)}{dr}\frac{\partial r}{\partial x}=\frac{x}{r}\frac{d\phi(r)}{dr}$$

$$\begin{aligned}\frac{\partial^2 \phi(r)}{\partial x^2}&=\frac{1}{r}\frac{d\phi(r)}{dr}+x\frac{\partial}{\partial x}\left\{\frac{1}{r}\frac{d\phi(r)}{dr}\right\}=\frac{1}{r}\frac{d\phi(r)}{dr}+\frac{x^2}{r}\frac{d}{dr}\left\{\frac{1}{r}\frac{d\phi(r)}{dr}\right\}\\&=\frac{r^2-x^2}{r^3}\frac{d\phi(r)}{dr}+\frac{x^2}{r^2}\frac{d^2\phi(r)}{dr^2}\end{aligned}$$

同様にして，

$$\frac{\partial^2 \phi(r)}{\partial y^2}=\frac{r^2-y^2}{r^3}\frac{d\phi(r)}{dr}+\frac{y^2}{r^2}\frac{d^2\phi(r)}{dr^2}$$

また，明らかに$\partial^2\phi(r)/\partial z^2=0$．よって，

$$\begin{aligned}\nabla^2\phi(r)&=\frac{2r^2-(x^2+y^2)}{r^3}\frac{d\phi(r)}{dr}+\frac{x^2+y^2}{r^2}\frac{d^2\phi(r)}{dr^2}\\&=\frac{d^2\phi(r)}{dr^2}+\frac{1}{r}\frac{d\phi(r)}{dr}=\frac{1}{r}\frac{d}{dr}\left\{r\frac{d\phi(r)}{dr}\right\}\end{aligned}$$

[4] $r=\sqrt{x^2+y^2+z^2}$ に対し，$\partial^2\phi(r)/\partial x^2$, $\partial^2\phi(r)/\partial y^2$ は前問と同様に与えられ，$\partial^2\phi(r)/\partial z^2$ についても

$$\frac{\partial^2 \phi(r)}{\partial z^2}=\frac{r^2-z^2}{r^3}\frac{d\phi(r)}{dr}+\frac{z^2}{r^2}\frac{d^2\phi(r)}{dr^2}$$

したがって，

$$\begin{aligned}\nabla^2\phi(r)&=\frac{3r^2-(x^2+y^2+z^2)}{r^3}\frac{d\phi(r)}{dr}+\frac{x^2+y^2+z^2}{r^2}\frac{d^2\phi(r)}{dr^2}\\&=\frac{d^2\phi(r)}{dr^2}+\frac{2}{r}\frac{d\phi(r)}{dr}=\frac{1}{r^2}\frac{d}{dr}\left\{r^2\frac{d\phi(r)}{dr}\right\}\end{aligned}$$

となり，ポアソンの方程式は

$$r>R\text{ のとき}\qquad \frac{1}{r^2}\frac{d}{dr}\left\{r^2\frac{d\phi(r)}{dr}\right\}=0$$

$$r\leqq R\text{ のとき}\qquad \frac{1}{r^2}\frac{d}{dr}\left\{r^2\frac{d\phi(r)}{dr}\right\}=-\frac{\rho}{\varepsilon_0}$$

これらの式を積分すると，C_1, C_2 を定数として，

$$r>R\text{ のとき}\qquad \frac{d\phi(r)}{dr}=\frac{C_1}{r^2}$$

$$r\leqq R\text{ のとき}\qquad \frac{d\phi(r)}{dr}=-\frac{\rho}{3\varepsilon_0}r+\frac{C_2}{r^2}$$

$r=0$ で $d\phi(r)/dr=0$ となることにより，$C_2=0$．また，$r=R$ で $d\phi(r)/dr$ は連続だから $C_1/R^2=-\rho R/3\varepsilon_0$ となり，$C_1=-\rho R^3/3\varepsilon_0$．よって，$r>R$ のとき $d\phi(r)/dr=-\rho R^3/3\varepsilon_0 r^2$，$r\leqq R$

のとき $d\phi(r)/dr=-\rho r/3\varepsilon_0$. これらの式を積分し，$r\to\infty$ のとき $\phi(r)\to 0$ および $r=R$ で $\phi(r)$ が連続という条件が満たされるようにすると，

$$r>R \text{ のとき} \qquad \phi(r) = \rho R^3/3\varepsilon_0 r$$
$$r\leqq R \text{ のとき} \qquad \phi(r) = \rho(R^2-r^2/3)/2\varepsilon_0$$

これは問題 2-5 問[5]の結果と同じである．

[5] (1) 電荷がない点ではラプラスの方程式 $\nabla^2\phi(\boldsymbol{r})=0$ が成り立ち，これは2次の微係数が0だから，その点で $\phi(\boldsymbol{r})$ が極大，極小になりえないことを意味する．

(2) 電位 $\phi(\boldsymbol{r})$ が境界で一定値 ϕ_0 をとり，かつ領域内で空間変化をしているとすれば，$\phi(\boldsymbol{r})$ は領域内のどこかの点でかならず最大または最小になる．ところが，領域内では電荷がないので，(1)で示されたように，領域内のどの点においても $\phi(\boldsymbol{r})$ は最大，最小になりえない．したがって，電位が領域内で空間変化することはなく，すべての点で $\phi(\boldsymbol{r})=\phi_0$ となる．

(3) 同じ電荷分布 $\rho(\boldsymbol{r})$ と同じ境界条件 $\phi(\boldsymbol{r})=\phi_0$ に対し，ポアソンの方程式が2つの解 $\phi_1(\boldsymbol{r})$ と $\phi_2(\boldsymbol{r})$ をもつと仮定する．$\nabla^2\phi_1(\boldsymbol{r})=-\rho(\boldsymbol{r})/\varepsilon_0$, $\nabla^2\phi_2(\boldsymbol{r})=-\rho(\boldsymbol{r})/\varepsilon_0$ であり，境界で $\phi_1(\boldsymbol{r})=\phi_2(\boldsymbol{r})=\phi_0$ の条件が満たされている．2つの解の差の関数 $\varphi(\boldsymbol{r})=\phi_1(\boldsymbol{r})-\phi_2(\boldsymbol{r})$ を考えると，ラプラスの方程式 $\nabla^2\varphi(\boldsymbol{r})=0$ が成り立ち，境界条件は $\varphi(\boldsymbol{r})=0$. (2)によれば，このような $\varphi(\boldsymbol{r})$ は領域内のすべての点で0に等しい．すなわち，$\phi_1(\boldsymbol{r})=\phi_2(\boldsymbol{r})$ となり，異なる2つの解は存在しえない．

第 4 章

問題 4-1

[1] (4.1)式により，地球表面の電荷密度は $\sigma=\varepsilon_0 E=-8.85\times10^{-12}\times100=-8.85\times10^{-10}\ \mathrm{C\cdot m^{-2}}$. 地球の半径を R とすると，地球全体の電荷は $Q=4\pi R^2\sigma=-4\times3.14\times(6.4\times10^6)^2\times8.85\times10^{-10}=-4.6\times10^5\ \mathrm{C}$.

[2] 半径 R の導体球が電荷 q をもつとき，電位は $\phi=q/4\pi\varepsilon_0 R$ だから，その静電エネルギーは(2.24)式により $U=q\phi/2=q^2/8\pi\varepsilon_0 R$. したがって，AB間を導線で接続したとき，AとBの静電エネルギーの和は

$$\frac{1}{8\pi\varepsilon_0}\left(\frac{q_\mathrm{A}'^2}{R_\mathrm{A}}+\frac{q_\mathrm{B}'^2}{R_\mathrm{B}}\right)-\frac{1}{8\pi\varepsilon_0}\left(\frac{q_\mathrm{A}^2}{R_\mathrm{A}}+\frac{q_\mathrm{B}^2}{R_\mathrm{B}}\right)$$
$$=\frac{1}{8\pi\varepsilon_0}\left\{\frac{(q_\mathrm{A}+q_\mathrm{B})^2}{R_\mathrm{A}+R_\mathrm{B}}-\left(\frac{q_\mathrm{A}^2}{R_\mathrm{A}}+\frac{q_\mathrm{B}^2}{R_\mathrm{B}}\right)\right\} = -\frac{(q_\mathrm{A}R_\mathrm{B}-q_\mathrm{B}R_\mathrm{A})^2}{8\pi\varepsilon_0 R_\mathrm{A}R_\mathrm{B}(R_\mathrm{A}+R_\mathrm{B})}$$

だけ変化し，$q_\mathrm{A}/R_\mathrm{A}=q_\mathrm{B}/R_\mathrm{B}$ すなわち $\phi_\mathrm{A}=\phi_\mathrm{B}$ でない限り，かならず減少する．AB間の導線を電荷が移動するとき，ジュール熱が発生し，そのぶん静電エネルギーが失われる．

[3] このとき，球殻の内面に $-q$ の電荷が，外面に q の電荷が誘導され一様に分布している．よって，電場は球殻の中心Oを中心として放射状に生じ，Oから r の距離にある点での強さを $E(r)$ とすれば，$r<R_1$ のとき $E(r)=q/4\pi\varepsilon_0 r^2$，$R_1<r<R_2$ のとき $E(r)=0$，$r>R_2$ のとき $E(r)=(q+Q)/4\pi\varepsilon_0 r^2$．点電荷 q の位置がOからずれたとき，球殻の内面に誘導される電荷 $-q$ の分布は一様でないが，外面に誘導される電荷 q の分布は一様のままだから，球殻の内側の領域($r<R_1$)の電場だけ変化し，その他の領域($r>R_1$)の電場は変わらない．

[4] 微分形のガウスの法則 $dE(x)/dx=\rho(x)/\varepsilon_0$ (x の増加する向きを正とする)を用いると，$E(d)=0$ により，

$$f=\int_0^d \rho(x)E(x)dx=\varepsilon_0\int_0^d \frac{dE(x)}{dx}E(x)dx$$
$$=\frac{1}{2}\varepsilon_0\int_0^d \frac{d}{dx}\{E(x)\}^2dx=\frac{1}{2}\varepsilon_0[\{E(d)\}^2-\{E(0)\}^2]=-\frac{1}{2}\varepsilon_0 E^2$$

ただし，E は導体表面における電場の強さ $E(0)$ である．$E=\sigma/\varepsilon_0$ により，$f=-\sigma^2/2\varepsilon_0$．$f<0$ だから，f は導体の外向きにはたらく．

［注意］ 導体表面上の点Pでの電場の強さを E とすると，点Pのまわりの微小面積 $\varDelta S$ の面に分布する電荷は $\varDelta q=\varepsilon_0 E\varDelta S$．上で得た結果によれば，$\varDelta S$ には大きさ $f\varDelta S=\varepsilon_0 E^2\varDelta S/2$ の力がはたらく．よって，$\varDelta S$ 以外の面に分布する電荷が点Pにつくる電場の強さは $E'=f\varDelta S/\varDelta q=E/2$ になる．そこで，$\varDelta S$ 上の電荷 $\varDelta q$ によって $\varDelta S$ の付近の点につくられる電場が $\varDelta S$ の両側で同じ $E/2$ の強さであり，外側で E' と同じ向き，内側で E' と逆向きにあると考えれば，全体の電場は外側で E，内側で0となり，つじつまがあうことになる．

問題 4-2

[1] 点電荷 q のまわりの電場を，q を含み導体表面に垂直な平面内で示すと次ページの図(a)のように，導体球のまわりの電場を，球の中心を含み $\boldsymbol{E}_0$ に平行な平面内で示すと同じく図(b)のようになる．また，導体表面に誘導された電荷分布のつくる電場は，図(c)，(d)にそれぞれ示したようになり，導体内部の領域で q による電場や $\boldsymbol{E}_0$ をちょうど打ち消すようにして生じる．外部の領域につくられる電場は，図(c)では仮の点電荷 $-q$ による電場，図(d)では球の中心におかれた電気双極子 $\boldsymbol{p}$ による電場になる．なお，図(a)，(c)で $q>0$ とした．

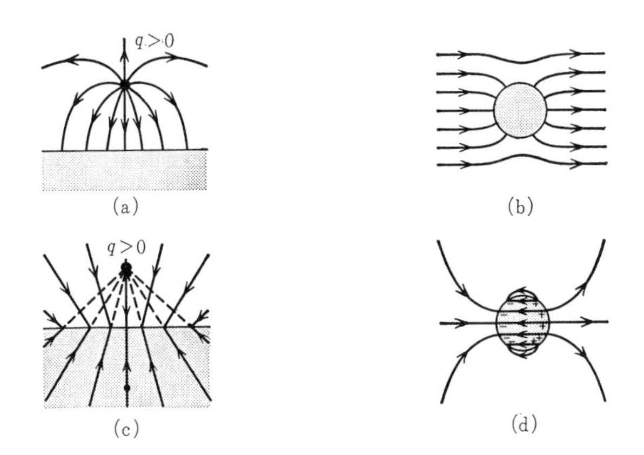

[2]　導体表面上に原点を中心とする半径 r，幅 Δr の微細な輪を考えると，面積が $\Delta S=2\pi r\Delta r$ であり，$r^2=x^2+y^2$ だから，その輪の上に誘導される電荷は $\sigma(x,y)\Delta S= -qar\Delta r/(r^2+a^2)^{3/2}$．よって，表面全体の誘導電荷の総和は

$$-\int_0^\infty \frac{qar}{(r^2+a^2)^{3/2}}dr = qa\left[\frac{1}{(r^2+a^2)^{1/2}}\right]_0^\infty = -q$$

また点電荷 q が導体表面から x の距離にあるとき，q にはたらく力は $F=-q^2/4\pi\varepsilon_0(2x)^2$．したがって，$q$ を距離 a の位置から無限遠まで運ぶのに要する仕事は

$$W = -\int_a^\infty Fdx = \frac{q^2}{16\pi\varepsilon_0}\int_a^\infty \frac{1}{x^2}dx = \frac{q^2}{16\pi\varepsilon_0 a}$$

[3]　となりあう2点間の間隔を a とする．点電荷 q_A, q_B, q_C にはたらくクーロン力は，A→B→C の向きを正として，

$$F_A = \frac{q_A}{4\pi\varepsilon_0 a^2}\left(-q_B+\frac{1}{4}q_B+\frac{1}{9}q_A\right) = \frac{q_A}{4\pi\varepsilon_0 a^2}\left(\frac{1}{9}q_A-\frac{3}{4}q_B\right)$$

$$F_B = \frac{q_B}{4\pi\varepsilon_0 a^2}\left(q_A+q_B+\frac{1}{4}q_A\right) = \frac{q_B}{4\pi\varepsilon_0 a^2}\left(\frac{5}{4}q_A+q_B\right)$$

$$F_C = -\frac{{q_C}^2}{4\pi\varepsilon_0 a^2}$$

[4]　(1)　$b<R$ により q' の位置は導体球内部の領域にあり，q' は外部の領域でのポアソンの方程式には関係しない．よって，q および q' のつくる電場が導体球のまわりの電場と同じ方程式にしたがうことは明らかであり，その電場が球面上での電位が0という境界条件を満たしていることを示すだけで十分である．球面上の任意の点Pにおいて，q, q' の点電荷による電位は

$$\phi_{\mathrm{P}} = \frac{1}{4\pi\varepsilon_0}\left(\frac{q}{r_{\mathrm{A}}}+\frac{q'}{r_{\mathrm{B}}}\right) = \frac{q}{4\pi\varepsilon_0 r_{\mathrm{A}}}\left(1-\frac{R}{a}\ \frac{r_{\mathrm{A}}}{r_{\mathrm{B}}}\right)$$

ただし，$r_{\mathrm{A}}=\mathrm{AP}$，$r_{\mathrm{B}}=\mathrm{BP}$．ところが，図(a)のように，$\mathrm{AO}/\mathrm{PO}=a/R$，$\mathrm{OP}/\mathrm{OB}=R/b=a/R$ だから，$\triangle\mathrm{AOP}$ と $\triangle\mathrm{POB}$ は互いに相似であり，$r_{\mathrm{A}}/r_{\mathrm{B}}=a/R$ が成り立つ．したがって，$\phi_{\mathrm{P}}=0$ となり，q, q' による電位は球面上でかならず 0 である．導体球のまわりの電場を，q と球の中心を含む平面内で $q>0$ として示すと図(b)のようになる．

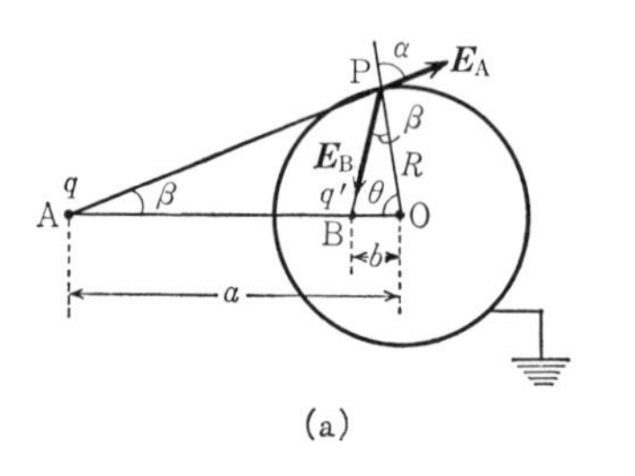

(a)

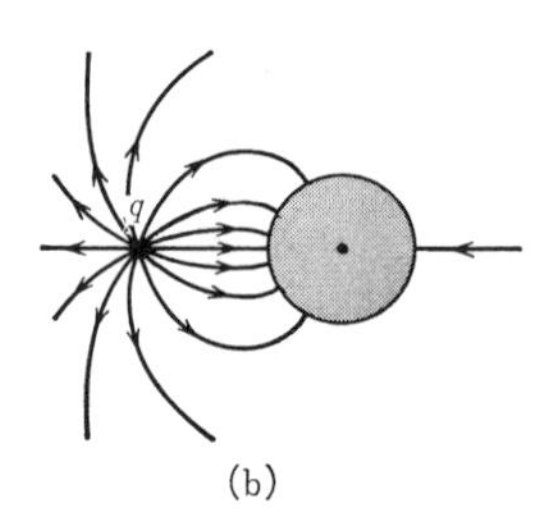

(b)

(2) q, q' がそれぞれ点 P につくる電場の強さは $E_{\mathrm{A}}=q/4\pi\varepsilon_0 r_{\mathrm{A}}{}^2$，$E_{\mathrm{B}}=q'/4\pi\varepsilon_0 r_{\mathrm{B}}{}^2=-(qR/a)/4\pi\varepsilon_0(r_{\mathrm{A}}R/a)^2=-(qa/R)/4\pi\varepsilon_0 r_{\mathrm{A}}{}^2$．点 P における電場 E_{P} は E_{A} と E_{B} の重ね合わせであり，球面に垂直な方向にあるから，$E_{\mathrm{A}}, E_{\mathrm{B}}$ が OP となす角を α, β とすると，$E_{\mathrm{P}}=E_{\mathrm{A}}\cos\alpha+E_{\mathrm{B}}\cos\beta=q\{\cos\alpha-(a/R)\cos\beta\}/4\pi\varepsilon_0 r_{\mathrm{A}}{}^2$．図(a)のように，$\angle\mathrm{APO}=\alpha$．$\triangle\mathrm{AOP}$ に余弦定理を用いて $\cos\alpha=(r_{\mathrm{A}}{}^2+R^2-a^2)/2r_{\mathrm{A}}R$．同様に $\angle\mathrm{PAO}=\beta$ により，$\cos\beta=(r_{\mathrm{A}}{}^2+a^2-R^2)/2r_{\mathrm{A}}a$．したがって，$E_{\mathrm{P}}=q(R^2-a^2)/4\pi\varepsilon_0 Rr_{\mathrm{A}}{}^3$ となり，点 P に誘導される電荷密度は $\sigma_{\mathrm{P}}=\varepsilon_0 E_{\mathrm{P}}=q(R^2-a^2)/4\pi Rr_{\mathrm{A}}{}^3$．$\angle\mathrm{AOP}=\theta$ とおくと，$r_{\mathrm{A}}=(a^2+R^2-2aR\cos\theta)^{1/2}$．球面上に，AO に垂直で $\theta\sim\theta+\varDelta\theta$ の領域にある微細な輪を考えると，面積が $\varDelta S=2\pi R^2\sin\theta\varDelta\theta$ となるので，その輪の上に分布する誘導電荷は $\sigma_{\mathrm{P}}\varDelta S=qR(R^2-a^2)\sin\theta\varDelta\theta/2(a^2+R^2-2aR\cos\theta)^{3/2}$．よって，球面全体の誘導電荷の総和は

$$\int_0^\pi \frac{q}{2}R(R^2-a^2)\frac{\sin\theta}{(a^2+R^2-2aR\cos\theta)^{3/2}}d\theta$$

$$= \frac{q}{2}R(R^2-a^2)\left[-\frac{1}{aR(a^2+R^2-2aR\cos\theta)^{1/2}}\right]_0^\pi$$

$$= \frac{q(a^2-R^2)}{2a}\left(\frac{1}{a+R}-\frac{1}{a-R}\right) = -q\frac{R}{a}$$

(3) q にはたらく力は

$$F(a) = \frac{qq'}{4\pi\varepsilon_0(a-b)^2} = -\frac{q^2}{4\pi\varepsilon_0}\ \frac{R/a}{(a-R^2/a)^2} = -\frac{q^2}{4\pi\varepsilon_0}\ \frac{aR}{(a^2-R^2)^2}$$

よって，q を点 A から無限遠まで運ぶのに要する仕事は

$$W = -\int_a^\infty F(a')da' = \frac{q^2}{4\pi\varepsilon_0}\int_a^\infty \frac{a'R}{(a'^2-R^2)^2}da'$$
$$= \frac{q^2}{4\pi\varepsilon_0}\left[-\frac{R}{2(a'^2-R^2)}\right]_a^\infty = \frac{q^2}{8\pi\varepsilon_0}\frac{R}{a^2-R^2}$$

(4) このとき，導体球は全体として電荷をもたない．そこで，(2)で求めた全誘導電荷 $-qR/a$ を打ち消すため，点Bの q' の他に点電荷 $q''=qR/a$ が中心Oにあると考え，導体球のまわりの電場が q, q', q'' の3個の点電荷による電場と同じとすれば，導体球全体の電荷は0になる．さらに，球面上での電位は q, q' による電位の和が0だから，結局 q'' だけで定められることになり，$\phi=q''/4\pi\varepsilon_0 R=q/4\pi\varepsilon_0 a$.

問題 4-3

[1] 半径 R の孤立した導体球の電気容量は(4.5)式により $C=4\pi\varepsilon_0 R$. $C=1\,\mathrm{F}$ のとき，半径は $R=1\div(4\times3.14\times8.85\times10^{-12})=9.0\times10^9\,\mathrm{m}$. また，$R=6400\,\mathrm{km}=6.4\times10^6\,\mathrm{m}$ ならば $C=4\times3.14\times8.85\times10^{-12}\times6.4\times10^6=7.1\times10^{-4}\,\mathrm{F}=7.1\times10^2\,\mu\mathrm{F}$.

[2] A, B の電気容量は $C_\mathrm{A}=0.6\times10^{-6}\div20=3\times10^{-8}\,\mathrm{F}=0.03\,\mu\mathrm{F}$，$C_\mathrm{B}=0.6\times10^{-6}\div30=2\times10^{-8}\,\mathrm{F}=0.02\,\mu\mathrm{F}$. AとBを接触させたとき，A, Bのもつ電荷を $q_\mathrm{A}, q_\mathrm{B}$ とすると，両者は互いに等電位だから，$q_\mathrm{A}\div(3\times10^{-8})=q_\mathrm{B}\div(2\times10^{-8})$. また，電荷の和は一定なので，$q_\mathrm{A}+q_\mathrm{B}=2\times0.6\times10^{-6}\,\mathrm{C}$. よって，$q_\mathrm{A}=0.72\times10^{-6}\,\mathrm{C}$，$q_\mathrm{B}=0.48\times10^{-6}\,\mathrm{C}$ となり，電位はともに $\phi=q_\mathrm{A}/C_\mathrm{A}=0.72\times10^{-6}\div(3\times10^{-8})=24\,\mathrm{V}$.

[3] 導体球Aと導体球殻Bにそれぞれ電荷 $q_\mathrm{A}, q_\mathrm{B}$ を与えたとき，中心から r の距離にある点において電場は，$R_1<r<R_2$ のとき $E(r)=q_\mathrm{A}/4\pi\varepsilon_0 r^2$，$r>R_3$ のとき $E(r)=(q_\mathrm{A}+q_\mathrm{B})/4\pi\varepsilon_0 r^2$. よって，無限遠における電位を0とすると，AおよびBの電位 $\phi_\mathrm{A}, \phi_\mathrm{B}$ は

$$\phi_\mathrm{B} = \int_{R_3}^\infty \frac{q_\mathrm{A}+q_\mathrm{B}}{4\pi\varepsilon_0}\frac{1}{r^2}dr = \frac{q_\mathrm{A}+q_\mathrm{B}}{4\pi\varepsilon_0 R_3}$$
$$\phi_\mathrm{A} = \phi_\mathrm{B}+\int_{R_1}^{R_2}\frac{q_\mathrm{A}}{4\pi\varepsilon_0}\frac{1}{r^2}dr = \frac{q_\mathrm{A}+q_\mathrm{B}}{4\pi\varepsilon_0 R_3}+\frac{q_\mathrm{A}}{4\pi\varepsilon_0}\left(\frac{1}{R_1}-\frac{1}{R_2}\right)$$

これらの式を $q_\mathrm{A}, q_\mathrm{B}$ について解くと，

$$q_\mathrm{A} = \frac{4\pi\varepsilon_0 R_1R_2}{R_2-R_1}(\phi_\mathrm{A}-\phi_\mathrm{B}), \qquad q_\mathrm{B} = -\frac{4\pi\varepsilon_0 R_1R_2}{R_2-R_1}\phi_\mathrm{A}+4\pi\varepsilon_0\left(R_3+\frac{R_1R_2}{R_2-R_1}\right)\phi_\mathrm{B}$$

したがって，電気容量係数は

$$C_\mathrm{AA} = \frac{4\pi\varepsilon_0 R_1R_2}{R_2-R_1}, \qquad C_\mathrm{BB} = 4\pi\varepsilon_0\left(R_3+\frac{R_1R_2}{R_2-R_1}\right), \qquad C_\mathrm{AB} = C_\mathrm{BA} = -\frac{4\pi\varepsilon_0 R_1R_2}{R_2-R_1}$$

[4] i 番目の導体の電位 ϕ_i だけが正，その他の導体の電位がすべて0になるよう，電荷 $q_1, \cdots, q_i, \cdots, q_n$ がおのおのの導体に与えられているとすると，$q_i=C_{ii}\phi_i$，$q_j=C_{ji}\phi_i$

$(j \neq i)$. このとき，ϕ_i より高い電位がないので，導体 i に入る電気力線はなく，i から電気力線は出るだけである．そして，i から出た電気力線は他の導体 j に入るか無限遠に向かう．また，i 以外の導体は互いに等電位だから電気力線で結びあうことはない．したがって，$q_i>0$, $q_j \leqq 0$ $(j \neq i)$ であり，$C_{ii}>0$, $C_{ij}=C_{ji} \leqq 0$ $(i \neq j)$.

[5] (1) A, B の電位が $\phi_{\rm A}, \phi_{\rm B}$ のとき，A, B に与えられた電荷を $q_{\rm A}, q_{\rm B}$ とする．また，A, B を接地したとき，A, B に誘導される電荷を $q_{\rm A}', q_{\rm B}'$，点 P の電位を ϕ' とする．点電荷 q から出た電気力線はかならず A または B に入るから，$q_{\rm A}'+q_{\rm B}'=-q$. グリーンの相反定理により，$q_{\rm A}'\phi_{\rm A}+q_{\rm B}'\phi_{\rm B}+q\phi=q_{\rm A}\cdot 0+q_{\rm B}\cdot 0+0\cdot\phi'=0$. よって，$q_{\rm A}'=-(\phi-\phi_{\rm B})q/(\phi_{\rm A}-\phi_{\rm B})$, $q_{\rm B}'=-(\phi_{\rm A}-\phi)q/(\phi_{\rm A}-\phi_{\rm B})$.

(2) B の外側の領域に第 3 の導体 C があると考え，A, C に電荷 $q_{\rm A}, q_{\rm C}$ を与えたとき，A, C の電位が $\phi_{\rm A}, \phi_{\rm C}$ になるとすると，$\phi_{\rm B}=0$ だから，$q_{\rm A}=C_{\rm AA}\phi_{\rm A}+C_{\rm AC}\phi_{\rm C}$, $q_{\rm C}=C_{\rm CA}\phi_{\rm A}+C_{\rm CC}\phi_{\rm C}$. この関係式は任意の $q_{\rm A}, q_{\rm C}$ について成り立つ．$q_{\rm A}=0$ の場合，B の内側の領域には電場が存在しないから，A と B は互いに等電位となり $\phi_{\rm A}=0$. したがって，$C_{\rm AC}=C_{\rm CA}=0$. これは，B によって分離された内外の領域に生じる静電場が互いに影響を及ぼしあわないことを表わす．

問題 4-4

[1] 例題 4.6 で求めた結果により，平行板コンデンサーの電気容量は $C=\varepsilon_0 A/d=8.85\times10^{-12}\times1\div0.01=8.9\times10^{-10}\,{\rm F}=8.9\times10^{-4}\,\mu{\rm F}$，同心球殻コンデンサーの電気容量は $C=4\pi\varepsilon_0 R_1R_2/(R_2-R_1)=4\times3.14\times8.85\times10^{-12}\times0.99\times1\div(1-0.99)=1.1\times10^{-8}\,{\rm F}=1.1\times10^{-2}\,\mu{\rm F}$.

[2] 内円筒および外円筒の導体にそれぞれ軸方向の単位長さ当り $\pm\lambda$ の割合で電荷を与えたとする．問題 2-4 問[1]の(2)と同様に，このとき，電場は軸を中心に放射状に生じ，その強さは軸から r の距離にある点で $E(r)=\lambda/2\pi\varepsilon_0 r$ $(R_1<r<R_2)$, 0 $(r<R_1,\ r>R_2)$. よって，両円筒間の電位差は

$$\Delta\phi = \int_{R_1}^{R_2}E(r)dr = \frac{\lambda}{2\pi\varepsilon_0}\int_{R_1}^{R_2}\frac{1}{r}dr = \frac{\lambda}{2\pi\varepsilon_0}\log\frac{R_2}{R_1}$$

となり，電気容量は軸方向の単位長さ当り

$$C = \lambda/\Delta\phi = 2\pi\varepsilon_0/\log(R_2/R_1)$$

[3] 導体 A, B にそれぞれ単位長さ当り $\pm\lambda$ の電荷を与えたとする．それらの電荷分布は互いに影響しあい導体の表面上で一様でないが，$a\gg R$ ならば，お互いの影響は無視でき，電荷 $\pm\lambda$ はそれぞれの表面上に一様に分布するとしてよい．問題 2-4 問[1]の(2)で求めたように，A, B の中心軸を垂直に結ぶ直線上，A の中心軸から x の距離にある点において生じる電場は

$$E(x) = \frac{\lambda}{2\pi\varepsilon_0}\left(\frac{1}{x}+\frac{1}{a-x}\right) \qquad (R<x<a-R)$$

よって，AB 間の電位差は

$$\varDelta\phi = \int_R^{a-R} E(x)dx = \frac{\lambda}{2\pi\varepsilon_0}\int_R^{a-R}\left(\frac{1}{x}+\frac{1}{a-x}\right)dx$$

$$= \frac{\lambda}{2\pi\varepsilon_0}\left(\log\frac{a-R}{R}-\log\frac{R}{a-R}\right) = \frac{\lambda}{\pi\varepsilon_0}\log\frac{a-R}{R}$$

と計算され，単位長さ当りの電気容量は

$$C = \frac{\lambda}{\varDelta\phi} = \pi\varepsilon_0\left(\log\frac{a-R}{R}\right)^{-1} \cong \frac{\pi\varepsilon_0}{\log(a/R)}$$

[4]　導体 1, 2 が電荷 q_1, q_2 をもつとき，それらの電位を ϕ_1, ϕ_2 とすると，(4.8)式により，$q_1=C_{11}\phi_1+C_{12}\phi_2$，$q_2=C_{21}\phi_1+C_{22}\phi_2$．これらの式で $q_1=-q_2=q$ とおくと，

$$\phi_1 = \frac{C_{22}+C_{12}}{C_{11}C_{22}-C_{12}C_{21}}q, \qquad \phi_2 = -\frac{C_{11}+C_{21}}{C_{11}C_{22}-C_{12}C_{21}}q$$

$C_{12}=C_{21}$ により，このとき両導体間の電位差は $\varDelta\phi=\phi_1-\phi_2=(C_{11}+C_{22}+2C_{12})q/(C_{11}C_{22}-C_{12}{}^2)$．よって，電気容量は

$$C = \frac{q}{\varDelta\phi} = \frac{C_{11}C_{22}-C_{12}{}^2}{C_{11}+C_{22}+2C_{12}}$$

例題 4.4 の A, B によるコンデンサーの場合，

$$C = 4\pi\varepsilon_0\left(\frac{1}{R_\mathrm{A}}+\frac{1}{R_\mathrm{B}}-\frac{2}{d}\right)^{-1}$$

であり，同じく問題 4-3 問[3]の場合，

$$C = 4\pi\varepsilon_0\left(\frac{1}{R_1}-\frac{1}{R_2}\right)^{-1}$$

[5]　外球殻に正の電荷 q が与えられ，そのうち外球殻の内表面に q' の電荷が，外表面に $q''=q-q'$ の電荷が一様に分布したとする．q' のつくる電場のため，内球殻の表面には $-q'$ の電荷が誘導される．このとき，生じる電場は球対称であり，中心から r の距離にある点において強さは $E(r)=-q'/4\pi\varepsilon_0 r^2$ $(R_1<r<R_2)$，$q''/4\pi\varepsilon_0 r^2$ $(r>R_2)$．したがって，内球殻ならびに無限遠での電位を 0 としたとき，外球殻の電位 ϕ は

$$\phi = -\int_{R_1}^{R_2} E(r)dr = \frac{q'}{4\pi\varepsilon_0}\int_{R_1}^{R_2}\frac{1}{r^2}dr = \frac{q'}{4\pi\varepsilon_0}\left(\frac{1}{R_1}-\frac{1}{R_2}\right)$$

または

$$\phi = -\int_{\infty}^{R_2} E(r)dr = \frac{q''}{4\pi\varepsilon_0}\int_{R_2}^{\infty}\frac{1}{r^2}dr = \frac{q''}{4\pi\varepsilon_0}\frac{1}{R_2}$$

と与えられる．よって，求める電気容量は

$$C = \frac{q}{\phi} = \frac{q'+q''}{\phi} = 4\pi\varepsilon_0\left(\frac{R_1R_2}{R_2-R_1}+R_2\right) = 4\pi\varepsilon_0\frac{{R_2}^2}{R_2-R_1}$$

問題 4-5

[1] 問題4-4 問[2]で求めたように，電気容量は中心軸方向の単位長さ当り $C=2\pi\varepsilon_0/\log(R_2/R_1)$ だから，(4.12)式により，コンデンサーに蓄えられる静電エネルギーは単位長さ当り $U=C(\varDelta\phi)^2/2=\pi\varepsilon_0(\varDelta\phi)^2/\log(R_2/R_1)$. 一方，内円筒および外円筒の導体に電荷がそれぞれ単位長さ当り $\pm\lambda$ の割合で与えられているとすると，電場は軸からの距離が r の点で $E(r)=\lambda/2\pi\varepsilon_0 r$ $(R_1<r<R_2)$, 0 $(r<R_1, r>R_2)$ であり，両円筒間の電位差は $\varDelta\phi=(\lambda/2\pi\varepsilon_0)\log(R_2/R_1)$. よって，静電場のエネルギーは単位長さ当り

$$\begin{aligned} U_{\mathrm{e}} &= \int_{R_1}^{R_2}\frac{1}{2}\varepsilon_0\{E(r)\}^2\cdot 2\pi r dr = \frac{\lambda^2}{4\pi\varepsilon_0}\int_{R_1}^{R_2}\frac{1}{r}dr \\ &= \frac{\lambda^2}{4\pi\varepsilon_0}\log\frac{R_2}{R_1} = \frac{\pi\varepsilon_0}{\log(R_2/R_1)}(\varDelta\phi)^2 \end{aligned}$$

となり，U と一致する.

[2] 問題2-2 問[5]で求めたように，球の中心から r の距離にある点に生じる電場は $E(r)=0$ $(r<R)$, $Q/4\pi\varepsilon_0 r^2$ $(r>R)$. 静電場のエネルギー U_{e} を計算すると，

$$U_{\mathrm{e}} = \int_{R}^{\infty}\frac{1}{2}\varepsilon_0\{E(r)\}^2\cdot 4\pi r^2 dr = \frac{Q^2}{8\pi\varepsilon_0}\int_{R}^{\infty}\frac{1}{r^2}dr = \frac{Q^2}{8\pi\varepsilon_0 R}$$

となり，U_{e} は U に等しいことがわかる.

[3] 問題2-2 問[6](または例題2.6)で得た結果によれば，球の中心から r の距離にある点に生じる電場は $E(r)=Qr/4\pi\varepsilon_0 R^3$ $(r\leqq R)$, $Q/4\pi\varepsilon_0 r^2$ $(r>R)$. よって，静電場のエネルギーは

$$\begin{aligned} U_{\mathrm{e}} &= \int_0^{\infty}\frac{1}{2}\varepsilon_0\{E(r)\}^2\cdot 4\pi r^2 dr \\ &= \frac{1}{2}\varepsilon_0\left(\frac{Q}{4\pi\varepsilon_0 R^3}\right)^2\cdot 4\pi\int_0^R r^4 dr + \frac{1}{2}\varepsilon_0\left(\frac{Q}{4\pi\varepsilon_0}\right)^2\cdot 4\pi\int_R^{\infty}\frac{1}{r^2}dr \\ &= \frac{Q^2}{8\pi\varepsilon_0 R}\left(\frac{1}{5}+1\right) = \frac{3Q^2}{20\pi\varepsilon_0 R} = U \end{aligned}$$

[4] 例題4.7の(1)で求めたように，平行板コンデンサーに蓄えられるエネルギーは $U=dq^2/2\varepsilon_0 A$. よって，極板の電荷 $\pm q$ を一定に保ったまま極板の間隔を d から $d+\varDelta d$ に変えたときのエネルギーの変化は

$$\varDelta U = \frac{(d+\varDelta d)q^2}{2\varepsilon_0 A} - \frac{dq^2}{2\varepsilon_0 A} = \frac{q^2}{2\varepsilon_0 A}\varDelta d$$

極板の間隔を $\varDelta d$ だけ変えるためには，外から $\varDelta W=F\varDelta d$ の仕事をしなければならない.

この仕事 $\varDelta W$ はコンデンサーにエネルギーとして蓄えられ，コンデンサーは $\varDelta W$ 以外に外部とエネルギーのやりとりをしないから，$\varDelta U = \varDelta W$. したがって，$F = q^2/2\varepsilon_0 A$.

[5] この場合，極板間の電位差 ϕ は一定であるが，極板の電荷 $\pm q$ が変化するので，コンデンサーのエネルギーとして用いるべき表式は $U = q^2/2C$ ではなく $U = C\phi^2/2$. 間隔を $\varDelta d$ だけ変えたとき，電気容量 $C = \varepsilon_0 A/d$ の変化は

$$\varDelta C = \frac{\varepsilon_0 A}{d+\varDelta d} - \frac{\varepsilon_0 A}{d} \cong -\frac{\varepsilon_0 A}{d^2}\varDelta d = -\frac{C^2}{\varepsilon_0 A}\varDelta d$$

よって，コンデンサーのエネルギーの変化は，$q = C\phi$ により，

$$\varDelta U' = \frac{1}{2}(\varDelta C)\phi^2 = -\frac{C^2\phi^2}{2\varepsilon_0 A}\varDelta d = -\frac{q^2}{2\varepsilon_0 A}\varDelta d$$

となり，前問で得たエネルギーの変化 $\varDelta U$ と符号だけ異なる．間隔が $\varDelta d$ だけ変わると，極板の電荷は $\pm\varDelta q = \pm(\varDelta C)\phi$ の変化をする．これらの電荷は起電力 ϕ の電池によって供給される．したがって，前問の場合と異なり，コンデンサーは $\varDelta W = F\varDelta d = \varDelta U$ の他に，電池から $\varDelta W_{\mathrm{e}} = (\varDelta q)\phi = (\varDelta C)\phi^2$ の仕事をされることになる．すなわち，

$$\varDelta W + \varDelta W_{\mathrm{e}} = \frac{q^2}{2\varepsilon_0 A}\varDelta d - \frac{C^2\phi^2}{\varepsilon_0 A}\varDelta d = -\frac{q^2}{2\varepsilon_0 A}\varDelta d = \varDelta U'$$

となり，$\varDelta W$ と $\varDelta W_{\mathrm{e}}$ の和が $\varDelta U'$ に等しい．

第 5 章

問題 5-1

[1]

$$\frac{1}{2\tau}\int_0^{2\tau}\left(-\frac{e\boldsymbol{E}}{m}\right)t\,dt = \frac{1}{2\tau}\left[-\frac{e\boldsymbol{E}}{2m}t^2\right]_0^{2\tau} = -\frac{e\tau}{m}\boldsymbol{E} = \bar{\boldsymbol{v}}$$

[2] 電子は時間 $\varDelta t$ の間に $\bar{\boldsymbol{v}}\varDelta t$ だけ動くから，その間に電場からされる仕事は $\varDelta W = -e\boldsymbol{E}\cdot\bar{\boldsymbol{v}}\varDelta t$. よって，$J = n\varDelta W/\varDelta t = -ne\boldsymbol{E}\cdot\bar{\boldsymbol{v}} = ne^2\tau|\boldsymbol{E}|^2/m = \sigma|\boldsymbol{E}|^2$.

[3] (1) 銅 1 モル (63.5 g) の中には 6.02×10^{23} 個の原子が含まれているので，$n = 6.02\times10^{23}\times8.93\times10^6\div63.5 = 8.47\times10^{28}\ \mathrm{m^{-3}}$. $\sigma = ne^2\tau/m$ により

$$\tau = \frac{m\sigma}{ne^2} = \frac{9.1\times10^{-31}\times5.8\times10^7}{8.47\times10^{28}\times(1.6\times10^{-19})^2} = 2.4\times10^{-14}\ \mathrm{s}$$

(2) 平均距離は $1.0\times10^6\times2.4\times10^{-14} = 2.4\times10^{-8}$ m. 銅原子間の平均間隔はおよそ $n^{-1/3} = (8.47\times10^{28})^{-1/3} = 2.3\times10^{-10}$ m. 平均距離は平均間隔の $2.4\times10^{-8}\div(2.3\times10^{-10}) = 104$ 倍.

(3) (5.3), (5.4) 式により，銅線の電気抵抗は $R = l/\sigma S = 1\div(5.8\times10^7)\div(1\times10^{-6}) =$

$1.7\times10^{-2}\ \Omega$. オームの法則(5.2)式により，両端間の電位差は $\varDelta\phi=RI=1.7\times10^{-2}\times1=1.7\times10^{-2}$ V. また，銅線内に生じる電場は $E=\varDelta\phi/l=1.7\times10^{-2}\div1=1.7\times10^{-2}\ \mathrm{V\cdot m^{-1}}$ だから，上の問[2]で得た結果により，1秒間当り発生するジュール熱は $J\cdot lS=\sigma E^2 lS=5.8\times10^7\times(1.7\times10^{-2})^2\times1\times1\times10^{-6}=1.7\times10^{-2}$ J.

(4) 例題5.1で調べたように，$I=en\bar{v}S$. よって，$\bar{v}=I/enS=1\div(1.6\times10^{-19}\times8.47\times10^{28}\times1\times10^{-6})=7.4\times10^{-5}\ \mathrm{m\cdot s^{-1}}$.

問題 5-2

[1] $I=\varDelta\phi/R$ と $q=C\varDelta\phi$ を，例題5.2のように $I/\sigma\leftrightarrow q/\varepsilon_0$ と対応させれば，$\sigma R=\varepsilon_0/C$ となり $RC=\varepsilon_0/\sigma$.

[2] 電流 I が半径 a の導体球からまわりの大地に放射状に流れ出しているとすると，球の中心から r の距離にある点において電流密度が $i(r)=I/4\pi r^2$ となるので，電場の強さは $E(r)=i(r)/\sigma=I/4\pi\sigma r^2$. したがって，無限遠での電位を0としたとき，導体球の電位は

$$\phi=\int_a^\infty E(r)dr=\int_a^\infty\frac{I}{4\pi\sigma}\frac{1}{r^2}dr=\frac{I}{4\pi\sigma a}$$

となり，導体球の接地抵抗は $R=\phi/I=1/4\pi\sigma a=1\div(4\times3.14\times0.01\times0.1)=80\ \Omega$.

［注意］ (4.5)式によれば，孤立した半径 a の導体球の電気容量は $C=4\pi\varepsilon_0 a$. これを $RC=\varepsilon_0/\sigma$ の関係式に代入すると，$R=1/4\pi\sigma a$ となり，上と同じ結果を得る.

[3] 問題4-4 問[4]で求めたように，半径 a の2個の導体球が中心間の間隔 $d\,(\gg a)$ をおいて置かれているとき，それら導体球によるコンデンサーの電気容量は $C=2\pi\varepsilon_0 ad(d-a)^{-1}$. したがって，$RC=\varepsilon_0/\sigma$ の関係により，求める電気抵抗は $R=(d-a)/2\pi\sigma ad$.

[4] 電極間に電流 I を流すと，電流は円筒の軸を中心に放射状に流れ，その密度は軸からの距離 r だけの関数 $i(r)$ になる. 半径 $r\,(a<r<b)$ の円筒の側面を貫く電流は $2\pi rl\cdot i(r)$ と表わされ，それは全電流 I に等しいから，$i(r)=I/2\pi rl$. よって，電場の強さは $E(r)=i(r)/\sigma=I/2\pi\sigma rl$ となり，電極間の電位差は

$$\varDelta\phi=\int_a^b E(r)dr=\int_a^b\frac{I}{2\pi\sigma l}\frac{1}{r}dr=\frac{I}{2\pi\sigma l}\log\frac{b}{a}$$

電気抵抗は $R=\varDelta\phi/I=(1/2\pi\sigma l)\log(b/a)$.

［注意］ 問題4-4 問[2]の結果によれば，同軸円筒コンデンサーの長さが l のとき，電気容量は $C=2\pi\varepsilon_0 l/\log(b/a)$. この場合も，たしかに $RC=\varepsilon_0/\sigma$ が成り立つ.

[5] 電流密度を $i(\boldsymbol{r})$ とすれば，(5.9), (5.10)式により，単位時間に単位体積当り発生するジュール熱は $J(\boldsymbol{r})=\{i(\boldsymbol{r})\}^2/\sigma$. 例題5.3の場合，球の中心から r の距離にある点において電流密度が $i(r)=I/4\pi r^2$ だから，単位時間当りのジュール熱 Q は

$$Q = \int_a^b \frac{\{i(r)\}^2}{\sigma} \cdot 4\pi r^2 dr = \frac{I^2}{4\pi\sigma}\int_a^b \frac{1}{r^2}dr = \frac{I^2}{4\pi\sigma}\left(\frac{1}{a} - \frac{1}{b}\right)$$

同様に，前問の場合，円筒の軸から r の距離にある点において $i(r)=I/2\pi rl$ だから，

$$Q = \int_a^b \frac{\{i(r)\}^2}{\sigma} \cdot 2\pi rl dr = \frac{I^2}{2\pi\sigma l}\int_a^b \frac{1}{r}dr = \frac{I^2}{2\pi\sigma l}\log\frac{b}{a}$$

[6] 導体表面上に x, y 軸，表面に垂直に導体球Aの中心を通るように z 軸をとり，$z<0$ を導体内部の領域とする．真空中に同じ座標軸をとり，$(0, 0, \pm d)$ の2点にそれぞれ点電荷 q をおいたとき，真空中に生じる電場は $z=0$ の xy 面で z 成分が0になる．これは，問題の電流 I によって生じる電場が導体表面で面に平行になるという境界条件と同じである．したがって，例題5.2のように $I/\sigma \leftrightarrow q/\varepsilon_0$ と対応させることにより，$z<0$ の導体内部の点 $\boldsymbol{r}=(x, y, z)$ に生じる電場の各成分は

$$E_x(\boldsymbol{r}) = \frac{I}{4\pi\sigma}\left\{\frac{x}{[x^2+y^2+(z-d)^2]^{3/2}} + \frac{x}{[x^2+y^2+(z+d)^2]^{3/2}}\right\}$$

$$E_y(\boldsymbol{r}) = \frac{I}{4\pi\sigma}\left\{\frac{y}{[x^2+y^2+(z-d)^2]^{3/2}} + \frac{y}{[x^2+y^2+(z+d)^2]^{3/2}}\right\}$$

$$E_z(\boldsymbol{r}) = \frac{I}{4\pi\sigma}\left\{\frac{z-d}{[x^2+y^2+(z-d)^2]^{3/2}} + \frac{z+d}{[x^2+y^2+(z+d)^2]^{3/2}}\right\}$$

第 6 章

問題 6-1

[1] (6.1)式により，地球磁場(磁束密度)の水平成分は $1.4\times10^{-3}\div(10\times5)=2.8\times10^{-5}$ T．地球磁場はほぼ北向きだから，電流の流れる向きは下向き．

[2] 右図のように，長方形ABCDの回路の中心Oを原点に選び，回路の面に垂直に z 軸を，長さ a の辺ABに平行に x 軸を，長さ b の辺BCに平行に y 軸をとる．電流 I がA→Bの向きに流れているとすると，辺AB上で $\boldsymbol{t}=(1, 0, 0)$ となり，辺ABが磁束密度 $\boldsymbol{B}=(B_x, B_y, B_z)$ の磁場から受ける力 $\boldsymbol{F}_{\mathrm{AB}}$ は(6.2)式により，

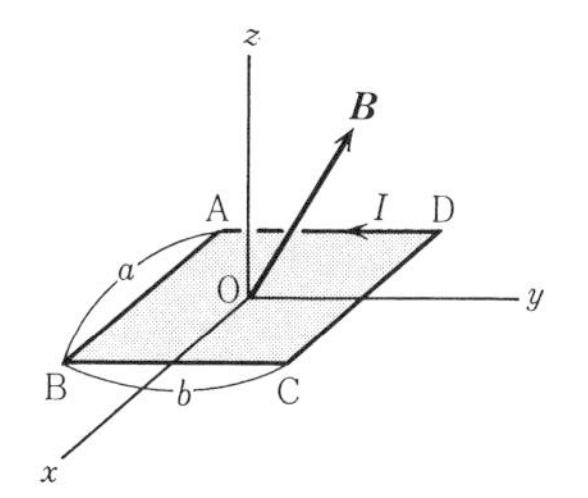

$$\boldsymbol{F}_{\mathrm{AB}} = Ia(1, 0, 0)\times(B_x, B_y, B_z) = Ia(0, -B_z, B_y)$$

同様に，他の辺BC, CD, DAが受ける力はそれぞれ

$$\boldsymbol{F}_{\mathrm{BC}} = Ib(0, 1, 0)\times(B_x, B_y, B_z) = Ib(B_z, 0, -B_x)$$

$$\boldsymbol{F}_{\mathrm{CD}} = Ia(-1, 0, 0)\times(B_x, B_y, B_z) = Ia(0, B_z, -B_y)$$

$$\boldsymbol{F}_{\mathrm{DA}} = Ib(0,\ -1,\ 0)\times(B_x,\ B_y,\ B_z) = Ib(-B_z,\ 0,\ B_x)$$

したがって，$\boldsymbol{F}_{\mathrm{AB}}$～$\boldsymbol{F}_{\mathrm{DA}}$ の合力は 0 となり，回路全体では力がはたらかない．また，各辺が受ける力の原点のまわりのモーメントは

$$\boldsymbol{N}_{\mathrm{AB}} = (0,\ -b/2,\ 0)\times\boldsymbol{F}_{\mathrm{AB}} = Iab(-B_y/2,\ 0,\ 0)$$

$$\boldsymbol{N}_{\mathrm{BC}} = (a/2,\ 0,\ 0)\times\boldsymbol{F}_{\mathrm{BC}} = Iab(0,\ B_x/2,\ 0)$$

$$\boldsymbol{N}_{\mathrm{CD}} = (0,\ b/2,\ 0)\times\boldsymbol{F}_{\mathrm{CD}} = Iab(-B_y/2,\ 0,\ 0)$$

$$\boldsymbol{N}_{\mathrm{DA}} = (-a/2,\ 0,\ 0)\times\boldsymbol{F}_{\mathrm{DA}} = Iab(0,\ B_x/2,\ 0)$$

となり，回路全体にはたらく偶力のモーメントは

$$\boldsymbol{N} = \boldsymbol{N}_{\mathrm{AB}}+\boldsymbol{N}_{\mathrm{BC}}+\boldsymbol{N}_{\mathrm{CD}}+\boldsymbol{N}_{\mathrm{DA}} = Iab(-B_y,\ B_x,\ 0)$$

あるいは，80 ページのワンポイントのように $\boldsymbol{S}=ab(0,0,1)$ とおけば，$\boldsymbol{N}=I\boldsymbol{S}\times\boldsymbol{B}$.

[3] 円板を中心角 $\varDelta\theta$ の微小な扇形に分割すると，おのおのの扇形の微小部分に中心から円周に向かって $\varDelta I=I\varDelta\theta/2\pi$ の電流が流れることになる．中心からの距離を r とすると，r～$r+\varDelta r$ の領域に流れる電流 $\varDelta I$ は磁場から $\varDelta F=\varDelta I\cdot B\varDelta r$ $(B=|\boldsymbol{B}|)$ の力を円の接線方向に受ける．よって，おのおのの扇形の微小部分が受ける力の中心のまわりのモーメントは

$$\varDelta N = \int_0^a \varDelta I\cdot Brdr = \frac{1}{2}\varDelta I\cdot Ba^2 = \frac{1}{4\pi}IBa^2\varDelta\theta$$

となり，円板全体にはたらく偶力のモーメントは

$$N = \int_0^{2\pi}\frac{1}{4\pi}IBa^2d\theta = \frac{1}{2}IBa^2$$

問題 6-2

[1] 陽子の速さを v とすると，$m_{\mathrm{p}}v^2/2=1\ \mathrm{MeV}=1\times10^6\times1.6\times10^{-19}\ \mathrm{J}=1.6\times10^{-13}\ \mathrm{J}$ により，$v=\sqrt{2\times1.6\times10^{-13}\div(1.7\times10^{-27})}=1.4\times10^7\ \mathrm{m\cdot s^{-1}}$．ローレンツの力はつねに陽子の運動する向きに垂直にはたらくので，陽子が円運動するとき，その力は円の中心を向く．磁束密度の大きさを B，円運動の半径を R とすると，ローレンツの力の大きさは evB，遠心力は $m_{\mathrm{p}}v^2/R$．よって，$evB=m_{\mathrm{p}}v^2/R$ により，$R=m_{\mathrm{p}}v/eB=1.7\times10^{-27}\times1.4\times10^7\div(1.6\times10^{-19}\times1)=0.15\ \mathrm{m}$. 周期は $T=2\pi R/v=2\times3.14\times0.15\div(1.4\times10^7)=6.7\times10^{-8}\ \mathrm{s}$.

[2] 電場 $\boldsymbol{E}$ の方向に x 軸を，入射方向に y 軸をとると，粒子の電荷 q が正のとき，粒子は $\boldsymbol{E}$ から x 軸の正の向きに $q\boldsymbol{E}$ の力を受ける．したがって，y 軸の正の向きに直進するためには，粒子は磁場から x 軸の負の向きに $q\boldsymbol{E}$ と同じ大きさのローレンツの力を受ければよい．すなわち，磁場を z 軸の負の向きにかければよく，$q|\boldsymbol{E}|=qv_0|\boldsymbol{B}|$ により，その磁束密度の大きさは $|\boldsymbol{B}|=|\boldsymbol{E}|/v_0$．$q$ が負のときも，同様にして，同じ磁場をかければよいことがわかる．

[3] 粒子の運動方程式の x, y 成分はそれぞれ

$$m\frac{dv_x}{dt} = qv_yB, \qquad m\frac{dv_y}{dt} = qE - qv_xB \qquad (E = |\boldsymbol{E}|,\ B = |\boldsymbol{B}|)$$

$v_x' = v_x - E/B$ とおけば，上式は

$$m\frac{dv_x'}{dt} = qv_yB, \qquad m\frac{dv_y}{dt} = -qv_x'B$$

この微分方程式は例題 6.2 の (1), (2) 式と同じ形をしているから，例題 6.2 の (4), (5) 式のように，一般解は

$$v_x' = A\sin(\omega_c t + \alpha), \qquad v_y = A\cos(\omega_c t + \alpha)$$

ただし，A, α は積分定数，$\omega_c = qB/m$. $t=0$ のとき $v_x' = -E/B$, $v_y = 0$ だから，$-E/B = A\sin\alpha$, $0 = A\cos\alpha$. よって，$A = E/B$, $\alpha = -\pi/2$ となり，

$$v_x = \frac{dx}{dt} = \frac{E}{B}(1 - \cos\omega_c t), \qquad v_y = \frac{dy}{dt} = \frac{E}{B}\sin\omega_c t$$

$t=0$ のとき $x=y=0$ となる条件のもとで，上式を t について積分すると，

$$x = \frac{E}{B}t - \frac{E}{B\omega_c}\sin\omega_c t, \qquad y = \frac{E}{B\omega_c}(1 - \cos\omega_c t)$$

この式が示すように，粒子は，中心が速さ E/B で x 軸方向に移動する半径 $E/B|\omega_c| = mE/|q|B^2$ の円周上を角速度 ω_c で円運動する．粒子が xy 面内に描く軌跡は図のような**サイクロイド**と呼ばれる曲線である．

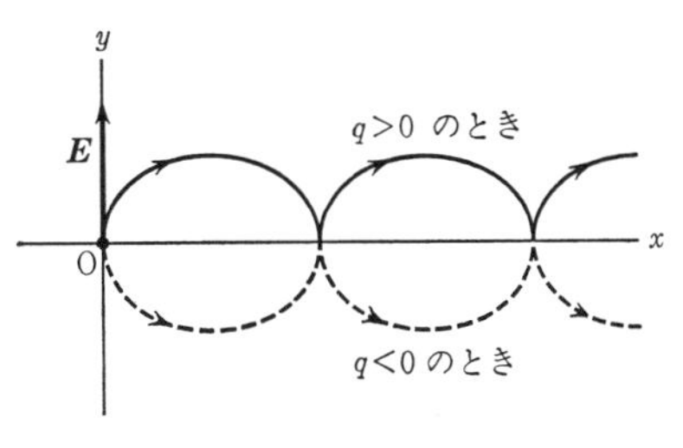

[4] (1) 伝導電子は y 軸の負の向きに移動するので，ローレンツの力は x 軸の正の向きにはたらく．よって，側面 S_+ の電荷は負，S_- の電荷は正．$\boldsymbol{E}_H$ は x 軸の正の向き．

(2) 伝導電子の速さは $v = i/ne$. 力のつり合いの式は $ev|\boldsymbol{B}| = e|\boldsymbol{E}_H|$. よって，$|\boldsymbol{E}_H| = i|\boldsymbol{B}|/ne$.

(3) 正電荷の場合もローレンツの力は x 軸の正の向きにはたらく．よって，この場合，S_+ に正電荷，S_- に負電荷が分布し，$\boldsymbol{E}_H$ は x 軸の負の向きに変わる．

問題 6-3

[1] 電子の角速度を ω とすれば，遠心力とクーロン力とのつり合いの条件 $m_e\omega^2 a_0 = e^2/4\pi\varepsilon_0 a_0{}^2$ から，$\omega = e/\sqrt{4\pi\varepsilon_0 m_e a_0{}^3}$. 電子の円運動による電流は $I = e\omega/2\pi = e^2/\sqrt{16\pi^3\varepsilon_0 m_e a_0{}^3}$ $= (1.60\times10^{-19})^2 \div \sqrt{16\times3.14^3\times8.85\times10^{-12}\times9.11\times10^{-31}\times(5.29\times10^{-11})^3} = 1.05\times10^{-3}$ A.

例題 6.4 の(2)式により，陽子の位置に生じる磁束密度の大きさは $B=\mu_0 I/2a_0=4\times 3.14\times 10^{-7}\times 1.05\times 10^{-3}\div(2\times 5.29\times 10^{-11})=1.25\times 10$ T.

[2] 電流 I_1, I_2 が流れる導線をそれぞれ AB, CD とする．例題 6.3 で求めたように，I_1 が CD 上の点 P につくる磁束密度は AB, CD を同時に含む平面に対し垂直であり，その大きさは $B=\mu_0 I_1(\cos\alpha+\cos\beta)/4\pi a$. ただし，$\angle$BAP$=\alpha$, $\angle$ABP$=\beta$. CP 間の距離を s とすると，図より明らかに $\cos\alpha=s/(a^2+s^2)^{1/2}$, $\cos\beta=(l-s)/[a^2+(l-s)^2]^{1/2}$. (6.2)式により，$s\sim s+\Delta s$ の区間を流れる電流 I_2 が磁束密度 B の磁場から受ける力の大きさは $\Delta F=I_2 B\Delta s$. よって，CD 全体にはたらく力の大きさは

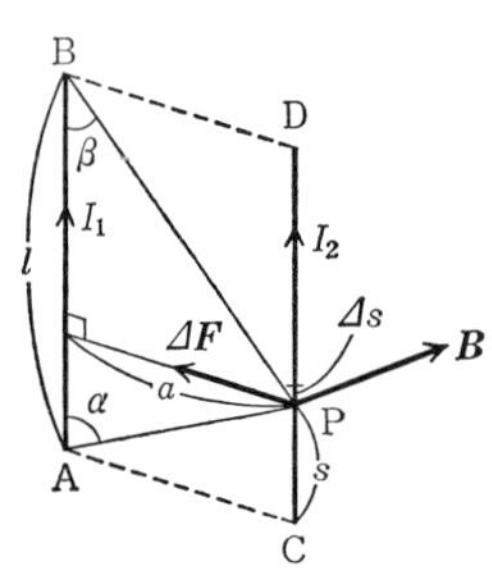

$$F=\int_0^l \frac{\mu_0 I_1 I_2}{4\pi a}\left\{\frac{s}{\sqrt{a^2+s^2}}+\frac{l-s}{\sqrt{a^2+(l-s)^2}}\right\}ds$$

$$=\frac{\mu_0 I_1 I_2}{2\pi a}\int_0^l \frac{s}{\sqrt{a^2+s^2}}ds=\frac{\mu_0 I_1 I_2}{2\pi a}\left[\sqrt{a^2+s^2}\right]_0^l=\frac{\mu_0 I_1 I_2}{2\pi a}\{\sqrt{a^2+l^2}-a\}$$

この力の反作用として，AB にも同じ大きさの力がはたらく．図からわかるように，力の向きは I_1, I_2 が同じ向きのとき引力，逆向きのとき斥力．$l\to\infty$ の場合，$F\to\mu_0 I_1 I_2 l/2\pi a$ となり，(6.14)式のように，導線の間には単位長さ当り $\mu_0 I_1 I_2/2\pi a$ の大きさの力がはたらく．

[3] 電流 I が流れる長方形 ABCD の回路の中心 O から点 P までの距離を x とする．長さ $2a$ の辺 AB に流れる電流 I が点 P につくる磁束密度 $\boldsymbol{B}_{\rm AB}$ の大きさは，例題 6.3 で求めた(1)式に対し $r=(x^2+b^2)^{1/2}$, $\cos\alpha=-\cos\beta=a/(x^2+a^2+b^2)^{1/2}$ とおくことにより，$B_{\rm AB}=\mu_0 Ia/[2\pi\cdot(x^2+a^2+b^2)^{1/2}(x^2+b^2)^{1/2}]$. 辺 CD に流れる電流 I による磁束密度 $\boldsymbol{B}_{\rm CD}$ も $\boldsymbol{B}_{\rm AB}$ と同じ大きさ．$\boldsymbol{B}_{\rm AB}$ と $\boldsymbol{B}_{\rm CD}$ を加えあわせると，下図のように，直線 l に垂直な成分

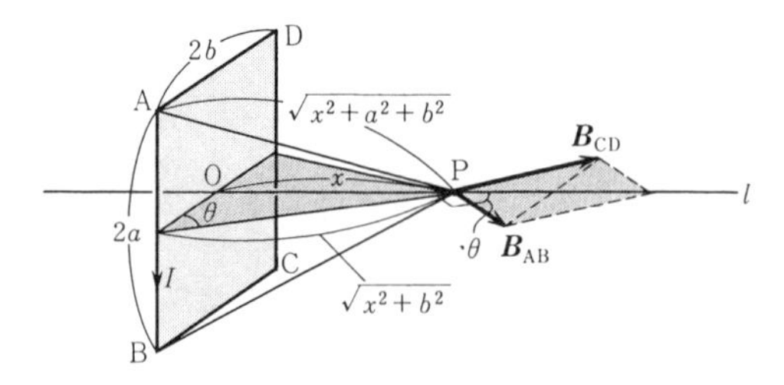

は互いに打ち消しあい，l に平行な成分だけ残る．$\boldsymbol{B}_{\rm AB}$ が l となす角を θ とすると，$\cos\theta=b/(x^2+b^2)^{1/2}$ だから，$\boldsymbol{B}_{\rm AB}$ と $\boldsymbol{B}_{\rm CD}$ の和は $2B_{\rm AB}\cos\theta=\mu_0 Iab/[\pi(x^2+a^2+b^2)^{1/2}(x^2+b^2)]$ の大きさになる．同様に，辺 BC, DA にそれぞれ流れる電流 I による磁束密度 $\boldsymbol{B}_{\rm BC}$ と

$\boldsymbol{B}_{\mathrm{DA}}$ の和は l に平行で，その大きさは $\mu_0 Iab/[\pi(x^2+a^2+b^2)^{1/2}(x^2+a^2)]$．したがって，点 P における磁束密度の大きさは

$$B = \frac{\mu_0 Iab}{\pi\sqrt{x^2+a^2+b^2}}\left(\frac{1}{x^2+a^2}+\frac{1}{x^2+b^2}\right)$$

[4] 導体平板の中心線を y 軸とし，点 P_1, P_2 の位置をそれぞれ $(x, 0, 0)$，$(0, 0, z)$ と表わすことにする．下図のように，y 軸から s の距離にある幅 Δs の微小部分に流れる電流 $I\Delta s/2a$ が点 P_1 につくる磁束密度 $\Delta\boldsymbol{B}_1$ は z 軸に平行で，(6. 13)式により，その大きさは $\Delta B_1 = \mu_0 I\Delta s/4\pi a(x-s)$．したがって，すべての微小部分からの寄与について加えあわせることにより，点 P_1 における磁束密度の大きさは

$$B_1(x) = \int_{-a}^{a}\frac{\mu_0 I}{4\pi a}\frac{1}{x-s}ds = \frac{\mu_0 I}{4\pi a}\log\frac{x+a}{x-a}$$

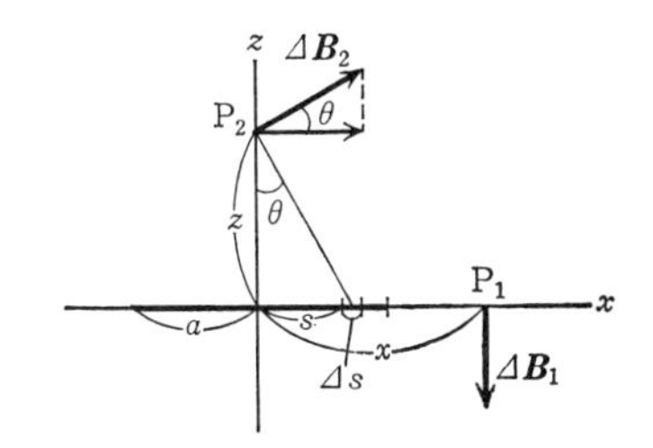

同様に，右図からわかるように，微小部分に流れる電流 $I\Delta s/2a$ が点 P_2 につくる磁束密度 $\Delta\boldsymbol{B}_2$ の大きさは $\Delta B_2 = \mu_0 I\Delta s/4\pi a(z^2+s^2)^{1/2}$．$\Delta\boldsymbol{B}_2$ が x 軸となす角を θ とすると，その x 成分は $\Delta B_2 \cos\theta = \mu_0 Iz\Delta s/4\pi a(z^2+s^2)$，$z$ 成分は $\Delta B_2 \sin\theta = \mu_0 Is\Delta s/4\pi a(z^2+s^2)$．すべての微小部分からの寄与について加えあわせると，z 成分は 0 になり，x 成分だけ残る．すなわち，点 P_2 における磁束密度は

$$B_2(z) = \int_{-a}^{a}\frac{\mu_0 I}{4\pi a}\frac{z}{z^2+s^2}ds$$

の大きさになる．$s = z\tan\theta$ の関係を用いて積分変数を s から θ に変え，$\tan\theta_0 = a/z$ とおくと，$zds = z^2\sec^2\theta d\theta = (z^2+s^2)d\theta$ により，

$$B_2(z) = \frac{\mu_0 I}{4\pi a}\int_{-\theta_0}^{\theta_0}d\theta = \frac{\mu_0 I\theta_0}{2\pi a}$$

[5] 中央部 O から点 P までの距離を x とする．ソレノイドに流れる電流 I は，例題 6. 4 で考えた円電流を軸方向に単位長さ当り N/l の割合で並べたものと見なせる．それらの円電流が点 P につくる磁場は中心軸に平行．O からの距離が $s \sim s+\Delta s$ の間にある円電流 $IN\Delta s/l$ が点 P につくる磁束密度の大きさは，例題 6. 4 で求めた(1)式に対し $I \to IN\Delta s/l$，$r \to x-s$ とおき換えることにより，$\Delta B = \mu_0 INa^2\Delta s/2l[a^2+(x-s)^2]^{3/2}$．よって，ソレノイド全体からの寄与について加えあわせると，点 P での磁束密度の大きさは

$$B = \int_{-l/2}^{l/2}\frac{\mu_0 INa^2}{2l}\frac{1}{[a^2+(x-s)^2]^{3/2}}ds$$

$x-s = a\cot\theta$ とおいて積分変数を s から θ に変えると，$a^2+(x-s)^2 = a^2\operatorname{cosec}^2\theta$，$ds =$

$a\,\mathrm{cosec}^2\theta d\theta$ となるから，$\cot\theta_1=(x-l/2)/a$，$\cot\theta_2=(x+l/2)/a$ として，

$$B=\frac{\mu_0INa^2}{2l}\int_{\theta_2}^{\theta_1}\frac{a\,\mathrm{cosec}^2\theta}{a^3\,\mathrm{cosec}^3\theta}d\theta=\frac{\mu_0IN}{2l}\int_{\theta_2}^{\theta_1}\sin\theta d\theta=\frac{\mu_0IN}{2l}(\cos\theta_2-\cos\theta_1)$$

$$=\frac{\mu_0IN}{2l}\left\{\frac{x+l/2}{\sqrt{a^2+(x+l/2)^2}}-\frac{x-l/2}{\sqrt{a^2+(x-l/2)^2}}\right\}$$

上式で $x=l/2$ または $-l/2$ とおくと，両端 E での磁束密度の大きさ B_{E} が得られるが，とくに $l\gg a$ ならば，$B_{\mathrm{E}}=\mu_0IN/2l$. 同様に，$x=0$ とおけば，中央部Oでの磁束密度の大きさ B_{O} が得られ，$l\gg a$ のとき，$B_{\mathrm{O}}=\mu_0IN/l$. よって，$B_{\mathrm{E}}=B_{\mathrm{O}}/2$.

問題 6-4

[1] 円形の回路に流れる電流 I が中心軸上の点につくる磁束密度は，例題 6.4 の(1)式で与えられる．その式に対し $r=6.4\times10^6$ m，$a=3.4\times10^6$ m，$B=5\times10^{-5}$ T とおき，μ_0 には(6.9)式の値を用いると，$I=2(r^2+a^2)^{3/2}B/\mu_0a^2=2.6\times10^9$ A. 磁気双極子モーメントの大きさは，(6.18)式により，$p_{\mathrm{m}}=\mu_0I\pi a^2=1.2\times10^{17}$ Wb·m.

[2] 問題 6-3 問[1]で求めたように，電子の円運動による電流は $I=1.05\times10^{-3}$ A だから，磁気双極子モーメントの大きさは $p_{\mathrm{m}}=\mu_0I\pi a_0{}^2=4\times3.14\times10^{-7}\times1.05\times10^{-3}\times3.14\times(5.29\times10^{-11})^2=1.16\times10^{-29}$ Wb·m. μ_0 を除くと 9.23×10^{-24} J·T^{-1} となり，この値は電子の磁気モーメント(巻末付表 2)に近い．

[3] 粒子の円運動による電流は $I=|q|v/2\pi R$ となるから，(6.18)式により，磁気双極子モーメントの大きさは $m=\mu_0I\pi R^2=\mu_0|q|vR/2=\mu_0Mv^2/2B$.

[4] 円板が角速度 ω で回転するとき，円板と同心の半径 $r\,(<a)$，幅 Δr の微細な輪に分布する電荷は強さ $\Delta I=\sigma\cdot2\pi r\Delta r\cdot\omega/2\pi=\sigma\omega r\Delta r$ の回転電流と見なせる．例題 6.4 の(1)式により，電流 ΔI が円板の中心から x の距離にある中心軸上の点Pにつくる磁束密度の大きさは $\Delta B=\mu_0r^2\Delta I/2(x^2+r^2)^{3/2}=\mu_0\sigma\omega r^3\Delta r/2(x^2+r^2)^{3/2}$. よって，円板全体からの寄与について加えあわせると，点Pに生じる磁束密度の大きさは

$$B(x)=\int_0^a\frac{\mu_0\sigma\omega}{2}\frac{r^3}{(x^2+r^2)^{3/2}}dr=\frac{1}{2}\mu_0\sigma\omega\int_0^a\frac{r^3+x^2r-x^2r}{(x^2+r^2)^{3/2}}dr$$

$$=\frac{1}{2}\mu_0\sigma\omega\int_0^a\left\{\frac{r}{(x^2+r^2)^{1/2}}-\frac{x^2r}{(x^2+r^2)^{3/2}}\right\}dr$$

$$=\frac{1}{2}\mu_0\sigma\omega\left[(x^2+r^2)^{1/2}+\frac{x^2}{(x^2+r^2)^{1/2}}\right]_0^a$$

$$=\frac{1}{2}\mu_0\sigma\omega\left\{(x^2+a^2)^{1/2}+\frac{x^2}{(x^2+a^2)^{1/2}}-2|x|\right\}$$

円板のもつ磁気双極子モーメントの大きさ m は，$\mu_0\pi r^2\cdot\Delta I=\mu_0\pi\sigma\omega r^3\Delta r$ を積分するこ

とにより，

$$m = \int_0^a \mu_0 \pi \sigma \omega r^3 dr = \frac{1}{4}\mu_0 \pi \sigma \omega a^4$$

[5] 回路 C_1 の中心を原点に選び，C_1 と C_2 の共通の中心軸を z 軸とする．C_1 の電流 I_1 によって C_2 上の点 $\mathrm{P}(a_2\cos\varphi, a_2\sin\varphi, R)$ に生じる磁束密度 $\boldsymbol{B}$ は，$a_1 \ll R$ により例題 6.5 の(1)式を用いて求めることができ，(1)式に対し $x=a_2\cos\varphi$，$y=a_2\sin\varphi$，$z=R$，$r=(a_2{}^2+R^2)^{1/2}$，$I=I_1$，$a=a_1$ とおくことにより，

$$\boldsymbol{B} = \frac{\mu_0 I_1 a_1{}^2}{4(a_2{}^2+R^2)^{5/2}}(3a_2R\cos\varphi,\ 3a_2R\sin\varphi,\ 2R^2-a_2{}^2)$$

点 P で電流 I_2 の向きの単位ベクトルは $\boldsymbol{t}=(-\sin\varphi, \cos\varphi, 0)$．(6.2)式により，点 P において長さ $\Delta s=a_2\Delta\varphi$ の微小部分に流れる電流 I_2 が磁束密度 $\boldsymbol{B}$ から受ける力は

$$\Delta\boldsymbol{F} = \frac{\mu_0 I_1 I_2 a_1{}^2 a_2 \Delta\varphi}{4(a_2{}^2+R^2)^{5/2}}((2R^2-a_2{}^2)\cos\varphi,\ (2R^2-a_2{}^2)\sin\varphi,\ -3a_2R)$$

C_2 が C_1 から受ける力は上式の $\Delta\boldsymbol{F}$ を φ について 0 から 2π まで積分したものであり，x, y 成分は 0，z 成分は

$$F = -\mu_0 I_1 I_2 \frac{3\pi a_1{}^2 a_2{}^2 R}{2(a_2{}^2+R^2)^{5/2}}$$

この力の反作用として，C_1 も C_2 から同じ大きさの力を受ける．力の向きは I_1, I_2 が同じ向きのとき引力，逆向きのとき斥力．

問題 6-5

[1] $\nabla\cdot\boldsymbol{F}=0$ ならば，真空中の磁場と見なせる．電流密度は $\boldsymbol{i}=\mu_0{}^{-1}\nabla\times\boldsymbol{F}$ で与えられる．

(1) $\nabla\cdot\boldsymbol{F}=0$．$z>d$，$z<-d$ では，$\boldsymbol{i}=0$．$d\geqq z\geqq -d$ では，$i_x=i_z=0$，$i_y=\mu_0{}^{-1}A/d$．

(2) $\nabla\cdot\boldsymbol{F}=-Anxyr^{n-2}+Anxyr^{n-2}=0$．$i_x=i_y=0$，$i_z=\mu_0{}^{-1}A\{\partial(xr^n)/\partial x+\partial(yr^n)/\partial y\}=\mu_0{}^{-1}A\{2r^n+n(x^2+y^2)r^{n-2}\}=\mu_0{}^{-1}(n+2)Ar^n$．

[2] 対称性により明らかに，磁束密度はソレノイドの軸に平行に生じる．例題 6.6 と同様に考えれば，ソレノイドの内外の領域で磁束密度はそれぞれ一定になることがわかる．しかし，ソレノイドから無限に離れたところでは磁束密度は 0 になるべきだから，外側での一定値は 0 に等しい．つぎに，アンペールの法則を適用するため，右図のように，長方形の経路 C を長さ l の辺を軸に平行にして，ソレノイドの内外にまたがるようにとる．

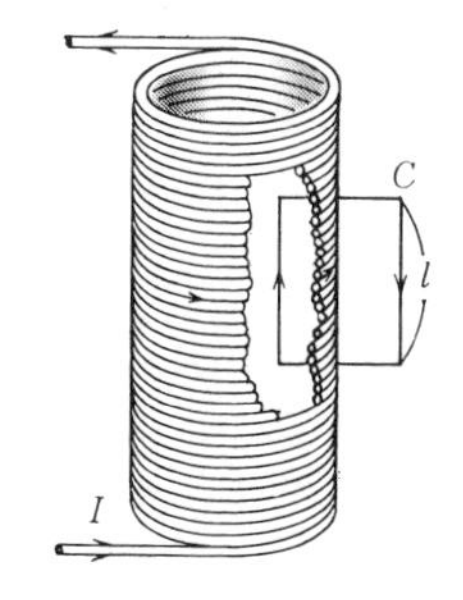

Cに沿っての線積分に対しソレノイドの中の軸に平行な辺だけが寄与し，内側での磁束密度の一定値をBとすると，線積分はBlになる．Cを貫く電流はnIlだから，アンペールの法則により，$Bl=\mu_0 nIl$となり，$B=\mu_0 nI$.

[3] (1) ヒントにしたがえば，線積分は

$$\int_{-\infty}^{\infty} B(r)dr = \int_{-\infty}^{\infty} \frac{\mu_0 Ia^2}{2(r^2+a^2)^{3/2}}dr = \int_0^{\infty} \frac{\mu_0 Ia^2}{(r^2+a^2)^{3/2}}dr$$

$r=a\tan\theta$とおくと，$r^2+a^2=a^2\sec^2\theta$，$dr=a\sec^2\theta d\theta$となるから，

$$\int_{-\infty}^{\infty} B(r)dr = \mu_0 Ia^2 \int_0^{\pi/2} \frac{a\sec^2\theta}{a^3\sec^3\theta}d\theta = \mu_0 I\int_0^{\pi/2}\cos\theta d\theta = \mu_0 I$$

(2) 同様に，線積分は

$$\int_{-\infty}^{\infty} B(r)dr = \int_0^{\infty} \frac{2\mu_0 Iab}{\pi\sqrt{r^2+a^2+b^2}}\left(\frac{1}{r^2+a^2}+\frac{1}{r^2+b^2}\right)dr$$

まず，(　)内の第1項のみを含む積分

$$I_1 = \int_0^{\infty} \frac{1}{\sqrt{r^2+a^2+b^2}}\,\frac{1}{r^2+a^2}dr$$

を考える．$r=a\tan\theta$とおくと，(1)と同様にして，

$$I_1 = \int_0^{\pi/2} \frac{1}{\sqrt{a^2\sec^2\theta+b^2}}\,\frac{a\sec^2\theta}{a^2\sec^2\theta}d\theta = \frac{1}{a}\int_0^{\pi/2}\frac{\cos\theta}{\sqrt{a^2+b^2-b^2\sin^2\theta}}d\theta$$

さらに，$\sin\varphi=b\sin\theta/\sqrt{a^2+b^2}$とおいて積分変数を$\theta$から$\varphi$に変え，$\sin\varphi_1=b/\sqrt{a^2+b^2}$とすると，$a^2+b^2-b^2\sin^2\theta=(a^2+b^2)\cos^2\varphi$，$\cos\varphi d\varphi=b\cos\theta d\theta/\sqrt{a^2+b^2}$により，

$$I_1 = \frac{1}{ab}\int_0^{\varphi_1}\frac{\sqrt{a^2+b^2}\,\cos\varphi}{\sqrt{a^2+b^2}\,\cos\varphi}d\varphi = \frac{1}{ab}\int_0^{\varphi_1}d\varphi = \frac{1}{ab}\varphi_1$$

同様に，$\sin\varphi_2=a/\sqrt{a^2+b^2}$として，

$$I_2 = \int_0^{\infty}\frac{1}{\sqrt{r^2+a^2+b^2}}\,\frac{1}{r^2+b^2}dr = \frac{1}{ab}\varphi_2$$

したがって，$\varphi_1+\varphi_2=\pi/2$により，

$$\int_{-\infty}^{\infty} B(r)dr = \frac{2\mu_0 Iab}{\pi}(I_1+I_2) = \mu_0 I$$

[4] 中心軸と，円板の中心を中心とする半径が無限に大きく円板に垂直な半円周とからなる閉じた経路Cを考える．半円周上での磁束密度の線積分は0. Cを貫く電流Iは，問題6-4 問[4]で得た$\Delta I=\sigma\omega r\Delta r$を積分することにより，

$$I = \int_0^a \sigma\omega r dr = \frac{1}{2}\sigma\omega a^2$$

よって，中心軸に沿っての磁束密度の線積分が$\mu_0 I=\mu_0\sigma\omega a^2/2$に等しいことを示せばよい．その線積分は，問題6-4 問[4]の結果を用いると，

$$\int_{-\infty}^{\infty} B(x)dx = \mu_0\sigma\omega\int_0^{\infty}\left(\sqrt{x^2+a^2}+\frac{x^2}{\sqrt{x^2+a^2}}-2x\right)dx$$
$$= \mu_0\sigma\omega\left[x\left(\sqrt{x^2+a^2}-x\right)\right]_0^{\infty}$$
$$= \mu_0\sigma\omega\left[\frac{a^2x}{\sqrt{x^2+a^2}+x}\right]_0^{\infty} = \frac{1}{2}\mu_0\sigma\omega a^2$$

問題 6-6

[1] (1) $(\nabla\times\boldsymbol{A})_x=\partial A_z/\partial y-\partial A_y/\partial z=(1/2)\{\partial(B_xy-B_yx)/\partial y-\partial(B_zx-B_xz)/\partial z\}=B_x$. $\nabla\times\boldsymbol{A}$ の y, z 成分についても同様.

(2) $\nabla\cdot\boldsymbol{A}=\partial A_x/\partial x+\partial A_y/\partial y+\partial A_z/\partial z=(1/2)\{\partial(B_yz-B_zy)/\partial x+\partial(B_zx-B_xz)/\partial y+\partial(B_xy-B_yx)/\partial z\}=0$. ストークスの定理(3.6)式により，円周 C に沿った $\boldsymbol{A}(\boldsymbol{r})$ の線積分は

$$\int_C\{\boldsymbol{A}(\boldsymbol{r})\cdot\boldsymbol{t}(\boldsymbol{r})\}\,ds=\int_S\{(\nabla\times\boldsymbol{A}(\boldsymbol{r}))\cdot\boldsymbol{n}(\boldsymbol{r})\}\,dS=\int_S\boldsymbol{B}\cdot\boldsymbol{n}(\boldsymbol{r})dS$$

のように，C に囲まれた円 S 上での $\boldsymbol{B}$ の面積分になる. $\boldsymbol{B}$ の大きさ B は一定だから，この面積分は $B\cdot\pi a^2$ すなわち C を貫く磁束((7.1)式参照)に等しい.

［注意］ 磁束密度 $\boldsymbol{B}(\boldsymbol{r})$ が一様でない一般の場合も，任意の閉じた経路 C に沿った(6.28)式のベクトル・ポテンシャル $\boldsymbol{A}(\boldsymbol{r})$ の線積分は，C を貫く磁束に等しい.

[2] (6.32)式の $\boldsymbol{A}(\boldsymbol{r})$ の x 成分を x で偏微分すると，

$$\frac{\partial A_x(\boldsymbol{r})}{\partial x}=\frac{\mu_0}{4\pi}\int i_x(\boldsymbol{r}')\frac{\partial}{\partial x}\left(\frac{1}{|\boldsymbol{r}-\boldsymbol{r}'|}\right)dV'=-\frac{\mu_0}{4\pi}\int i_x(\boldsymbol{r}')\frac{\partial}{\partial x'}\left(\frac{1}{|\boldsymbol{r}-\boldsymbol{r}'|}\right)dV'$$
$$=\frac{\mu_0}{4\pi}\int\frac{\partial i_x(\boldsymbol{r}')}{\partial x'}\frac{1}{|\boldsymbol{r}-\boldsymbol{r}'|}dV'-\frac{\mu_0}{4\pi}\int\frac{\partial}{\partial x'}\left\{\frac{i_x(\boldsymbol{r}')}{|\boldsymbol{r}-\boldsymbol{r}'|}\right\}dV'$$

y, z 成分の偏微分についても同様の式が成り立つから，

$$\nabla\cdot\boldsymbol{A}(\boldsymbol{r})=\frac{\mu_0}{4\pi}\int\frac{\nabla\cdot\boldsymbol{i}(\boldsymbol{r}')}{|\boldsymbol{r}-\boldsymbol{r}'|}dV'-\frac{\mu_0}{4\pi}\int\nabla\cdot\left\{\frac{\boldsymbol{i}(\boldsymbol{r}')}{|\boldsymbol{r}-\boldsymbol{r}'|}\right\}dV'$$

定常電流では電荷の保存則(5.8)式により $\nabla\cdot\boldsymbol{i}(\boldsymbol{r}')=0$ となり，右辺の第1項は0. ガウスの定理(3.3)式により，第2項の発散の積分は積分領域の表面での面積分になるが，電流は積分領域の外側では分布せず表面を通ることがないので，第2項も0に等しい. よって，$\nabla\cdot\boldsymbol{A}(\boldsymbol{r})=0$. また，

$$\frac{\partial}{\partial y}\left(\frac{1}{|\boldsymbol{r}-\boldsymbol{r}'|}\right)=\frac{\partial}{\partial y}[(x-x')^2+(y-y')^2+(z-z')^2]^{-1/2}$$
$$=-(y-y')[(x-x')^2+(y-y')^2+(z-z')^2]^{-3/2}=-\frac{y-y'}{|\boldsymbol{r}-\boldsymbol{r}'|^3}$$

$$\frac{\partial}{\partial z}\left(\frac{1}{|\boldsymbol{r}-\boldsymbol{r}'|}\right) = -\frac{z-z'}{|\boldsymbol{r}-\boldsymbol{r}'|^3}$$

により，$\boldsymbol{B}(\boldsymbol{r})=\nabla\times\boldsymbol{A}(\boldsymbol{r})$ の x 成分は

$$B_x(\boldsymbol{r}) = \frac{\mu_0}{4\pi}\left\{\frac{\partial}{\partial y}\int\frac{i_z(\boldsymbol{r}')}{|\boldsymbol{r}-\boldsymbol{r}'|}dV' - \frac{\partial}{\partial z}\int\frac{i_y(\boldsymbol{r}')}{|\boldsymbol{r}\ \ \boldsymbol{r}'|}dV'\right\}$$

$$= \frac{\mu_0}{4\pi}\int\frac{i_y(\boldsymbol{r}')(z-z')-i_z(\boldsymbol{r}')(y-y')}{|\boldsymbol{r}-\boldsymbol{r}'|^3}dV' = \frac{\mu_0}{4\pi}\int\frac{\{\boldsymbol{i}(\boldsymbol{r}')\times(\boldsymbol{r}-\boldsymbol{r}')\}_x}{|\boldsymbol{r}-\boldsymbol{r}'|^3}dV'$$

これはビオ-サバールの法則(6.12)式の x 成分にほかならない．y, z 成分についても同様．

[3] (1) 例題3.1で得たように，平らな板の内部に電荷が一様な密度 ρ で分布しているときの電場は，板の面に垂直に x 軸をとり板の中心を原点に選ぶと，$E(x)=-\rho d/\varepsilon_0$ $(x<-d)$，$\rho x/\varepsilon_0\,(-d\leqq x\leqq d)$，$\rho d/\varepsilon_0\,(x>d)$．このとき，電位は $\phi(x)=\rho dx/\varepsilon_0+\rho d^2/2\varepsilon_0(x<-d)$，$-\rho x^2/2\varepsilon_0\,(-d\leqq x\leqq d)$，$-\rho dx/\varepsilon_0+\rho d^2/2\varepsilon_0\,(x>d)$．板の内部に流れる電流密度を i とし，その向きに z 軸をとると，ベクトル・ポテンシャルは $\rho/\varepsilon_0\to\mu_0 i$ のおき換えにより，$A_x(x)=A_y(x)=0$ であり，

$$A_z(x) = \begin{cases} \mu_0 idx+\mu_0 id^2/2 & (x<-d) \\ -\mu_0 ix^2/2 & (-d\leqq x\leqq d) \\ -\mu_0 idx+\mu_0 id^2/2 & (x>d) \end{cases}$$

したがって，磁束密度は $B_x(x)=B_z(x)=0$ であり，

$$B_y(x) = -\frac{\partial A_z(x)}{\partial x} = \begin{cases} -\mu_0 id & (x<-d) \\ \mu_0 ix & (-d\leqq x\leqq d) \\ \mu_0 id & (x>d) \end{cases}$$

(2) 例題3.3で得たように，円筒の内部に電荷が一様な密度 ρ で分布しているときの電位は，円筒の中心軸を z 軸とし $r=(x^2+y^2)^{1/2}$ とおくと，$r\leqq a$ のとき $\phi(r)=(\rho a^2/4\varepsilon_0)(1-r^2/a^2)$，$r>a$ のとき $\phi(r)=(\rho a^2/2\varepsilon_0)\log(a/r)$．円筒の内部に流れる電流密度を i とすると，ベクトル・ポテンシャルは $\rho/\varepsilon_0\to\mu_0 i$ のおき換えにより，$A_x(r)=A_y(r)=0$ であり，

$$A_z(r) = \begin{cases} (\mu_0 ia^2/4)(1-r^2/a^2) & (r\leqq a) \\ (\mu_0 ia^2/2)\log(a/r) & (r>a) \end{cases}$$

$\partial r/\partial x=x/r$，$\partial r/\partial y=y/r$ により，磁束密度は $r\leqq a$ のとき

$$B_x(r) = \frac{\partial A_z(r)}{\partial y} = -\frac{\mu_0 iy}{2}, \qquad B_y(r) = -\frac{\partial A_z(r)}{\partial x} = \frac{\mu_0 ix}{2}, \qquad B_z(r) = 0$$

$r>a$ のとき

$$B_x(r) = \frac{\partial A_z(r)}{\partial y} = -\frac{\mu_0 ia^2 y}{2r^2}, \qquad B_y(r) = -\frac{\partial A_z(r)}{\partial x} = \frac{\mu_0 ia^2 x}{2r^2}, \qquad B_z(r) = 0$$

[注意] この磁束密度が例題6.7の結果と一致することを各自，確かめよ．

[4] 問題6-5 問[2]で求めたように，ソレノイドの内部に軸に平行に一様な磁束密度$B=\mu_0 nI$が生じる．ソレノイドと同じ形をした円筒の内部に軸に平行に一様な電流が流れるとき生じる磁束密度B_cは，例題6.7で求めた．B_cと同じように，ソレノイドに流れる電流によるベクトル・ポテンシャルは軸のまわりを回転する向きに生じる．$\mu_0 I/\pi a^2 \to B=\mu_0 nI$のおき換えにより，その大きさは，軸から$r$の距離にある点で，

$$A(r) = \begin{cases} \mu_0 nIr/2 & (r \leqq a) \\ \mu_0 nIa^2/2r & (r > a) \end{cases}$$

[5] (1) $\{\nabla\times(\nabla f)\}_x = \partial(\partial f/\partial z)/\partial y - \partial(\partial f/\partial y)/\partial z = \partial^2 f/\partial z\partial y - \partial^2 f/\partial y\partial z = 0$. y, z成分についても同様．

(2) $\nabla\cdot(\nabla\times\boldsymbol{A}) = \partial(\nabla\times\boldsymbol{A})_x/\partial x + \partial(\nabla\times\boldsymbol{A})_y/\partial y + \partial(\nabla\times\boldsymbol{A})_z/\partial z = \partial(\partial A_z/\partial y - \partial A_y/\partial z)/\partial x + \partial(\partial A_x/\partial z - \partial A_z/\partial x)/\partial y + \partial(\partial A_y/\partial x - \partial A_x/\partial y)/\partial z = \partial^2 A_z/\partial y\partial x - \partial^2 A_y/\partial z\partial x + \partial^2 A_x/\partial z\partial y - \partial^2 A_z/\partial x\partial y + \partial^2 A_y/\partial x\partial z - \partial^2 A_x/\partial y\partial z = 0$.

(3) $\{\nabla\times(\nabla\times\boldsymbol{A})\}_x = \partial(\nabla\times\boldsymbol{A})_z/\partial y - \partial(\nabla\times\boldsymbol{A})_y/\partial z = \partial(\partial A_y/\partial x - \partial A_x/\partial y)/\partial y - \partial(\partial A_x/\partial z - \partial A_z/\partial x)/\partial z = \partial^2 A_x/\partial x^2 + \partial^2 A_y/\partial x\partial y + \partial^2 A_z/\partial x\partial z - (\partial^2 A_x/\partial x^2 + \partial^2 A_x/\partial y^2 + \partial^2 A_x/\partial z^2) = \partial(\nabla\cdot\boldsymbol{A})/\partial x - \nabla^2 A_x$. y, z成分についても同様．

第 7 章

問題 7-1

[1] コイルに生じる起電力ϕ_{em}は，例題7.1の結果により$\sin(\omega t+\theta_0)=1$のとき最大になり，その大きさはコイルひと巻き当り$\phi_0=BS\omega$．コイル全体では$500\,\phi_0 = 500\times 5\times 10^{-5}\times 0.01\times 2\times 3.14\times 20 = 3.1\times 10^{-2}$ V．抵抗$R(=10\ \Omega)$に流れる電流は$I=500\phi_{em}/R=500(BS\omega/R)\sin(\omega t+\theta_0)$．$\theta$が$0\,(=\omega t_0+\theta_0)$から$\pi\,(=\omega t_1+\theta_0)$まで変化する間に，$R$に流れる電気量は

$$\begin{aligned} Q &= 500\int_{t_0}^{t_1}\frac{BS\omega}{R}\sin(\omega t+\theta_0)dt = 500\,\frac{BS}{R}\Big[-\cos(\omega t+\theta_0)\Big]_{t_0}^{t_1} \\ &= 500\times 2BS/R = 500\times 2\times 5\times 10^{-5}\times 0.01\div 10 = 5.0\times 10^{-5}\ \mathrm{C} \end{aligned}$$

[2] 抵抗Rには強さ$I=\phi_{em}/R=(BS\omega/R)\sin(\omega t+\theta_0)$の電流が流れるから，回路が1回転する周期$T$の間に，$R$に発生するジュール熱は

$$\begin{aligned} J &= \int_0^T I^2 R dt = \frac{(BS\omega)^2}{R}\int_0^T \sin^2(\omega t+\theta_0)dt \\ &= \frac{(BS\omega)^2}{R}\int_0^T \frac{1}{2}\{1-\cos 2(\omega t+\theta_0)\}\,dt = \frac{(BS\omega)^2}{2R}T \end{aligned}$$

問題6-1 問[2]で求めたように，電流Iが流れるとき，回路は一様な磁束密度Bから偶

力のモーメントを受け，その大きさは $N=IBS\sin\theta=(B^2S^2\omega/R)\sin^2(\omega t+\theta_0)$．よって，$N$ と同じ大きさで逆向きの偶力のモーメントを加えながら回路を回転させれば，回転の角速度 ω は一定になる．周期 T の間にその偶力が回路にする仕事は

$$W=\int_0^T N\omega dt=\frac{(BS\omega)^2}{R}\int_0^T \sin^2(\omega t+\theta_0)dt=\frac{(BS\omega)^2}{2R}T$$

となり，上で求めたジュール熱 J に等しい．

[3] 例題 6.3 の(2)式により，直線 l から r の距離にある点に生じる磁束密度の大きさは $B(r)=\mu_0 I/2\pi r$．図(a)の場合，導体棒が時間 Δt の間に横切る磁束は

$$\Delta\Phi=\int_{x-a/2}^{x+a/2}B(r)dr\cdot v\Delta t=\frac{\mu_0 Iv\Delta t}{2\pi}\int_{x-a/2}^{x+a/2}\frac{1}{r}dr$$

$$=\frac{\mu_0 Iv\Delta t}{2\pi}\Big[\log r\Big]_{x-a/2}^{x+a/2}=\frac{\mu_0 Iv\Delta t}{2\pi}\log\frac{x+a/2}{x-a/2}$$

となり，(7.4)式により，両端間に生じる誘導起電力の大きさは

$$\phi_{\mathrm{em}}=\frac{\Delta\Phi}{\Delta t}=\frac{\mu_0 Iv}{2\pi}\log\frac{x+a/2}{x-a/2}$$

図(b)の場合，導体棒が Δt の間に横切る磁束は，Δt が十分に短いとすれば，$\Delta\Phi=B(x)\cdot av\Delta t=\mu_0 Iav\Delta t/2\pi x$．よって，誘導起電力の大きさは

$$\phi_{\mathrm{em}}=\frac{\Delta\Phi}{\Delta t}=\frac{\mu_0 Iav}{2\pi x}$$

[4] 十分に短い時間 Δt の間に，半径 OP が描く扇形の面積は $\Delta S=(1/2)a^2\omega\Delta t$．よって，OP がその間に横切る磁束は $\Delta\Phi=B\Delta S=(1/2)Ba^2\omega\Delta t$ となり($B=|\boldsymbol{B}|$)，OP 間の起電力の大きさは $\phi_{\mathrm{em}}=\Delta\Phi/\Delta t=(1/2)Ba^2\omega$．

[5] 問題 6–5 問[2]で求めたように，ソレノイドに電流 I が流れるとき，内部だけに軸に平行に一様な磁束密度 $B=\mu_0 nI$ が生じる．$dB/dt=\mu_0 n\,dI/dt$ は時間によらず一定だから，電磁誘導の法則(7.6)式の右辺も一定となり，その式は電流密度 $\boldsymbol{i}$ によって生じる磁束密度 $\boldsymbol{B}_{\mathrm{c}}$ を与えるアンペールの法則(6.25)式と同じ形になる．円筒の内部を軸方向に一様に流れる電流密度 i による磁束密度 B_{c} は，例題 6.7 で求めた．よって，B_{c} と同じように，ソレノイドに流れる電流 I の時間変化による誘導電場は軸のまわりを回転する向きにある．その大きさ $E(r)$ は軸からの距離が r の点において，$\mu_0 i=\mu_0 I/\pi a^2\to-\mu_0 n\,dI/dt$ のおき換えにより，

$$E(r)=\begin{cases}-\dfrac{\mu_0 n}{2}\dfrac{dI}{dt}r & (r\leqq a)\\[2ex] -\dfrac{\mu_0 n}{2}\dfrac{dI}{dt}\dfrac{a^2}{r} & (r>a)\end{cases}$$

問題 7–2

[1] 問題 6–5 問[2]で求めたように，ソレノイドに電流 I が流れるとき，磁束密度はソレノイドの内部だけに一様に生じ，その大きさは $B=\mu_0 nI$. ソレノイドを貫く磁束はひと巻き当り BS, 全体で $\Phi=nl\cdot BS=\mu_0 n^2 lSI$. よって，(7.7)式により，自己インダクタンスは $L=\mu_0 n^2 lS$. 問題のソレノイドの場合，$n=100\div(2\pi\times 0.03\times 0.1)\ \mathrm{m}^{-1}$, $l=0.1$ m, $S=\pi\times 0.03^2\ \mathrm{m}^2$ だから，$L=1.0\times 10^{-2}$ H.

[2] (1) $a\gg R$ だから，A, B にそれぞれ流れる電流の分布は互いに影響しあうことなく一様と見なしてよい．例題 6.7 で得たように，A の中心軸から点 P までの距離を x とすると，点 P における磁束密度は A, B を同時に含む平面に垂直，その大きさは

$$B(x) = \frac{\mu_0 I}{2\pi}\left(\frac{1}{x}+\frac{1}{a-x}\right) \qquad (R<x<a-R)$$

(2) A, B の長さを l とすると，A と B によって囲まれた平面を貫く磁束は

$$\Phi = \int_R^{a-R} B(x)l dx = \frac{\mu_0 lI}{2\pi}\int_R^{a-R}\left(\frac{1}{x}+\frac{1}{a-x}\right)dx$$

$$= \frac{\mu_0 lI}{2\pi}\left(\log\frac{a-R}{R}-\log\frac{R}{a-R}\right) = \frac{\mu_0 lI}{\pi}\log\frac{a-R}{R}$$

となり，単位長さ当りの自己インダクタンスは

$$L = \frac{1}{l}\frac{\Phi}{I} = \frac{\mu_0}{\pi}\log\frac{a-R}{R} \cong \frac{\mu_0}{\pi}\log\frac{a}{R}$$

[3] (1) このとき，回路はコイルと抵抗と電池を直列につないだものと見なせる．時刻 t に回路に流れる電流を $I(t)$ とすると，コイルに $-L(dI/dt)$ の誘導起電力が生じるので，抵抗の両端間の電位差は $\phi-L(dI/dt)$. オームの法則により，この電位差は $RI(t)$ に等しいから，

$$\phi-L\frac{dI(t)}{dt} = RI(t)$$

$I'(t)=I(t)-\phi/R$ とおいて上式を書き直すと，

$$L\frac{dI'(t)}{dt}+RI'(t) = 0$$

この微分方程式の一般解は，C を定数として，

$$I'(t) = Ce^{-(R/L)t}$$

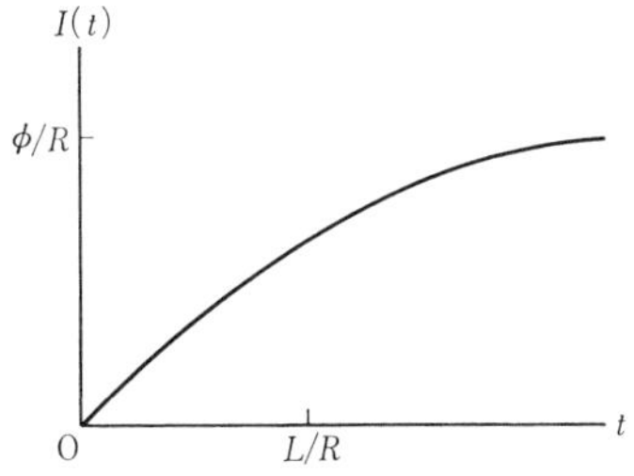

$I'(0)=I(0)-\phi/R=-\phi/R$ により，$C=-\phi/R$. したがって，

$$I(t) = \frac{\phi}{R}\{1-e^{-(R/L)t}\}$$

図のように，電流の強さは時間 t とともに単調に増加する．とくに，t が L/R に比べて十分に経過すると，電流の強さはほぼ ϕ/R に等しくなり，定常電流が流れることにな

る．

(2)　時間 t の間に，電池のする仕事は

$$W=\int_0^t \phi I(t')dt'=\frac{\phi^2}{R}\int_0^t \{1-e^{-(R/L)t'}\}dt' \;=\frac{\phi^2}{R}\left[t-\frac{L}{R}\{1-e^{-(R/L)t}\}\right]$$

同様に，抵抗 R に発生するジュール熱は

$$\begin{aligned} J &= \int_0^t R\{I(t')\}^2 dt' = \frac{\phi^2}{R}\int_0^t \{1-2e^{-(R/L)t'}+e^{-(2R/L)t'}\}dt' \\ &= \frac{\phi^2}{R}\left[t-\frac{2L}{R}\{1-e^{-(R/L)t}\}+\frac{L}{2R}\{1-e^{-(2R/L)t}\}\right] \\ &= \frac{\phi^2}{R}\left[t-\frac{L}{R}\{1-e^{-(R/L)t}\}\right]-\frac{\phi^2 L}{2R^2}\{1-e^{-(R/L)t}\}^2 \\ &= W-\frac{1}{2}L\{I(t)\}^2 \end{aligned}$$

$W-J=(1/2)L\{I(t)\}^2$ はコイルに蓄えられる磁場のエネルギーに等しい(7-4 節参照)．

(3)　スイッチSをb側にきりかえた時刻を $t_1(\gg L/R)$ とする．(1)と同様にして，電流 $I(t)$ に対して

$$L\frac{dI(t)}{dt}+RI(t)=0$$

が成り立ち，この微分方程式を条件 $I(t_1)=\phi/R$ のもとで解くと，

$$I(t)=\frac{\phi}{R}e^{-(R/L)(t-t_1)}$$

時間 t が経過するにつれて電流は単調に減少し 0 に近づく．R に発生するジュール熱は

$$\begin{aligned} J &= \int_{t_1}^{\infty} R\{I(t')\}^2 dt' = \frac{\phi^2}{R}\int_{t_1}^{\infty} e^{-(2R/L)(t'-t_1)}dt' \\ &= \frac{\phi^2}{R}\left[-\frac{L}{2R}e^{-(2R/L)(t'-t_1)}\right]_{t_1}^{\infty} = \frac{\phi^2 L}{2R^2} = \frac{1}{2}L\{I(t_1)\}^2 \end{aligned}$$

これは，時刻 t_1 のときコイルに蓄えられていた磁場のエネルギーに等しい．

問題 7-3

[1]　回路 C_1 に電流 I_1 を流したとき C_2 の面上の点に生じる磁束密度は，$a_1 \ll R$ により例題 6.5 の(1)式を用いて求めることができる．面に垂直な成分は，C_2 の中心からの距離を r として，(1)式の z 成分に対し $I=I_1$，$a=a_1$，$x^2+y^2=r^2$，$z=R$ とおくことにより，

$$B(r)=-\frac{\mu_0 I_1 a_1{}^2}{4}\left\{\frac{1}{(R^2+r^2)^{3/2}}-\frac{3R^2}{(R^2+r^2)^{5/2}}\right\}$$

したがって，C_2 を貫く磁束は

$$\Phi_2 = \int_0^{a_2} B(r)\cdot 2\pi r dr = \frac{\mu_0 \pi a_1{}^2 I_1}{2}\int_0^{a_2}\left\{-\frac{1}{(R^2+r^2)^{3/2}}+\frac{3R^2}{(R^2+r^2)^{5/2}}\right\} r dr$$

$$= \frac{\mu_0 \pi a_1{}^2 I_1}{2}\left[\frac{1}{(R^2+r^2)^{1/2}}-\frac{R^2}{(R^2+r^2)^{3/2}}\right]_0^{a_2} = \frac{\mu_0 \pi a_1{}^2 a_2{}^2}{2(R^2+a_2{}^2)^{3/2}} I_1$$

となり，(7.10)式により，相互インダクタンスは

$$L_{21} = \frac{\mu_0 \pi a_1{}^2 a_2{}^2}{2(R^2+a_2{}^2)^{3/2}}$$

また，C_2 に電流 I_2 を流したとき C_1 の面上の点に生じる磁束密度は，$a_1 \ll a_2$ により一定の大きさと見なしてよい．例題 6.4 の (1) 式によれば，その大きさは $B=\mu_0 I_2 a_2{}^2/2(R^2+a_2{}^2)^{3/2}$．よって，$C_1$ を貫く磁束は

$$\Phi_1 = B\cdot \pi a_1{}^2 = \frac{\mu_0 \pi a_1{}^2 a_2{}^2}{2(R^2+a_2{}^2)^{3/2}} I_2$$

となり，相互インダクタンスは

$$L_{12} = \frac{\mu_0 \pi a_1{}^2 a_2{}^2}{2(R^2+a_2{}^2)^{3/2}} = L_{21}$$

[2]　導線 l に電流 I が流れるとき，(6.13)式により，l から r の距離にある点に生じる磁束密度の大きさは $B(r)=\mu_0 I/2\pi r$．長方形の回路 ABCD を貫く磁束は

$$\Phi = \int_x^{x+b} B(r)\cdot a dr = \frac{\mu_0 a I}{2\pi}\int_x^{x+b}\frac{1}{r}dr = \frac{\mu_0 a I}{2\pi}\log\frac{x+b}{x}$$

相互インダクタンスは $M=\Phi/I=(\mu_0 a/2\pi)\log(1+b/x)$.

[3]　導線 l に電流 I が流れるとき，(6.13)，(7.1)式により，円形回路を貫く磁束は(右図参照)

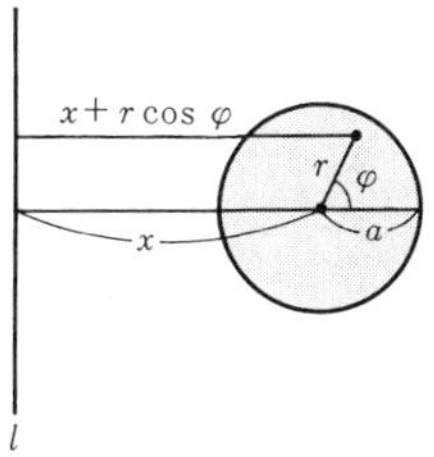

$$\Phi = \int_0^a\int_0^{2\pi}\frac{\mu_0 I}{2\pi}\frac{1}{x+r\cos\varphi} r d\varphi dr$$

まず，φ についての積分を

$$\int_0^{2\pi}\frac{1}{x+r\cos\varphi}d\varphi = \int_0^{\pi}\frac{2}{x+r\cos\varphi}d\varphi$$

$$= \int_0^{\pi/2} 2\left(\frac{1}{x+r\cos\varphi}+\frac{1}{x-r\cos\varphi}\right)d\varphi = \int_0^{\pi/2}\frac{4x}{x^2-r^2\cos^2\varphi}d\varphi$$

と書き直し，さらに $\tan\varphi=(\sqrt{x^2-r^2}/x)\tan\theta$ とおいて積分変数を φ から θ に変えると，$x^2\sec^2\varphi - r^2 = x^2(1+\tan^2\varphi)-r^2=(x^2-r^2)(1+\tan^2\theta)=(x^2-r^2)\sec^2\theta$，　$\sec^2\varphi d\varphi=(\sqrt{x^2-r^2}/x)\sec^2\theta d\theta$ により，

$$\int_0^{\pi/2}\frac{4x}{x^2-r^2\cos^2\varphi}d\varphi = \int_0^{\pi/2}\frac{4x}{x^2\sec^2\varphi - r^2}\sec^2\varphi d\varphi$$

$$= \int_0^{\pi/2} \frac{4\sqrt{x^2-r^2}\sec^2\theta}{(x^2-r^2)\sec^2\theta} d\theta = \frac{4}{\sqrt{x^2-r^2}} \int_0^{\pi/2} d\theta = \frac{2\pi}{\sqrt{x^2-r^2}}$$

したがって，

$$\Phi = \frac{\mu_0 I}{2\pi} \int_0^a \frac{2\pi r}{\sqrt{x^2-r^2}} dr = \mu_0 I \left[-\sqrt{x^2-r^2} \right]_0^a = \mu_0 I (x - \sqrt{x^2-a^2})$$

となり，$M = \Phi/I = \mu_0(x - \sqrt{x^2-a^2})$.

[4] 例題 6.4 の(1)式により，円形回路に電流 I が流れるとき，中心軸上，回路の中心からの距離が r の点に生じる磁束密度の大きさは $B(r) = \mu_0 I a^2 / 2(a^2+r^2)^{3/2}$. $S \ll \pi a^2$ によりソレノイドの断面での磁束密度の空間変化は無視でき，ソレノイドの長さ Δr の微小部分を貫く磁束は $B(r) \cdot Sn\Delta r$. ソレノイド全体で，磁束は

$$\Phi = \int_{-l}^{l} B(r) \cdot Sndr = \frac{\mu_0 I a^2 Sn}{2} \int_{-l}^{l} \frac{1}{(a^2+r^2)^{3/2}} dr$$

$r = a\tan\theta$ とおいて積分変数を r から θ に変え，$\tan\theta_0 = l/a$ とすると，$a^2+r^2 = a^2\sec^2\theta$, $dr = a\sec^2\theta d\theta$ により，

$$\Phi = \frac{\mu_0 I a^2 Sn}{2} \int_{-\theta_0}^{\theta_0} \frac{a\sec^2\theta}{a^3\sec^3\theta} d\theta = \frac{\mu_0 ISn}{2} \int_{-\theta_0}^{\theta_0} \cos\theta d\theta$$

$$= \mu_0 ISn \sin\theta_0 = \frac{\mu_0 n l S}{(a^2+l^2)^{1/2}} I$$

よって，$M = \Phi/I = \mu_0 n l S/(a^2+l^2)^{1/2}$.

[5] コイル 1 に流れる電流 I_1 のつくる磁束 $L_1 I_1$ の全部または一部が，コイル 2 を貫く磁束 MI_1 になるから，$L_1 \geqq M$. 同様にして，$L_2 \geqq M$. よって，$L_1 L_2 \geqq M^2$. 等号が成り立つのは，両者のコイルを貫く磁束が互いに等しい場合.

問題 7-4

[1] $n = 1000 \div 0.1\ \mathrm{m}^{-1}$, $l = 0.1\ \mathrm{m}$, $S = 0.0005\ \mathrm{m}^2$ により，自己インダクタンスは $L = \mu_0 n^2 l S = 6.28 \times 10^{-3}\ \mathrm{H}$. 磁場のエネルギーは $LI^2/2 = 6.28 \times 10^{-3} \times 10^2 \div 2 = 3.1 \times 10^{-1}\ \mathrm{J}$.

[2] コイル 1, 2 にそれぞれ流れる電流 $I_1(t), I_2(t)$ の時間変化により，コイルには電流の変化を妨げる向きに誘導起電力が生じる. よって，コイルに電流を流すためには，その誘導起電力に見合うだけの電位差を外からかけなければならない. すなわち，コイル 1, 2 にそれぞれかけるべき電位差は，$\phi_1(t) = L_1 dI_1/dt + MdI_2/dt$, $\phi_2(t) = L_2 dI_2/dt + MdI_1/dt$. これらの電位差のもとで，短い時間 Δt の間に $I_1(t)\Delta t$ および $I_2(t)\Delta t$ の電荷が移動するので，コイル 1, 2 に与えられる仕事の和は $\Delta W = \{\phi_1(t)I_1(t) + \phi_2(t)I_2(t)\}\Delta t$. 時刻 $t=0$ のとき 0 であった電流 $I_1(t), I_2(t)$ が，$t=T$ のときそれぞれ I_1, I_2 になるとすると，ΔW を時刻 0 から T までについて加えあわせた全仕事が，磁場のエネルギー U としてコイルに蓄

えられることになるので，

$$
\begin{aligned}
U &= \int_0^T \{\phi_1(t)I_1(t)+\phi_2(t)I_2(t)\}\,dt \\
&= \int_0^T \left\{L_1\frac{dI_1}{dt}I_1+M\left(\frac{dI_1}{dt}I_2+\frac{dI_2}{dt}I_1\right)+L_2\frac{dI_2}{dt}I_2\right\}dt \\
&= \int_0^T \left\{\frac{1}{2}L_1\frac{dI_1{}^2}{dt}+M\frac{d}{dt}(I_1I_2)+\frac{1}{2}L_2\frac{dI_2{}^2}{dt}\right\}dt \\
&= \left[\frac{1}{2}L_1\{I_1(t)\}^2+MI_1(t)I_2(t)+\frac{1}{2}L_2\{I_2(t)\}^2\right]_0^T \\
&= \frac{1}{2}L_1I_1{}^2+MI_1I_2+\frac{1}{2}L_2I_2{}^2
\end{aligned}
$$

[3] (1) 問題7-3 問[2]で求めたように，相互インダクタンスは $M=(\mu_0 a/2\pi)\log(1+b/x)$. 電流 I_1, I_2 を一定の強さにしたまま，短い時間 $\varDelta t$ の間に，導線 l と辺ABの間の距離を x から $x+\varDelta x$ に変えたとすると，$|u|\ll 1$ のとき成り立つ近似式 $\log(1+u)\cong u$ により，M は

$$
\begin{aligned}
\varDelta M &= \frac{\mu_0 a}{2\pi}\left(\log\frac{x+\varDelta x+b}{x+\varDelta x}-\log\frac{x+b}{x}\right) \\
&= \frac{\mu_0 a}{2\pi}\left\{\log\left(1+\frac{\varDelta x}{x+b}\right)-\log\left(1+\frac{\varDelta x}{x}\right)\right\} \\
&\cong \frac{\mu_0 a}{2\pi}\left(\frac{1}{x+b}-\frac{1}{x}\right)\varDelta x = -\frac{\mu_0 ab}{2\pi x(x+b)}\varDelta x
\end{aligned}
$$

だけ変化する．このとき，導線 l および長方形回路にそれぞれ $\phi_{\mathrm{em1}}=-(\varDelta M)I_2/\varDelta t$, $\phi_{\mathrm{em2}}=-(\varDelta M)I_1/\varDelta t$ の誘導起電力が生じる．電流 I_1, I_2 が一定の強さのまま流れるためには，これらの誘導起電力に抗して l に $\phi_1=(\varDelta M)I_2/\varDelta t$, 回路に $\phi_2=(\varDelta M)I_1/\varDelta t$ の大きさの起電力を外から加えなければならない．時間 $\varDelta t$ の間に，起電力 ϕ_1, ϕ_2 がする仕事は，l に $I_1\varDelta t$, 回路に $I_2\varDelta t$ の電荷をそれぞれ運ぶので，

$$
\begin{aligned}
\varDelta W_{\mathrm{e}} &= \phi_1 I_1\varDelta t+\phi_2 I_2\varDelta t \\
&= \frac{(\varDelta M)I_2}{\varDelta t}I_1\varDelta t+\frac{(\varDelta M)I_1}{\varDelta t}I_2\varDelta t = 2(\varDelta M)I_1I_2
\end{aligned}
$$

磁場のエネルギーの変化は $\varDelta U=(\varDelta M)I_1I_2$. よって，$-F\varDelta x=\varDelta U-\varDelta W_{\mathrm{e}}=-(\varDelta M)I_1I_2=\mu_0 abI_1I_2\varDelta x/2\pi x(x+b)$ となり，$F=-\mu_0 abI_1I_2/2\pi x(x+b)$. 力 F は導線 l と辺ABに流れる電流が同じ向きのとき引力，逆向きのとき斥力.

(2) 対辺AB，CDにそれぞれ流れる電流は互いに逆向きだから，それらが導線 l の電流 I_1 から受ける力も互いに逆向き．(6.2), (6.13)式により，大きさは $F_{\mathrm{AB}}=\mu_0 aI_1I_2/2\pi x$, $F_{\mathrm{CD}}=\mu_0 aI_1I_2/2\pi(x+b)$. 同様に，BC, DAに流れる電流が I_1 から受ける力は逆向

きで同じ大きさ．したがって，回路全体では，x の増加する向きを正として，$F=-F_{\mathrm{AB}}+F_{\mathrm{CD}}=-\mu_0 abI_1I_2/2\pi x(x+b)$.

[4] ソレノイドの自己インダクタンスは $L=\mu_0 n^2 lS$. 巻き数 nl ならびに断面積 S を一定にしたまま，長さ l を Δl だけ伸ばしたとき，L の変化は

$$\Delta L=\mu_0(nl)^2 S\left(\frac{1}{l+\Delta l}-\frac{1}{l}\right)\cong-\mu_0(nl)^2 S\frac{\Delta l}{l^2}=-\mu_0 n^2 S\Delta l$$

この変化が短い時間 Δt の間になされ，電流 I が一定のままであるとすると，ソレノイドに生じる誘導起電力は $\phi_{\mathrm{em}}=-(\Delta L)I/\Delta t$. よって，電流 I が流れつづけるためには，ϕ_{em} に抗して $\phi=(\Delta L)I/\Delta t$ の大きさの起電力を外からソレノイドにかけなければならない．Δt の間に電荷 $I\Delta t$ が移動するので，起電力 ϕ のする仕事は $\Delta W_{\mathrm{e}}=\{(\Delta L)I/\Delta t\}\cdot I\Delta t=(\Delta L)I^2$. 一方，ソレノイドに蓄えられた磁場のエネルギー $U=LI^2/2$ の変化は，$\Delta U=(\Delta L)I^2/2$. したがって，$-F\Delta l=\Delta U-\Delta W_{\mathrm{e}}=-(\Delta L)I^2/2=\mu_0 n^2 SI^2\Delta l/2$ により，$F=-\mu_0 n^2 SI^2/2$.

問題 7-5

[1] 例題 7.7 の(1)の結果により，電池のする仕事は $W_{\mathrm{e}}=Q(t)\phi=C\phi^2(1-e^{-t/RC})$. 回路に流れる電流は $I(t)=dQ(t)/dt=(\phi/R)e^{-t/RC}$ だから，発生するジュール熱は

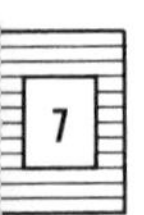

$$J=\int_0^t R\{I(t')\}^2 dt'=\frac{\phi^2}{R}\int_0^t e^{-2t'/RC}dt'$$

$$=\frac{\phi^2}{R}\left[-\frac{RC}{2}e^{-2t'/RC}\right]_0^t=\frac{1}{2}C\phi^2(1-e^{-2t/RC})$$

よって，$W_{\mathrm{e}}-J=(1/2)C\phi^2(1-e^{-t/RC})^2=\{Q(t)\}^2/2C$ となり，これはコンデンサーに蓄えられるエネルギーに等しい．また，(2)において，コンデンサーのエネルギー U_{C}，コイルのエネルギー U_{L} はそれぞれ

$$U_{\mathrm{C}}=\frac{\{Q(t)\}^2}{2C}=\frac{Q_0{}^2}{2C}\cos^2\left(\frac{t-t_1}{\sqrt{LC}}\right),\qquad U_{\mathrm{L}}=\frac{L}{2}\{I(t)\}^2=\frac{Q_0{}^2}{2C}\sin^2\left(\frac{t-t_1}{\sqrt{LC}}\right)$$

このとき，$U_{\mathrm{C}}+U_{\mathrm{L}}=Q_0{}^2/2C$ (＝一定) の関係が成り立つ．

[2] 回路に流れる電流は，(7.29)，(7.30)式のように，

$$I(t)=I_0\cos(\omega t+\alpha-\theta),\qquad \tan\theta=\frac{\omega L-1/\omega C}{R},\qquad I_0=\frac{\phi_0}{\sqrt{R^2+(\omega L-1/\omega C)^2}}$$

1 周期 T の間に，交流起電力が回路にする仕事の時間平均は

$$\overline{W_{\mathrm{e}}}=\frac{1}{T}\int_0^T\phi(t)I(t)dt=\frac{\phi_0 I_0}{T}\int_0^T\cos(\omega t+\alpha)\cos(\omega t+\alpha-\theta)dt$$

$$=\frac{\phi_0 I_0}{T}\int_0^T\frac{1}{2}\{\cos(2\omega t+2\alpha-\theta)+\cos\theta\}dt$$

$$= \frac{1}{2}\phi_0 I_0 \cos\theta = \frac{1}{2}\frac{R{\phi_0}^2}{R^2+(\omega L-1/\omega C)^2}$$

[3] (7.17)式で $\phi(t)=0$ とおき，(7.18)式を用いると，

$$L\frac{d^2Q(t)}{dt^2}+R\frac{dQ(t)}{dt}+\frac{1}{C}Q(t) = 0 \tag{1}$$

この微分方程式を初期条件 $Q(0)=Q$，$[dQ(t)/dt]_{t=0}=0$ のもとで解く．A, α を定数として，$Q(t)=Ae^{\alpha t}$ とおき(1)式に代入すると，$(L\alpha^2+R\alpha+1/C)A=0$ となり，$A \neq 0$ により，α は2次方程式 $L\alpha^2+R\alpha+1/C=0$ の根として与えられる．その2根は $\alpha_{1,2}=\{-R\pm\sqrt{R^2-4L/C}\}/2L$．一般解は $Q(t)=A_1e^{\alpha_1 t}+A_2e^{\alpha_2 t}$．初期条件により，$A_1+A_2=Q$，$\alpha_1A_1+\alpha_2A_2=0$．これを解いて，$A_1=-\alpha_2Q/(\alpha_1-\alpha_2)$，$A_2=\alpha_1Q/(\alpha_1-\alpha_2)$ を得る．よって，電荷 $Q(t)$ ならびに電流 $I(t)$ は

$$Q(t) = -\frac{Q}{\alpha_1-\alpha_2}(\alpha_2e^{\alpha_1 t}-\alpha_1e^{\alpha_2 t})$$

$$I(t) = \frac{dQ(t)}{dt} = -\frac{\alpha_1\alpha_2Q}{\alpha_1-\alpha_2}(e^{\alpha_1 t}-e^{\alpha_2 t})$$

$R^2>4L/C$ のとき，2根 $\alpha_{1,2}$ はともに実数で負になり，電流は時間 t が経過するにつれ単調に減衰する．一方，$R^2<4L/C$ のときは，2根は互いに共役な複素数になり，

$$I(t) = -\frac{2Q}{C\sqrt{4L/C-R^2}}e^{-(R/2L)t}\sin\left(\frac{\sqrt{4L/C-R^2}}{2L}t\right)$$

のように電流は振動しながら減衰する．

［注意］ $R^2=4L/C$ のとき，$Q(t)=(B_1+B_2t)e^{-(R/2L)t}$ とおいて(1)式に代入すると，(1)式が満たされることがわかる．定数 B_1, B_2 は初期条件により，$B_1=Q$，$B_2=(R/2L)Q$.

第 8 章

問題 8-1

[1] 電場が $E(t)=E_0\cos\omega t$ のとき，伝導電流は $i(t)=\sigma E_0\cos\omega t$，変位電流は $i_d(t)=-\varepsilon_0E_0\omega\sin\omega t$．大きさの比は $\varepsilon_0\omega/\sigma$．$\omega=2\pi\times 50\ s^{-1}$ の交流の場合，$\sigma\cong 10^7\ \Omega^{-1}\cdot m^{-1}$ の金属では $\varepsilon_0\omega/\sigma\cong 2.8\times 10^{-16}$，$\sigma\cong 10^{-15}\Omega^{-1}\cdot m^{-1}$ のガラスでは $\varepsilon_0\omega/\sigma\cong 2.8\times 10^6$.

[2] 2点 A, B にそれぞれ正負の点電荷 $\pm q$ が与えられたとすると，q は単位時間当り I の割合で減少する．点電荷 $\pm q$ が，xy 面上，原点から r' の距離にある点 P′ につくる電場の z 成分は

$$E_z(r', t) = -\frac{q(t)}{4\pi\varepsilon_0}\left\{\frac{a}{(r'^2+a^2)^{3/2}}-\frac{b}{(r'^2+b^2)^{3/2}}\right\}$$

したがって，$I=-dq(t)/dt$ により，点 P′ において xy 面を垂直に貫く変位電流の密度は

$$i_{dz}(r', t) = \varepsilon_0 \frac{\partial E_z(r', t)}{\partial t} = \frac{I}{4\pi}\left\{\frac{a}{(r'^2+a^2)^{3/2}} - \frac{b}{(r'^2+b^2)^{3/2}}\right\}$$

右図のように，xy 面上，原点を中心とする半径 r の円周 C にマクスウェル-アンペールの法則を適用する．対称性から明らかに，磁束密度 $\boldsymbol{B}$ は C に沿った向きに生じ，C 上で一定の大きさの値 $B(r)$ をとる．よって，C に沿っての $\boldsymbol{B}$ の線積分は $B(r)\cdot 2\pi r$．$a<0<b$ のとき，C を貫く電流は

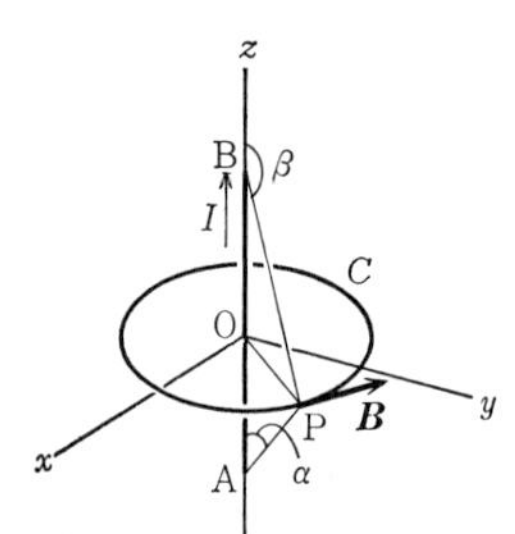

$$\begin{aligned}
I' &= I + \int_0^r i_{dz}(r', t)\cdot 2\pi r' dr' \\
&= I + \frac{I}{2}\int_0^r \left\{\frac{a}{(r'^2+a^2)^{3/2}} - \frac{b}{(r'^2+b^2)^{3/2}}\right\} r' dr' \\
&= I + \frac{I}{2}\left[-\frac{a}{(r'^2+a^2)^{1/2}} + \frac{b}{(r'^2+b^2)^{1/2}}\right]_0^r \\
&= I + \frac{I}{2}\left\{-\frac{a}{(r^2+a^2)^{1/2}} + \frac{b}{(r^2+b^2)^{1/2}} + \frac{a}{|a|} - \frac{b}{|b|}\right\} \\
&= \frac{I}{2}\left\{-\frac{a}{(r^2+a^2)^{1/2}} + \frac{b}{(r^2+b^2)^{1/2}}\right\} = \frac{I}{2}(\cos\alpha - \cos\beta)
\end{aligned}$$

ここで，C 上の 1 点を P とすると，α, β はそれぞれ直線 AP, BP が電流 I の流れる向き（z 軸の正の向き）となす角である．$b>a>0$ または $a<b<0$ のとき，同様にして，C を貫く電流は

$$I' = \int_0^r i_{dz}(r', t)\cdot 2\pi r' dr' = \frac{I}{2}(\cos\alpha - \cos\beta)$$

ゆえに，マクスウェル-アンペールの法則(8. 2)式により

$$B(r) = \frac{\mu_0 I'}{2\pi r} = \frac{\mu_0 I}{4\pi r}(\cos\alpha - \cos\beta)$$

これはビオ-サバールの法則による結果（例題 6. 3）とたしかに一致している．

[3] 点電荷 q が原点を通過した時刻を 0 とすると，時刻 t のときの q の位置は $\boldsymbol{r}_q = \boldsymbol{v}t$，$\boldsymbol{v} = (0, 0, v)$．このとき，点 $\boldsymbol{r}$ に生じる電場は

$$\boldsymbol{E}(\boldsymbol{r}, t) = \frac{q}{4\pi\varepsilon_0}\frac{\boldsymbol{r}-\boldsymbol{r}_q}{|\boldsymbol{r}-\boldsymbol{r}_q|^3}$$

点 $\boldsymbol{r}$ の z 軸からの距離 $\rho = (x^2+y^2)^{1/2}$ を用いると，$|\boldsymbol{r}-\boldsymbol{r}_q| = [\rho^2+(z-vt)^2]^{1/2}$．点 $\boldsymbol{r}$ において変位電流の z 成分は

$$i_{dz}(\rho, z, t) = \varepsilon_0 \frac{\partial E_z(\boldsymbol{r}, t)}{\partial t} = \frac{q}{4\pi}\frac{\partial}{\partial t}\left\{\frac{z-vt}{[\rho^2+(z-vt)^2]^{3/2}}\right\}$$

$$= \frac{qv}{4\pi}\left\{-\frac{1}{[\rho^2+(z-vt)^2]^{3/2}}+\frac{3(z-vt)^2}{[\rho^2+(z-vt)^2]^{5/2}}\right\}$$

xy 面に平行な，点 $(0, 0, z)$ を中心とする半径 ρ の円周 C にマクスウェル-アンペールの法則を適用する．磁場は C に沿った向きに生じるから，C 上での磁束密度 $\boldsymbol{B}$ の大きさを $B(\rho, z, t)$ とすると，C に沿っての $\boldsymbol{B}$ の線積分は $B(\rho, z, t)\cdot 2\pi\rho$. C を貫く電流は

$$I' = \int_0^\rho i_{\mathrm{d}z}(\rho', z, t)\cdot 2\pi\rho' d\rho'$$

$$= \frac{qv}{2}\int_0^\rho\left\{-\frac{1}{[\rho'^2+(z-vt)^2]^{3/2}}+\frac{3(z-vt)^2}{[\rho'^2+(z-vt)^2]^{5/2}}\right\}\rho' d\rho'$$

$$= \frac{qv}{2}\left[\frac{1}{[\rho'^2+(z-vt)^2]^{1/2}}-\frac{(z-vt)^2}{[\rho'^2+(z-vt)^2]^{3/2}}\right]_0^\rho = \frac{qv}{2}\frac{\rho^2}{[\rho^2+(z-vt)^2]^{3/2}}$$

よって，マクスウェル-アンペールの法則(8.2)式により，

$$B(\rho, z, t) = \frac{\mu_0 I'}{2\pi\rho} = \frac{\mu_0 qv}{4\pi}\frac{\rho}{[\rho^2+(z-vt)^2]^{3/2}}$$

点 $\boldsymbol{r}$ での磁束密度をベクトルの形で表わせば，$\boldsymbol{v}\times(\boldsymbol{r}-\boldsymbol{r}_q)=(-vy, vx, 0)$ により $|\boldsymbol{v}\times(\boldsymbol{r}-\boldsymbol{r}_q)|=v\rho$ となるから，

$$\boldsymbol{B}(\boldsymbol{r}, t) = \frac{\mu_0 q}{4\pi}\frac{\boldsymbol{v}\times(\boldsymbol{r}-\boldsymbol{r}_q)}{|\boldsymbol{r}-\boldsymbol{r}_q|^3}$$

[4] 導体表面上に x, y 軸をとり，点電荷 q が z 軸上を正の向きに運動するものとする．q の位置が表面から a の距離にあるとき，例題4.2で求めたように，表面上の点 $(x, y, 0)$ に生じる電場は表面に垂直で，その強さは $E(x, y, 0)=-qa/2\pi\varepsilon_0(x^2+y^2+a^2)^{3/2}$. 変位電流も表面に垂直であり，密度は $da/dt=v$ により

$$i_{\mathrm{d}}(x, y, 0) = \varepsilon_0\frac{\partial E(x, y, 0)}{\partial t} = -\frac{q}{2\pi}\frac{da}{dt}\frac{\partial}{\partial a}\left\{\frac{a}{(x^2+y^2+a^2)^{3/2}}\right\}$$

$$= -\frac{qv}{2\pi}\left\{\frac{1}{(x^2+y^2+a^2)^{3/2}}-\frac{3a^2}{(x^2+y^2+a^2)^{5/2}}\right\}$$

$$= -\frac{qv}{2\pi}\frac{x^2+y^2-2a^2}{(x^2+y^2+a^2)^{5/2}}$$

問題 8-2

[1] (1) $\boldsymbol{E}(-\boldsymbol{r}, t)=-\boldsymbol{E}(\boldsymbol{r}, t)$, $\boldsymbol{B}(-\boldsymbol{r}, t)=\boldsymbol{B}(\boldsymbol{r}, t)$. (2) $\boldsymbol{E}(\boldsymbol{r}, -t)=\boldsymbol{E}(\boldsymbol{r}, t)$, $\boldsymbol{B}(\boldsymbol{r}, -t)=-\boldsymbol{B}(\boldsymbol{r}, t)$. (3) $\boldsymbol{E}(-\boldsymbol{r}, -t)=-\boldsymbol{E}(\boldsymbol{r}, t)$, $\boldsymbol{B}(-\boldsymbol{r}, -t)=-\boldsymbol{B}(\boldsymbol{r}, t)$.

[2] $\nabla^2\boldsymbol{A}'-\varepsilon_0\mu_0\partial^2\boldsymbol{A}'/\partial t^2=\nabla^2\boldsymbol{A}-\varepsilon_0\mu_0\partial^2\boldsymbol{A}/\partial t^2+\nabla(\nabla^2\chi-\varepsilon_0\mu_0\partial^2\chi/\partial t^2)=-\mu_0\boldsymbol{i}$. $\nabla^2\phi'-\varepsilon_0\mu_0\cdot\partial^2\phi/\partial t^2=\nabla^2\phi-\varepsilon_0\mu_0\partial^2\phi/\partial t^2-\partial(\nabla^2\chi-\varepsilon_0\mu_0\partial^2\chi/\partial t^2)/\partial t=-\rho/\varepsilon_0$. $\nabla\cdot\boldsymbol{A}'+\varepsilon_0\mu_0\partial\phi'/\partial t=\nabla\cdot\boldsymbol{A}+\varepsilon_0\mu_0\partial\phi/\partial t+\nabla^2\chi-\varepsilon_0\mu_0\partial^2\chi/\partial t^2=0$. $-\partial\boldsymbol{A}'/\partial t-\nabla\phi'=-\partial\boldsymbol{A}/\partial t-\nabla\phi-\partial(\nabla\chi)/\partial t+\nabla(\partial\chi/\partial t)=\boldsymbol{E}$.

$\nabla\times\boldsymbol{A}'=\nabla\times\boldsymbol{A}-\nabla\times(\nabla\chi)=\boldsymbol{B}.$

問題 8-3

[1] (8.8)式と $\boldsymbol{E}$, (8.9)式と $\boldsymbol{B}$ とのスカラー積はそれぞれ $\boldsymbol{E}\cdot(\nabla\times\boldsymbol{B}-\varepsilon_0\mu_0\partial\boldsymbol{E}/\partial t)=\mu_0\boldsymbol{E}\cdot\boldsymbol{i}$, $\boldsymbol{B}\cdot(\nabla\times\boldsymbol{E}+\partial\boldsymbol{B}/\partial t)=0$. これら2式の両辺の差をとり，書き直すと，

$$\varepsilon_0\mu_0\boldsymbol{E}\cdot\partial\boldsymbol{E}/\partial t+\boldsymbol{B}\cdot\partial\boldsymbol{B}/\partial t+\boldsymbol{B}\cdot(\nabla\times\boldsymbol{E})-\boldsymbol{E}\cdot(\nabla\times\boldsymbol{B}) = -\mu_0\boldsymbol{E}\cdot\boldsymbol{i} \tag{1}$$

左辺のはじめの2項は

$$\varepsilon_0\mu_0\boldsymbol{E}\cdot\partial\boldsymbol{E}/\partial t+\boldsymbol{B}\cdot\partial\boldsymbol{B}/\partial t = \mu_0(1/2)\partial(\varepsilon_0E^2+\mu_0{}^{-1}B^2)/\partial t = \mu_0\partial u/\partial t \tag{2}$$

残りの2項は

$$\begin{aligned}
&\boldsymbol{B}\cdot(\nabla\times\boldsymbol{E})-\boldsymbol{E}\cdot(\nabla\times\boldsymbol{B})\\
&\quad= B_x(\partial E_z/\partial y-\partial E_y/\partial z)+B_y(\partial E_x/\partial z-\partial E_z/\partial x)+B_z(\partial E_y/\partial x-\partial E_x/\partial y)\\
&\qquad -E_x(\partial B_z/\partial y-\partial B_y/\partial z)-E_y(\partial B_x/\partial z-\partial B_z/\partial x)-E_z(\partial B_y/\partial x-\partial B_x/\partial y)\\
&\quad= \partial(E_yB_z-E_zB_y)/\partial x+\partial(E_zB_x-E_xB_z)/\partial y+\partial(E_xB_y-E_yB_x)/\partial z\\
&\quad= \partial(\boldsymbol{E}\times\boldsymbol{B})_x/\partial x+\partial(\boldsymbol{E}\times\boldsymbol{B})_y/\partial y+\partial(\boldsymbol{E}\times\boldsymbol{B})_z/\partial z\\
&\quad= \nabla\cdot(\boldsymbol{E}\times\boldsymbol{B}) = \mu_0\nabla\cdot\boldsymbol{S}
\end{aligned} \tag{3}$$

したがって，(1)～(3)式により，$\partial u/\partial t+\nabla\cdot\boldsymbol{S}=-\boldsymbol{E}\cdot\boldsymbol{i}$.

[2] 電場は導線の軸方向に一様に生じ，強さは $E=\phi/l$. また，例題6.7で求めたように，電流 I による磁場は軸のまわりを回転する向きに生じ，導線の表面での強さは $B=\mu_0\cdot I/2\pi a$. 右図のように，電場と磁場の向きは互いに垂直になり，ポインティング・ベクトルは導線の内側に向く．その大きさは表面で $S=\mu_0{}^{-1}E\cdot B=\phi I/2\pi al$. よって，面積 $2\pi al$ の表面をとおして導線に流れこむ電磁場のエネルギーは単位時間当り $S\cdot 2\pi al=\phi I$ となり，導線内に発生するジュール熱に等しい．

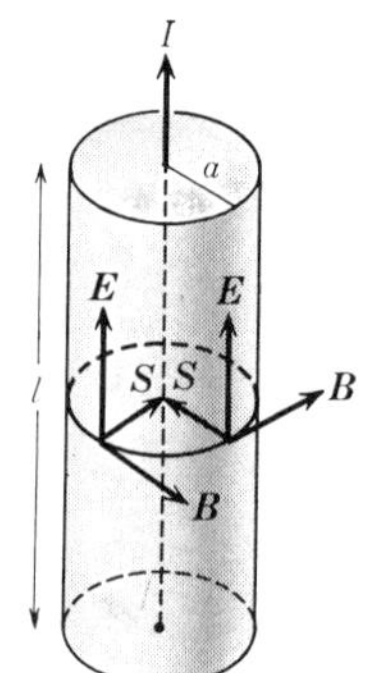

[3] 時刻 t での極板上の電荷を $\pm Q(t)$ とすると，極板間の一様な電場は $E(t)=Q(t)/\pi\varepsilon_0a^2$. 磁束密度は中心軸から r の距離にある点で $B(r,t)=-\mu_0\{dQ(t)/dt\}r/2\pi a^2$. 電場と磁束密度の向きは互いに垂直で，ポインティング・ベクトルは中心軸から放射状に生じる．その大きさは

$$S(r,t) = \frac{1}{\mu_0}E(t)B(r,t) = -\frac{r}{2\pi^2\varepsilon_0a^4}Q(t)\frac{dQ(t)}{dt} = -\frac{r}{4\pi^2\varepsilon_0a^4}\frac{d\{Q(t)\}^2}{dt}$$

両極板を底面とする円筒の側面 ($r=a$) から外へ流れ出る電磁場の全エネルギーは，極板の間隔を d として

$$2\pi ad\int_0^\infty S(a,t)dt = -\frac{d}{2\pi\varepsilon_0 a^2}\int_0^\infty \frac{d\{Q(t)\}^2}{dt}dt = \frac{d}{2\pi\varepsilon_0 a^2}\{Q(0)\}^2$$

$\varepsilon_0\pi a^2/d=C$ はコンデンサーの電気容量だから，この流出するエネルギーはコンデンサーにはじめ蓄えられていたエネルギー $\{Q(0)\}^2/2C$ に等しい．

[4]　AB を含む平面内で示すと，下図のようになる．

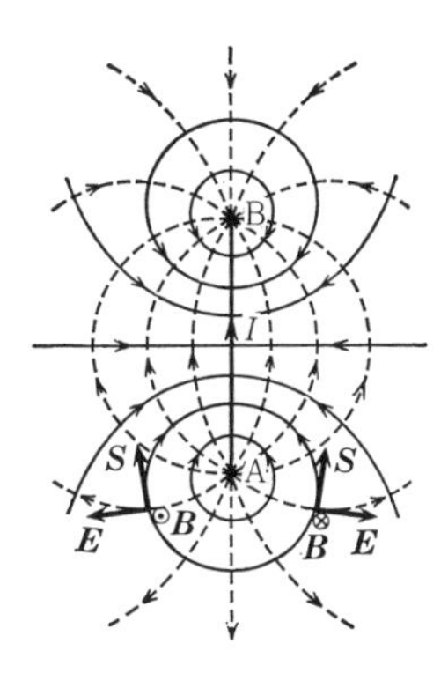

[5]　$\boldsymbol{r}-\boldsymbol{r}_q=(x,y,z-vt)$ が $\boldsymbol{v}$(z 軸)となす角を θ とすると，$|\boldsymbol{v}\times\boldsymbol{E}(\boldsymbol{r},t)|=vE(\boldsymbol{r},t)\sin\theta$ となり，$u(\boldsymbol{r},t)=(1/2)\varepsilon_0\{E(\boldsymbol{r},t)\}^2+(1/2\mu_0)\{B(\boldsymbol{r},t)\}^2=(1/2)\varepsilon_0\{E(\boldsymbol{r},t)\}^2\{1+(v/c)^2\sin^2\theta\}$．$v\ll c$ により，$(v/c)^2$ の項は無視でき，

$$u(\boldsymbol{r},t)=\frac{1}{2}\varepsilon_0\left(\frac{q}{4\pi\varepsilon_0}\right)^2\frac{1}{|\boldsymbol{r}-\boldsymbol{r}_q|^4}=\frac{q^2}{32\pi^2\varepsilon_0}\frac{1}{[x^2+y^2+(z-vt)^2]^2}$$

問題 1-2 問[5]の(2)で示した式 $\boldsymbol{A}\times(\boldsymbol{B}\times\boldsymbol{C})=(\boldsymbol{A}\cdot\boldsymbol{C})\boldsymbol{B}-(\boldsymbol{A}\cdot\boldsymbol{B})\boldsymbol{C}$ を用いると，$\boldsymbol{S}(\boldsymbol{r},t)=\mu_0^{-1}\boldsymbol{E}(\boldsymbol{r},t)\times\boldsymbol{B}(\boldsymbol{r},t)=\mu_0^{-1}c^{-2}\boldsymbol{E}(\boldsymbol{r},t)\times\{\boldsymbol{v}\times\boldsymbol{E}(\boldsymbol{r},t)\}=\varepsilon_0[\{E(\boldsymbol{r},t)\}^2\boldsymbol{v}-\{\boldsymbol{E}(\boldsymbol{r},t)\cdot\boldsymbol{v}\}\boldsymbol{E}(\boldsymbol{r},t)]$ となり，

$$\boldsymbol{S}(\boldsymbol{r},t)=\frac{q^2}{16\pi^2\varepsilon_0}\left\{\boldsymbol{v}-\frac{v(z-vt)}{x^2+y^2+(z-vt)^2}(\boldsymbol{r}-\boldsymbol{v}t)\right\}\frac{1}{[x^2+y^2+(z-vt)^2]^2}$$

(2)　$\alpha=q^2/16\pi^2\varepsilon_0$ とおくと，

$$\frac{\partial u}{\partial t}=\frac{\alpha}{2}\frac{\partial}{\partial t}\left\{\frac{1}{[x^2+y^2+(z-vt)^2]^2}\right\}=\alpha v\frac{2(z-vt)}{[x^2+y^2+(z-vt)^2]^3}$$

$$\frac{\partial S_x}{\partial x}=-\alpha v\frac{\partial}{\partial x}\left\{\frac{(z-vt)x}{[x^2+y^2+(z-vt)^2]^3}\right\}$$

$$=-\alpha v(z-vt)\left\{\frac{1}{[x^2+y^2+(z-vt)^2]^3}-\frac{6x^2}{[x^2+y^2+(z-vt)^2]^4}\right\}$$

$$\frac{\partial S_y}{\partial y}=-\alpha v(z-vt)\left\{\frac{1}{[x^2+y^2+(z-vt)^2]^3}-\frac{6y^2}{[x^2+y^2+(z-vt)^2]^4}\right\}$$

$$\frac{\partial S_z}{\partial z} = \alpha v \frac{\partial}{\partial z}\left\{\frac{1}{[x^2+y^2+(z-vt)^2]^2} - \frac{(z-vt)^2}{[x^2+y^2+(z-vt)^2]^3}\right\}$$

$$= \alpha v \frac{\partial}{\partial z}\left\{\frac{x^2+y^2}{[x^2+y^2+(z-vt)^2]^3}\right\} = \alpha v(z-vt)\frac{-6(x^2+y^2)}{[x^2+y^2+(z-vt)^2]^4}$$

よって，$\partial u/\partial t + \nabla\cdot\boldsymbol{S} = \partial u/\partial t + \partial S_x/\partial x + \partial S_y/\partial y + \partial S_z/\partial z = 0.$

問題 8-4

[1] $u(z,t) = \varepsilon_0(E_x{}^2+E_y{}^2)/2 + (B_x{}^2+B_y{}^2)/2\mu_0 = \varepsilon_0[\{f_1(z-ct)\}^2 + \{f_2(z-ct)\}^2 + \{g_1(z+ct)\}^2 + \{g_2(z+ct)\}^2]$. $S(z,t) = (E_xB_y - E_yB_x)/\mu_0 = (\varepsilon_0/\mu_0)^{1/2}[\{f_1(z-ct)\}^2 + \{f_2(z-ct)\}^2 - \{g_1(z+ct)\}^2 - \{g_2(z+ct)\}^2]$.

［注意］ $u_+(z,t) = \varepsilon_0[\{f_1(z-ct)\}^2 + \{f_2(z-ct)\}^2]$, $u_-(z,t) = \varepsilon_0[\{g_1(z+ct)\}^2 + \{g_2(z+ct)\}^2]$ とおくと，$u(z,t) = u_+(z,t) + u_-(z,t)$, $S(z,t) = c\{u_+(z,t) - u_-(z,t)\}$ となり，$u_\pm(z,t)$ のエネルギー密度がそれぞれ z 軸の正負の向きに光速 c で運ばれていることがわかる．

[2] このとき，例題 8.4 の関数はそれぞれ $f_1(z-ct) = E_0\cos(kz-\omega t)$, $f_2(z-ct) = g_1(z+ct) = g_2(z+ct) = 0$.

(1) 例題 8.4 の (7), (8) 式により，磁場は y 軸方向に $B(z,t) = (E_0/c)\cos(kz-\omega t)$.

(2) $u_{\mathrm{e}}(z,t) = (\varepsilon_0 E_0{}^2/2)\cos^2(kz-\omega t)$, $u_{\mathrm{m}}(z,t) = (E_0{}^2/2\mu_0 c^2)\cos^2(kz-\omega t) = (\varepsilon_0 E_0{}^2/2)\cos^2(kz-\omega t)$.

(3) $S(z,t) = (E_0{}^2/\mu_0 c)\cos^2(kz-\omega t) = (\varepsilon_0/\mu_0)^{1/2}E_0{}^2\cos^2(kz-\omega t)$.

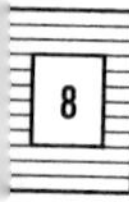

[3] 例題 8.4 の関数はそれぞれ $f_1(z-ct) = E_0\sin(kz-\omega t)$, $g_1(z+ct) = E_0\sin(kz+\omega t)$, $f_2(z-ct) = g_2(z+ct) = 0$. 重ね合わせによって生じる電場は

$$E(z,t) = E_0\sin(kz-\omega t) + E_0\sin(kz+\omega t) = 2E_0\sin kz\cos\omega t$$

例題 8.4 の (7), (8) 式により，磁場は y 軸方向に

$$B(z,t) = c^{-1}\{E_0\sin(kz-\omega t) - E_0\sin(kz+\omega t)\} = -2c^{-1}E_0\cos kz\sin\omega t$$

電場と磁場は，腹(振幅が最大の点)と節(振幅が 0 の点)の位置が交互にいれかわった定常波になる．電磁場のエネルギー密度ならびにポインティング・ベクトルは，上の問 [1] の結果により，

$$u(z,t) = \varepsilon_0 E_0{}^2\{\sin^2(kz-\omega t) + \sin^2(kz+\omega t)\}$$
$$= 2\varepsilon_0 E_0{}^2(\sin^2 kz\cos^2\omega t + \cos^2 kz\sin^2\omega t)$$
$$S(z,t) = (\varepsilon_0/\mu_0)^{1/2}E_0{}^2\{\sin^2(kz-\omega t) - \sin^2(kz+\omega t)\}$$
$$= -(\varepsilon_0/\mu_0)^{1/2}E_0{}^2\sin 2kz\sin 2\omega t$$

[4] (8.9) 式の回転をとると，$\nabla\times(\nabla\times\boldsymbol{E}) + \partial(\nabla\times\boldsymbol{B})/\partial t = 0$. 99 ページのワンポイントの (3) を使って左辺の第 1 項を変形し，さらにガウスの法則 $\nabla\cdot\boldsymbol{E} = 0$ を用いると，$\nabla\times(\nabla\times\boldsymbol{E}) = \nabla(\nabla\cdot\boldsymbol{E}) - \nabla^2\boldsymbol{E} = -\nabla^2\boldsymbol{E}$. 第 2 項は (8.8) 式で $\boldsymbol{i} = 0$ とおくことにより，$\partial(\nabla\times\boldsymbol{B})/$

$\partial t=\varepsilon_0\mu_0\partial^2\boldsymbol{E}/\partial t^2$．したがって，$\nabla^2\boldsymbol{E}-\varepsilon_0\mu_0\partial^2\boldsymbol{E}/\partial t^2=0$．同様に，(8.8)式で$\boldsymbol{i}=0$とおいてから回転をとると，$\nabla\times(\nabla\times\boldsymbol{B})-\varepsilon_0\mu_0\partial(\nabla\times\boldsymbol{E})/\partial t=0$．左辺の第1項を変形し，(8.7)式を用いると，$\nabla\times(\nabla\times\boldsymbol{B})=\nabla(\nabla\cdot\boldsymbol{B})-\nabla^2\boldsymbol{B}=-\nabla^2\boldsymbol{B}$．第2項は(8.9)式により，$\partial(\nabla\times\boldsymbol{E})/\partial t=-\partial^2\boldsymbol{B}/\partial t^2$．したがって，$\nabla^2\boldsymbol{B}-\varepsilon_0\mu_0\partial^2\boldsymbol{B}/\partial t^2=0$．

第 9 章

問題 9-1

[1] 負電荷の中心からuの距離にある点において，例題2.6で求めたように，一様な密度$\rho=-e/(4\pi a^3/3)$の負電荷による電場は$E=\rho u/3\varepsilon_0=-eu/4\pi\varepsilon_0 a^3$．外からの電場$E_0$および$E$が正の点電荷に及ぼす力は互いに逆向き．それらの力がつり合うとすると，$E_0=-E=eu/4\pi\varepsilon_0 a^3$．このモデルの電気双極子モーメントの大きさは$p=eu=4\pi\varepsilon_0 a^3 E_0$．分極率$\alpha$は(9.1)式のように$p=\alpha E_0$とおいて$\alpha=4\pi\varepsilon_0 a^3$，$\alpha=7.4\times10^{-41}\ \mathrm{C^2\cdot N^{-1}\cdot m}$に対し，$a=8.7\times10^{-11}$ m．

[2] 酸素原子の中心に$-q$，水素原子の中心にそれぞれ$q/2$の電荷があるとすれば，電気双極子モーメントの大きさは$p=q\times9.6\times10^{-11}\cos(105°/2)=q\times5.85\times10^{-11}=6.14\times10^{-30}$．よって，$q=1.05\times10^{-19}$ C．水素原子は電子1個をもち，その電荷は1.60×10^{-19} C．$(1.05\div2)\div1.60=0.33$により，平均で電子の33%が酸素原子に移ったことになる．

[3] 窒素ガスに電場Eがかかったとき，(9.7)式により，生じる分極ベクトルは$P=\chi_{\mathrm{e}}E$．気体のように希薄な物質では，分極によって生じる電場は弱く，マクロな電場Eがそのまま個々の窒素分子にかかるとしてよい．すると，単位体積当りの分子数をnとして，(9.1)，(9.2)式により，$P=n\alpha E$となり，$\chi_{\mathrm{e}}=n\alpha$を得る．$n=6.02\times10^{23}\div(22.4\times10^{-3})=2.69\times10^{25}\ \mathrm{m^{-3}}$，$\alpha=1.93\times10^{-40}\ \mathrm{C^2\cdot N^{-1}\cdot m}$により，$\chi_{\mathrm{e}}=5.19\times10^{-15}\ \mathrm{C^2\cdot N^{-1}\cdot m^{-2}}$．(9.8)，(9.9)式により，比誘電率は$\kappa=1+\chi_{\mathrm{e}}/\varepsilon_0=1+5.19\times10^{-15}\div(8.85\times10^{-12})=1.00059$．

[4] 例題9.2の結果を用いると，誘電体球の電気双極子モーメントは

$$\boldsymbol{p}=\frac{4}{3}\pi a^3\boldsymbol{P}=4\pi\varepsilon_0\frac{\varepsilon-\varepsilon_0}{\varepsilon+2\varepsilon_0}a^3\boldsymbol{E}_0$$

$\varepsilon\to\infty$とすると，$\boldsymbol{p}=4\pi\varepsilon_0 a^3\boldsymbol{E}_0$となり，導体球の場合(例題4.3)に一致する．

問題 9-2

[1] 境界条件(9.15)式により，誘電体内の電場の法線成分は$E_n=(\varepsilon_0/\varepsilon)E_0\cos\theta$．誘電体の表面での分極電荷密度の大きさ$\sigma_{\mathrm{p}}$は，(9.5)式により，分極ベクトルの法線成分$P_n$に等しく，$\sigma_{\mathrm{p}}=P_n=(\varepsilon-\varepsilon_0)E_n=(1-\varepsilon_0/\varepsilon)\varepsilon_0 E_0\cos\theta$．

[2] (1) 空洞の両端に分極電荷が生じるが，空洞を十分に細くすれば，その影響は

無視できる．$\boldsymbol{E}$ に平行な円筒の側面で電場の接線成分が連続であることにより，$\boldsymbol{E}'=\boldsymbol{E}$.

(2)　空洞の両面に生じる分極電荷により，空洞内の電場は誘電体内と異なる．空洞が十分に薄ければ，電場は空洞の面に垂直で，$\boldsymbol{E}$ に平行としてよい．電束密度の法線成分が空洞の面で連続であることにより，$\boldsymbol{E}'=(\varepsilon/\varepsilon_0)\boldsymbol{E}$.

(3)　ヒントにしたがい，空洞面上に面密度 $\sigma_{\rm p}'=-|\boldsymbol{P}'|\cos\theta$ の分極電荷が現われたとする．例題 4.3 ならびに例題 9.2 を参考にすればわかるように，$\sigma_{\rm p}'$ の電荷分布によって生じる電場は，空洞内では $\boldsymbol{P}'/3\varepsilon_0$，空洞外では球の中心におかれた電気双極子モーメント $\boldsymbol{p}'=-(4\pi a^3/3)\boldsymbol{P}'$ による電場と同じである（a は空洞の半径）．よって，全体の電場は，空洞内で $\boldsymbol{E}'=\boldsymbol{E}+\boldsymbol{P}'/3\varepsilon_0$，空洞外で（問題 2-7 問[1]で示した結果を用いて），

$$\boldsymbol{E}''=\boldsymbol{E}-\frac{1}{4\pi\varepsilon_0|\boldsymbol{r}|^3}\left\{\boldsymbol{p}'-\frac{3(\boldsymbol{p}'\cdot\boldsymbol{r})\boldsymbol{r}}{|\boldsymbol{r}|^2}\right\}=\boldsymbol{E}+\frac{a^3}{3\varepsilon_0|\boldsymbol{r}|^3}\left\{\boldsymbol{P}'-\frac{3(\boldsymbol{P}'\cdot\boldsymbol{r})\boldsymbol{r}}{|\boldsymbol{r}|^2}\right\}$$

$|\boldsymbol{r}|=a$ の空洞面上で，法線方向の単位ベクトルが $\boldsymbol{r}/a$ だから，境界条件は $\varepsilon_0\boldsymbol{E}'\cdot\boldsymbol{r}/a=\varepsilon\boldsymbol{E}''\cdot\boldsymbol{r}/a$ となり，

$$\varepsilon_0(\boldsymbol{E}+\boldsymbol{P}'/3\varepsilon_0)\cdot\boldsymbol{r}=\varepsilon(\boldsymbol{E}-2\boldsymbol{P}'/3\varepsilon_0)\cdot\boldsymbol{r}$$

この式が空洞面上の任意の点 $\boldsymbol{r}$ に対し成り立つから，$\boldsymbol{P}'=3\varepsilon_0(\varepsilon-\varepsilon_0)\boldsymbol{E}/(2\varepsilon+\varepsilon_0)$ となり，$\boldsymbol{E}'=3\varepsilon\boldsymbol{E}/(2\varepsilon+\varepsilon_0)$.

［注意］　空洞をつくっても誘電体内の分極ベクトルが変化せず $\boldsymbol{P}=(\varepsilon-\varepsilon_0)\boldsymbol{E}$ のままとしてよい場合，空洞内の電場は $\boldsymbol{E}'=\boldsymbol{E}+\boldsymbol{P}/3\varepsilon_0=(\varepsilon+2\varepsilon_0)\boldsymbol{E}/3\varepsilon_0$．これは誘電体内の個々の分子にはたらく電場を表わしており，**ローレンツ電場**と呼ばれる．

[3]　誘電体内に生じる電場と電束密度はともに一様で，極板や境界面に対し垂直な向きにある．境界条件(9.15)式により，両誘電体内の電束密度は互いに等しい．その電束密度を D とおくと，誘電体 1, 2 内の電場の強さは(9.8)式により $E_1=D/\varepsilon_1$，$E_2=D/\varepsilon_2$．極板間の電位差が $\Delta\phi$ だから，$\Delta\phi=E_1d_1+E_2d_2=(d_1/\varepsilon_1+d_2/\varepsilon_2)D$．よって，$D=\Delta\phi/(d_1/\varepsilon_1+d_2/\varepsilon_2)$，$E_1=\Delta\phi/\varepsilon_1(d_1/\varepsilon_1+d_2/\varepsilon_2)$，$E_2=\Delta\phi/\varepsilon_2(d_1/\varepsilon_1+d_2/\varepsilon_2)$．誘電体 1, 2 にそれぞれ生じる分極ベクトル P_1, P_2 は，(9.6)式の $D=\varepsilon_0E_1+P_1=\varepsilon_0E_2+P_2$ の関係により，

$$P_1=\Delta\phi\left(1-\frac{\varepsilon_0}{\varepsilon_1}\right)\Big/\left(\frac{d_1}{\varepsilon_1}+\frac{d_2}{\varepsilon_2}\right),\qquad P_2=\Delta\phi\left(1-\frac{\varepsilon_0}{\varepsilon_2}\right)\Big/\left(\frac{d_1}{\varepsilon_1}+\frac{d_2}{\varepsilon_2}\right)$$

したがって，境界面に現われる分極電荷の面密度は

$$\sigma_{\rm p}=P_1-P_2=\Delta\phi\left(\frac{\varepsilon_0}{\varepsilon_2}-\frac{\varepsilon_0}{\varepsilon_1}\right)\Big/\left(\frac{d_1}{\varepsilon_1}+\frac{d_2}{\varepsilon_2}\right)$$

[4]　極板上の電荷を $\pm q$ とすると，(9.11)式により，電束密度は $D=q/A$．よって，前問で求めた D を用いると，コンデンサーの電気容量 C およびエネルギー U はそれぞれ

$$C = \frac{q}{\Delta\phi} = \frac{AD}{\Delta\phi} = \frac{A}{d_1/\varepsilon_1 + d_2/\varepsilon_2}, \qquad U = \frac{1}{2}C(\Delta\phi)^2 = \frac{A(\Delta\phi)^2}{2(d_1/\varepsilon_1 + d_2/\varepsilon_2)}$$

[5] 点電荷 q を含み誘電体の表面に垂直な平面内で，$q>0$ として電場の様子を示すと右図のようになる．表面上の点 $(x, y, 0)$ に現われる分極電荷の面密度は

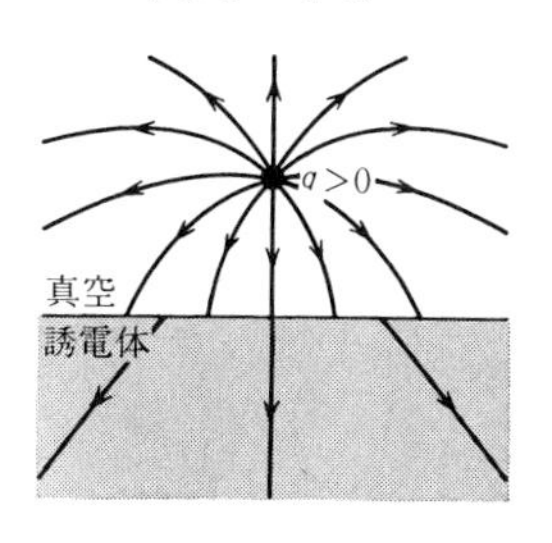

$$\sigma_p(x, y) = (\varepsilon - \varepsilon_0)E_{2z}(x, y, 0)$$
$$= -\frac{(\varepsilon - \varepsilon_0)q''}{4\pi\varepsilon_0}\frac{a}{(x^2+y^2+a^2)^{3/2}}$$
$$= -\frac{\varepsilon - \varepsilon_0}{\varepsilon + \varepsilon_0}\frac{q}{2\pi}\frac{a}{(x^2+y^2+a^2)^{3/2}}$$

問題 9-3

[1] 磁束密度および磁場の強さをそれぞれ真空中で $\boldsymbol{B}_1, \boldsymbol{H}_1$，磁石内で $\boldsymbol{B}_2, \boldsymbol{H}_2$ とする．

(1) 広くて平らな誘電体の板が面に垂直に一様な分極ベクトル $\boldsymbol{P}$ をもつとき，両面にそれぞれ面密度 $\pm\sigma_p = \pm|\boldsymbol{P}|$ の分極電荷が一様に現われる．4-4 節の平行板コンデンサーの場合と同様に，電場は誘電体内のみに生じ，面に垂直に一様．これを面に垂直に磁化した板磁石の問題に対応させれば，磁場が生じるのは磁石内だけであり，面に垂直に一様に生じることがわかる．したがって，$\boldsymbol{B}_1$ と $\boldsymbol{H}_1$ はともに 0．境界条件(9.25)式により，$\boldsymbol{B}_2$ も 0．$\boldsymbol{H}_2$ は $\boldsymbol{B}_2 = \mu_0\boldsymbol{H}_2 + \boldsymbol{M} = 0$ により，$\boldsymbol{H}_2 = -\boldsymbol{M}/\mu_0$．このように，磁石内の磁場の強さ $\boldsymbol{H}_2$ は磁化ベクトル $\boldsymbol{M}$ を打ち消す向きに生じる．これを**反磁場**という．

(2) 同じ誘電体の板が面に平行に分極しているとき，分極電荷は板の両端に現われるが，厚さに比べて板が十分に広ければ，それらの分極電荷のつくる電場は無視でき，電場は誘電体の内外いずれにも存在しない．面に平行に磁化した板磁石の問題においても，$\boldsymbol{B}_1 = \boldsymbol{H}_1 = 0$．境界条件(9.24)式により，$\boldsymbol{H}_2 = 0$．また，$\boldsymbol{B}_2 = \mu_0\boldsymbol{H}_2 + \boldsymbol{M} = \boldsymbol{M}$.

(3) 例題 9.2 ならびに問題 9-1 問[4]を参考にすればわかるように，一様な分極ベクトル $\boldsymbol{P}$ をもつ誘電体球のつくる電場は，球内では $-\boldsymbol{P}/3\varepsilon_0$，球外ではモーメント $\boldsymbol{p} = (4\pi a^3/3)\boldsymbol{P}$ の電気双極子が球の中心に位置するとき生じる電場と同じである．球状の磁石の場合も同様であり，$\boldsymbol{H}_2 = -\boldsymbol{M}/3\mu_0$，$\boldsymbol{B}_2 = \mu_0\boldsymbol{H}_2 + \boldsymbol{M} = 2\boldsymbol{M}/3$．真空中の磁場 $\boldsymbol{B}_1, \boldsymbol{H}_1$ は中心におかれた磁気双極子モーメント $\boldsymbol{m} = (4\pi a^3/3)\boldsymbol{M}$ がつくる磁場と同じである(磁気双極子モーメントのつくる磁場については 6-4 節参照のこと)．

[2] 一様な分極ベクトル $\boldsymbol{P}$ をもつ棒状の誘電体の場合，棒の両端にそれぞれ面密度 $\pm\sigma_p = \pm|\boldsymbol{P}|$ の分極電荷が現われる．電場は端の両側の領域において互いに逆向きに生

じ，端付近での強さは $|\boldsymbol{P}|/2\varepsilon_0$．一方，棒が十分に細長いならば，棒の中心付近の電場は0と見なせる．これを問題の棒磁石の場合に対応させると，P_1～P_5 の各点における磁場の強さ $\boldsymbol{H}$ は，$\boldsymbol{H}_1=\boldsymbol{M}/2\mu_0$，$\boldsymbol{H}_2=-\boldsymbol{M}/2\mu_0$，$\boldsymbol{H}_3=0$，$\boldsymbol{H}_4=-\boldsymbol{M}/2\mu_0$，$\boldsymbol{H}_5=\boldsymbol{M}/2\mu_0$．磁束密度 $\boldsymbol{B}$ は $\boldsymbol{B}=\mu_0\boldsymbol{H}+\boldsymbol{M}$ により，$\boldsymbol{B}_1=\boldsymbol{M}/2$，$\boldsymbol{B}_2=\boldsymbol{M}/2$，$\boldsymbol{B}_3=\boldsymbol{M}$，$\boldsymbol{B}_4=\boldsymbol{M}/2$，$\boldsymbol{B}_5=\boldsymbol{M}/2$．以上のことをふまえながら，$\boldsymbol{H}$ や $\boldsymbol{B}$ の様子を示すと下図のようになる(ただし，図では幅を大きくした)．

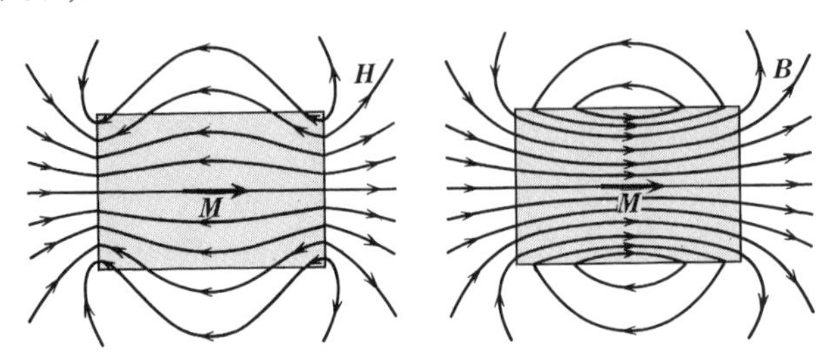

[3] $B=\mu\mu_0 NI/(\mu_0 l+\mu x)=1.1\times10^{-1}$ T．磁場のエネルギーは $U=LI^2/2=\mu\mu_0 N^2 AI^2/2(\mu_0 l+\mu x)=B^2A(l/\mu+x/\mu_0)/2$．コイル全体を貫く磁束 $\Phi=N\cdot BA$ を一定にしたまま x をわずか Δx だけ変えるときエネルギーの変化は $\Delta U=B^2A\Delta x/2\mu_0$．隙間の両面が引きあう力の大きさを F とすれば，$F\Delta x=\Delta U$．したがって，$F=B^2A/2\mu_0=4.8$ N．

［注意］ ここでは，コイルを貫く磁束 Φ を一定にしたまま x を Δx だけ変化させて力 F を求めたが，問題 7-4 問[4]のように，コイルを流れる電流の強さIを一定にしたまま x を変化させても力 F を求めることができる．各自，確かめよ．

[4] 磁場の強さを磁石内で H，隙間で H_0 とすると，例題9.5と同様に，磁石内ならびに隙間に生じる磁束密度が互いに等しいので，$\mu_0 H+M=\mu_0 H_0$．磁石の中心軸に沿ってアンペールの法則(9.19)式を適用すると，$(2\pi a-x)H+xH_0=0$．これら2式から H を消去して，$H_0=(1-x/2\pi a)M/\mu_0$．

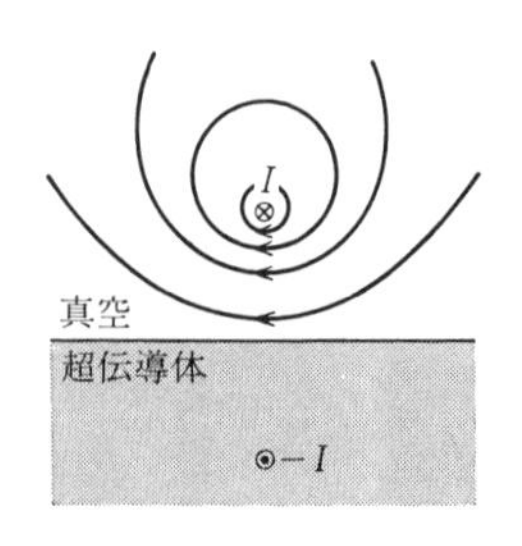

[5] ヒントにしたがい，真空中の磁場が，電流 I および超伝導体の表面に関して I の対称な位置に I と逆向きに流れる仮想的な電流 $I'=-I$ によってつくられると考えれば，表面において磁束密度は面に平行になり垂直成分が0という境界条件を満たすことができる．電流 I に垂直な平面内で，磁束密度の様子を示すと右図のようになる．I が超伝導体から受ける力 F は I' から受ける力に等しい．(6.14)式により，力 F の大きさは単位長さ当り $F=\mu_0 I^2/4\pi a$．I, I' が互いに逆向きに流れるから，F は斥力．

第 10 章

問題 10-1

[1] $\tilde{k}=k+ik'$ とおいて例題 10.1 の(9)式に代入すると，$k^2-k'^2=\varepsilon\mu\omega^2$, $2kk'=-\mu\sigma\omega$. これら 2 式から k' を消去して書き直せば，$4k^4-4\varepsilon\mu\omega^2k^2-(\mu\sigma\omega)^2=0$. これを解くと問題の式が得られる．$k'$ についても，$4k'^4+4\varepsilon\mu\omega^2k'^2-(\mu\sigma\omega)^2=0$ が成り立ち，同様の式を得る．

[2] 例題 10.1 の(11)式および前問で示した式を使うと，

$$\frac{u_{\mathrm{e}}}{u_{\mathrm{m}}}=\varepsilon\mu\frac{|E_x|^2}{|B_y|^2}=\frac{\varepsilon\mu\omega^2}{|\tilde{k}|^2}=\frac{\varepsilon\mu\omega^2}{k^2+k'^2}=\frac{1}{[1+(\sigma/\omega\varepsilon)^2]^{1/2}}$$

[3] $\omega=2\pi\times50\ \mathrm{s}^{-1}$ の場合，エネルギー密度の比は銅で 4.8×10^{-17}，ガラスで 1. $\omega=2\pi\times1\times10^{10}\ \mathrm{s}^{-1}$ の場合，銅で 9.6×10^{-9}，ガラスで 1.

[4] (10.4)式の回転をとると，$\nabla\times(\nabla\times\boldsymbol{E})+\partial(\nabla\times\boldsymbol{B})/\partial t=0$. 99 ページのワンポイントの(3)を使って左辺の第 1 項を変形し，さらに(10.1)式の $\nabla\cdot\boldsymbol{E}=\rho/\varepsilon$ の右辺が $\boldsymbol{r}$ によらないことに注意すると，$\nabla\times(\nabla\times\boldsymbol{E})=\nabla(\nabla\cdot\boldsymbol{E})-\nabla^2\boldsymbol{E}=-\nabla^2\boldsymbol{E}$. 第 2 項は(10.3), (9.8), (9.23)式およびオームの法則 $\boldsymbol{i}=\sigma\boldsymbol{E}$ を用いると，$\partial(\nabla\times\boldsymbol{B})/\partial t=\varepsilon\mu\partial^2\boldsymbol{E}/\partial t^2+\mu\sigma\partial\boldsymbol{E}/\partial t$. したがって，$\nabla^2\boldsymbol{E}-\varepsilon\mu\partial^2\boldsymbol{E}/\partial t^2-\mu\sigma\partial\boldsymbol{E}/\partial t=0$. 同様に，(10.3)式で $\boldsymbol{i}=\sigma\boldsymbol{E}$ とおいてから回転をとると，$\nabla\times(\nabla\times\boldsymbol{B})-\varepsilon\mu\partial(\nabla\times\boldsymbol{E})/\partial t=\mu\sigma(\nabla\times\boldsymbol{E})$. 左辺の第 1 項を変形し，(10.2)式を用いると，$\nabla\times(\nabla\times\boldsymbol{B})=\nabla(\nabla\cdot\boldsymbol{B})-\nabla^2\boldsymbol{B}=-\nabla^2\boldsymbol{B}$. 第 2 項と右辺の $(\nabla\times\boldsymbol{E})$ については，(10.4)式により，$\nabla\times\boldsymbol{E}=-\partial\boldsymbol{B}/\partial t$. したがって，$\nabla^2\boldsymbol{B}-\varepsilon\mu\partial^2\boldsymbol{B}/\partial t^2-\mu\sigma\partial\boldsymbol{B}/\partial t=0$.

問題 10-2

[1] 電気感受率 $\tilde{\chi}_{\mathrm{e}}(\omega)$ および電場 $\tilde{\boldsymbol{E}}(t)$ をそれぞれ実数部と虚数部に分け，$\tilde{\chi}_{\mathrm{e}}(\omega)=\chi_{\mathrm{e}}(\omega)+i\chi_{\mathrm{e}}'(\omega)$, $\tilde{\boldsymbol{E}}(t)=\boldsymbol{E}(t)+i\boldsymbol{E}'(t)$ と表わすと，例題 10.2 の(7)式の実数部は $\boldsymbol{P}(t)=\mathrm{Re}\{\tilde{\chi}_{\mathrm{e}}(\omega)\tilde{\boldsymbol{E}}(t)\}=\mathrm{Re}\{[\chi_{\mathrm{e}}(\omega)+i\chi_{\mathrm{e}}'(\omega)][\boldsymbol{E}(t)+i\boldsymbol{E}'(t)]\}=\chi_{\mathrm{e}}(\omega)\boldsymbol{E}(t)-\chi_{\mathrm{e}}'(\omega)\boldsymbol{E}'(t)$. (4)式により $\boldsymbol{E}(t)=\boldsymbol{E}_0\cos(\omega t+\alpha)$, $\boldsymbol{E}'(t)=\boldsymbol{E}_0\sin(\omega t+\alpha)$ だから，分極ベクトルの時間変化にともなう電流(これを**分極電流**という)の密度は $\boldsymbol{i}_{\mathrm{p}}(t)=\partial\boldsymbol{P}(t)/\partial t=-\omega\chi_{\mathrm{e}}(\omega)\boldsymbol{E}_0\sin(\omega t+\alpha)-\omega\chi_{\mathrm{e}}'(\omega)\boldsymbol{E}_0\cos(\omega t+\alpha)$. 電場 $\boldsymbol{E}(t)$ が電子に対してする仕事は単位体積，単位時間当り，$W(t)=\boldsymbol{i}_{\mathrm{p}}(t)\cdot\boldsymbol{E}(t)=-\omega\chi_{\mathrm{e}}(\omega)E_0{}^2\sin(\omega t+\alpha)\cos(\omega t+\alpha)-\omega\chi_{\mathrm{e}}'(\omega)E_0{}^2\cos^2(\omega t+\alpha)$.

$$\int_0^T\sin(\omega t+\alpha)\cos(\omega t+\alpha)dt=\frac{1}{2}\int_0^T\sin 2(\omega t+\alpha)dt=0$$

$$\int_0^T\cos^2(\omega t+\alpha)dt=\frac{1}{2}\int_0^T\{1+\cos 2(\omega t+\alpha)\}\,dt=\frac{1}{2}T$$

により，1周期 $T(=2\pi/\omega)$ の間の仕事 $W(t)$ の時間平均は

$$\overline{W}=\frac{1}{T}\int_0^T W(t)dt = -\frac{1}{2}\omega\chi_e'(\omega)E_0{}^2$$

(8)式により $\chi_e'(\omega)=-Nze^2\omega/m\tau[(\omega_0{}^2-\omega^2)^2+(\omega/\tau)^2]$．$\chi_e'(\omega)<0$ だから，$\overline{W}>0$．このように，誘電体内の電子は電場から仕事をされる．しかし，電子の運動エネルギーは増加せず，その仕事は抵抗力のため失われ熱になる．

[2] 誘電体1,2での光速をそれぞれ v_1, v_2，電磁波の角振動数を ω とする．右図のように，入射した電磁波の波面ABは1周期 $2\pi/\omega$ ののちには誘電体2に入って $A'B'$ に達する，$\overline{BB'}$，$\overline{AA'}$ はそれぞれ誘電体1,2の中での波長であり，$\overline{BB'}=\lambda_1=2\pi v_1/\omega$，$\overline{AA'}=\lambda_2=2\pi v_2/\omega$．図から明らかに，

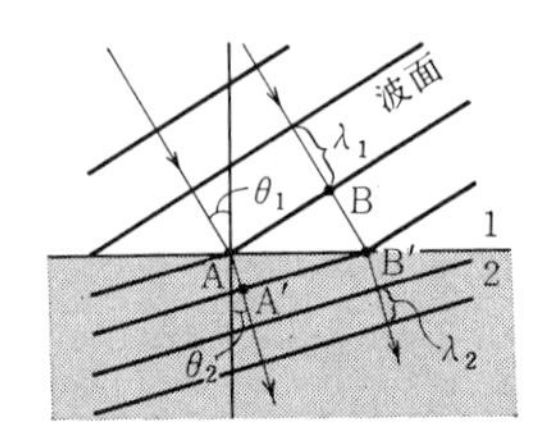

$\overline{BB'}=\overline{AB'}\sin\theta_1$，$\overline{AA'}=\overline{AB'}\sin\theta_2$．よって，$\overline{BB'}/\overline{AA'}=\sin\theta_1/\sin\theta_2=\lambda_1/\lambda_2=v_1/v_2$．(10.8)式のように，$v_1=c/n_1$，$v_2=c/n_2$ だから，$v_1/v_2=n_2/n_1$ となり，屈折の法則 $\sin\theta_1/\sin\theta_2=n_2/n_1$ を得る．右辺の n_2/n_1 を物質2の1に対する**相対屈折率**という．

[3] 電磁波が誘電体1から2へ入射する向きを z 軸の正の向きとし，電場，磁場の振動する方向にそれぞれ x 軸，y 軸をとる．誘電体1,2での光速を v_1, v_2，電磁波の角振動数を ω として，問題8-4 問[2]のように，入射波，反射波，透過波の電場をそれぞれ

$$E_1(z,t) = E_1\cos(k_1z-\omega t)$$
$$E_1'(z,t) = E_1'\cos(k_1z+\omega t)$$
$$E_2(z,t) = E_2\cos(k_2z-\omega t)$$

と表わすことにする．ただし，$k_{1,2}=\omega/v_{1,2}$ であり，境界面を $z=0$ とした．例題8.4の(1),(7)式を参考にすれば，入射波，反射波，透過波の磁場はそれぞれ

$$B_1(z,t) = (E_1/v_1)\cos(k_1z-\omega t)$$
$$B_1'(z,t) = -(E_1'/v_1)\cos(k_1z+\omega t)$$
$$B_2(z,t) = (E_2/v_2)\cos(k_2z-\omega t)$$

(9.14),(9.24)式の境界条件を $z=0$ の境界面に適用すると，$E_1+E_1'=E_2$，$(E_1-E_1')/\mu_1v_1=E_2/\mu_2v_2$．これらの式を E_1', E_2 について解き，(10.7)式のように，$v_{1,2}=1/\sqrt{\varepsilon_{1,2}\mu_{1,2}}$ であることを用いると，

$$E_1' = \frac{\sqrt{\varepsilon_1/\mu_1}-\sqrt{\varepsilon_2/\mu_2}}{\sqrt{\varepsilon_1/\mu_1}+\sqrt{\varepsilon_2/\mu_2}}E_1, \qquad E_2 = \frac{2\sqrt{\varepsilon_1/\mu_1}}{\sqrt{\varepsilon_1/\mu_1}+\sqrt{\varepsilon_2/\mu_2}}E_1$$

入射波，反射波，透過波のエネルギーの流れ(ポインティング・ベクトルの大きさ)はそれぞれ境界面において $S_1(0,t)=\mu_1{}^{-1}E_1(0,t)B_1(0,t)=\sqrt{\varepsilon_1/\mu_1}E_1{}^2\cos^2\omega t$，$S_1'(0,t)=\sqrt{\varepsilon_1/\mu_1}E_1'^2\cos^2\omega t$，$S_2(0,t)=\sqrt{\varepsilon_2/\mu_2}E_2{}^2\cos^2\omega t$．したがって，反射率 R ならびに透過率 T は，

$$R = \frac{S_1'(0,t)}{S_1(0,t)} = \frac{E_1'^2}{E_1^2} = \left(\frac{\sqrt{\varepsilon_1/\mu_1}-\sqrt{\varepsilon_2/\mu_2}}{\sqrt{\varepsilon_1/\mu_1}+\sqrt{\varepsilon_2/\mu_2}}\right)^2$$

$$T = \frac{S_2(0,t)}{S_1(0,t)} = \frac{\sqrt{\varepsilon_2/\mu_2}\,E_2^2}{\sqrt{\varepsilon_1/\mu_1}\,E_1^2} = \frac{4\sqrt{\varepsilon_1/\mu_1}\sqrt{\varepsilon_2/\mu_2}}{(\sqrt{\varepsilon_1/\mu_1}+\sqrt{\varepsilon_2/\mu_2})^2}$$

R と T の間には明らかに $R+T=1$ の関係が成り立つ．とくに，$\mu_1=\mu_2=\mu_0$ としてよい場合，誘電体 1, 2 の絶対屈折率 $n_{1,2}=c/v_{1,2}=\sqrt{\varepsilon_{1,2}/\varepsilon_0}$ を用いて，

$$R = \left(\frac{n_1-n_2}{n_1+n_2}\right)^2, \qquad T = \frac{4n_1n_2}{(n_1+n_2)^2}$$

[4] 例題 10.3 で求めたように，$l=(1/\pi\mu\sigma f)^{1/2}$．真空中での波長は $\lambda=c/f$.

(1) $l=6.6\times10^{-5}$ m．$\lambda=3.0\times10^2$ m の 2.2×10^{-7} 倍.

(2) $l=6.6\times10^{-7}$ m．$\lambda=3.0\times10^{-2}$ m の 2.2×10^{-5} 倍.

(3) $l=2.1\times10^{-9}$ m．$\lambda=3.0\times10^{-7}$ m の 7.0×10^{-3} 倍.

[5] 例題 10.2 のように，電場 $\boldsymbol{E}(t)$ や速度 $\boldsymbol{v}(t)$ を複素数を用いて，$\boldsymbol{E}(t)=\tilde{\boldsymbol{E}}e^{i\omega t}$ ($\tilde{\boldsymbol{E}}=\boldsymbol{E}_0e^{i\alpha}$)，$\boldsymbol{v}(t)=\tilde{\boldsymbol{v}}e^{i\omega t}$ と表わすと，

$$\left(im\omega+\frac{m}{\tau}\right)\tilde{\boldsymbol{v}} = -e\tilde{\boldsymbol{E}}, \qquad \tilde{\boldsymbol{v}} = \frac{-e\tau}{m(1+i\omega\tau)}\tilde{\boldsymbol{E}}$$

したがって，電流密度 $\boldsymbol{i}(t)$ は，$-en\boldsymbol{v}(t)=-en\tilde{\boldsymbol{v}}e^{i\omega t}$ の実数部をとることにより，

$$\begin{aligned}\boldsymbol{i}(t) &= \mathrm{Re}\{-en\tilde{\boldsymbol{v}}e^{i\omega t}\} = \frac{ne^2\tau}{m}\mathrm{Re}\left\{\frac{1}{1+i\omega\tau}e^{i(\omega t+\alpha)}\right\}\boldsymbol{E}_0 \\ &= \frac{ne^2\tau}{m}\mathrm{Re}\left\{\frac{1-i\omega\tau}{1+\omega^2\tau^2}e^{i(\omega t+\alpha)}\right\}\boldsymbol{E}_0 \\ &= \frac{ne^2\tau}{m}\frac{1}{1+\omega^2\tau^2}\{\boldsymbol{E}_0\cos(\omega t+\alpha)+\omega\tau\boldsymbol{E}_0\sin(\omega t+\alpha)\}\end{aligned}$$

電場 $\boldsymbol{E}(t)$ が電子に対してする仕事は単位体積，単位時間当り，$W(t)=\boldsymbol{i}(t)\cdot\boldsymbol{E}(t)=\boldsymbol{i}(t)\cdot\boldsymbol{E}_0\cos(\omega t+\alpha)$．この仕事は抵抗力のため失われ，そのぶんジュール熱が発生する．上の問[1]で示したように，$\sin(\omega t+\alpha)\cos(\omega t+\alpha)$ を t について 0 から T まで積分すると 0，$\cos^2(\omega t+\alpha)$ を積分すると $T/2$ になる．よって，1 周期 T の間に単位体積当り発生するジュール熱は

$$\begin{aligned}J &= \int_0^T W(t)dt \\ &= \frac{ne^2\tau}{m}\frac{E_0^2}{1+\omega^2\tau^2}\int_0^T\{\cos^2(\omega t+\alpha)+\omega\tau\sin(\omega t+\alpha)\cos(\omega t+\alpha)\}\,dt \\ &= \frac{ne^2\tau}{2m}\frac{E_0^2}{1+\omega^2\tau^2}T\end{aligned}$$

付表1　電磁気学のおもな物理量と単位

本書では，主としてMKSA単位系を用いる．MKSA単位系では，メートル(m)，キログラム(kg)，秒(s)，アンペア(A)を基本単位とする．

物理量	単位・記号		MKSA単位系による表式
長さ	センチメートル	cm	$=10^{-2}$ m
	オングストローム	Å	$=10^{-10}$ m
質量	グラム	g	$=10^{-3}$ kg
力	ニュートン	N	$\mathrm{m\cdot kg\cdot s^{-2}}$
エネルギー	ジュール	J	$\mathrm{N\cdot m=m^2\cdot kg\cdot s^{-2}}$
	電子ボルト	eV	$=1.6021892\times10^{-19}$ J
熱量	カロリー	cal	$=4.186$ J
仕事率(電力)	ワット	W	$\mathrm{J\cdot s^{-1}=m^2\cdot kg\cdot s^{-3}}$
振動数	ヘルツ	Hz	$\mathrm{s^{-1}}$
電荷 q	クーロン	C	$\mathrm{A\cdot s}$
電気双極子モーメント p		$\mathrm{C\cdot m}$	$\mathrm{m\cdot s\cdot A}$
電場の強さ E		$\mathrm{N\cdot C^{-1}}$	$\mathrm{V\cdot m^{-1}=m\cdot kg\cdot s^{-3}\cdot A^{-1}}$
電束密度 D		$\mathrm{C\cdot m^{-2}}$	$\mathrm{m^{-2}\cdot s\cdot A}$
電位，電圧 ϕ	ボルト	V	$\mathrm{J\cdot C^{-1}=W\cdot A^{-1}=m^2\cdot kg\cdot s^{-3}\cdot A^{-1}}$
電気容量 C	ファラッド	F	$\mathrm{C\cdot V^{-1}=m^{-2}\cdot kg^{-1}\cdot s^4\cdot A^2}$
電気抵抗 R	オーム	Ω	$\mathrm{V\cdot A^{-1}=m^2\cdot kg\cdot s^{-3}\cdot A^{-2}}$
電気伝導率 σ		$\Omega^{-1}\cdot\mathrm{m^{-1}}$	$\mathrm{m^{-3}\cdot kg^{-1}\cdot s^3\cdot A^2}$
磁束，磁荷 Φ	ウェーバー	Wb	$\mathrm{V\cdot s=m^2\cdot kg\cdot s^{-2}\cdot A^{-1}}$
磁束密度 B	テスラ	T	$\mathrm{Wb\cdot m^{-2}=kg\cdot s^{-2}\cdot A^{-1}}$
磁場の強さ H			$\mathrm{A\cdot m^{-1}}$
磁気双極子モーメント m		$\mathrm{Wb\cdot m}$	$\mathrm{m^3\cdot kg\cdot s^{-2}\cdot A^{-1}}$
		$\mathrm{J\cdot T^{-1}}$	$\mathrm{m^2\cdot A}$
インダクタンス L, M	ヘンリー	H	$\mathrm{Wb\cdot A^{-1}=m^2\cdot kg\cdot s^{-2}\cdot A^{-2}}$
分極ベクトル P		$\mathrm{C\cdot m^{-2}}$	$\mathrm{m^{-2}\cdot s\cdot A}$
誘電率 ε		$\mathrm{F\cdot m^{-1}}$	$\mathrm{m^{-3}\cdot kg^{-1}\cdot s^4\cdot A^2}$
磁化ベクトル M		$\mathrm{Wb\cdot m^{-2}}$	$\mathrm{kg\cdot s^{-2}\cdot A^{-1}}$
		$\mathrm{J\cdot T^{-1}\cdot m^{-3}}$	$\mathrm{A\cdot m^{-1}}$
透磁率 μ		$\mathrm{H\cdot m^{-1}}$	$\mathrm{m\cdot kg\cdot s^{-2}\cdot A^{-2}}$

付表 2　基礎的な物理定数

物　理　量	記号・数値・単位
真空中の光の速さ	$c=(\varepsilon_0\mu_0)^{-1/2}=2.99792458\times10^8\ \mathrm{m\cdot s^{-1}}$
真空の誘電率	$\varepsilon_0=8.854187818\times10^{-12}\ \mathrm{F\cdot m^{-1}}$
真空の透磁率	$\mu_0=4\pi\times10^{-7}\ \mathrm{H\cdot m^{-1}}$
万有引力定数	$G=6.6720\times10^{-11}\ \mathrm{N\cdot m^2\cdot kg^{-2}}$
電気素量	$e=1.6021892\times10^{-19}\ \mathrm{C}$
アボガドロ定数	$N_\mathrm{A}=6.022045\times10^{23}\ \mathrm{mol^{-1}}$
理想気体の 1 モルの体積	$V_\mathrm{m}=22.41383\times10^{-3}\ \mathrm{m^3\cdot mol^{-1}}$ (0°C,　1 atm)
電子の質量	$m_\mathrm{e}=9.109534\times10^{-31}\ \mathrm{kg}$
陽子の質量	$m_\mathrm{p}=1.6726485\times10^{-27}\ \mathrm{kg}$
中性子の質量	$m_\mathrm{n}=1.6749543\times10^{-27}\ \mathrm{kg}$
ボーア半径	$a_0=5.2917706\times10^{-11}\ \mathrm{m}$
電子の磁気モーメント	$\mu_\mathrm{e}=9.284832\times10^{-24}\ \mathrm{J\cdot T^{-1}}$
陽子の磁気モーメント	$\mu_\mathrm{p}=1.4106171\times10^{-26}\ \mathrm{J\cdot T^{-1}}$

ギリシア文字

大文字	小文字	読み方
A	α	アルファ
B	β	ベータ(ビータ)
Γ	γ	ガンマ
Δ	δ	デルタ
E	ε, ϵ	イプシロン
Z	ζ	ゼータ(ジータ)
H	η	イータ
Θ	θ, ϑ	テータ(シータ)
I	ι	イオタ
K	κ	カッパ
Λ	λ	ラムダ
M	μ	ミュー

大文字	小文字	読み方
N	ν	ニュー
Ξ	ξ	グザイ(クシー)
O	o	オミクロン
Π	π	パイ
P	ρ	ロー
Σ	σ	シグマ
T	τ	タウ
Υ	υ	ウプシロン
Φ	ϕ, φ	ファイ
X	χ	カイ
Ψ	ψ, ψ	プサイ(プシー)
Ω	ω	オメガ

索引

ア　行

カ　行

サ　行

タ　行

ナ　行

ハ　行

マ　行

ヤ　行

ラ　行

長岡洋介
1933年岩手県に生まれる．1956年東京大学理学部卒業．1961年同大学院博士課程修了．京都大学基礎物理学研究所教授，名古屋大学理学部教授，京都大学基礎物理学研究所長，関西大学工学部教授を経て，京都大学名誉教授，名古屋大学名誉教授．理学博士．専攻は物性理論．
主な著書：『極低温の世界』『統計力学』『電磁気学 I，II』(以上，岩波書店)，『振動と波』(裳華房)，『物理の基礎』(東京教学社)ほか．

丹慶勝市
1947年愛知県に生まれる．1969年名古屋大学理学部物理学科卒業．1974年東京教育大学大学院博士課程修了．松阪大学教授，三重中京大学教授，中部学院大学教授を経て，三重中京大学名誉教授．理学博士．専攻は物性理論．
主な著訳書：『図解雑学 統計解析』『図解雑学 多変量解析』(以上，ナツメ社)，『NUMERICAL RECIPES in C［日本語版］』(共訳，技術評論社)ほか．

物理入門コース／演習 新装版
例解 電磁気学演習

1990年12月5日 第1刷発行
2020年2月5日 第30刷発行
2020年11月10日 新装版第1刷発行
2024年7月5日 新装版第6刷発行

著 者 長岡洋介（ながおかようすけ） 丹慶勝市（たんけいかついち）

発行者 坂本政謙

発行所 株式会社 岩波書店
〒101-8002 東京都千代田区一ツ橋2-5-5
電話案内 03-5210-4000
https://www.iwanami.co.jp/

印刷製本・法令印刷

ISBN 978-4-00-029892-6 Printed in Japan